Java程序设计精讲

（第2版）

主　编◎丁宏伟　刘丽华

副主编◎李　丹　贺　晨　许焕新

清华大学出版社
北京

内 容 简 介

本书结合"酒店前台客房管理系统""班级通讯录管理系统"等任务案例,由浅入深,详细讲解了 Java 语言的语法基础、数组、面向对象编程、Java 常用类的使用、异常处理、集合与泛型、输入/输出流、图形用户界面、多线程、JDBC 数据库编程等内容。

本书结构严谨、层次清晰、语言生动、对概念的论述精准而深刻、实例丰富、实用性强,可以指导初学者快速掌握 Java 桌面应用程序开发的基础知识和使用方法,适合作为高等职业院校电子信息大类专业"Java 程序设计"课程的教材及自学 Java 语言的参考书,也可供计算机技术人员参阅。

图书在版编目(CIP)数据

Java 程序设计精讲 / 丁宏伟,刘丽华主编. —2 版. —北京:清华大学出版社,2020.10(2024.7重印)
ISBN 978-7-302-56561-1

Ⅰ. ①J… Ⅱ. ①丁… ②刘… Ⅲ. ①JAVA 语言—程序设计 Ⅳ. ①TP312.8

中国版本图书馆 CIP 数据核字(2020)第 187216 号

责任编辑:邓 艳
封面设计:刘 超
版式设计:文森时代
责任校对:马军令
责任印制:沈 露

出版发行:清华大学出版社
　　　网　　　址:https://www.tup.com.cn,https://www.wqxuetang.com
　　　地　　　址:北京清华大学学研大厦 A 座　　　　　邮　　编:100084
　　　社 总 机:010-83470000　　　　　　　　　　　　邮　　购:010-62786544
　　　投稿与读者服务:010-62776969,c-service@tup.tsinghua.edu.cn
　　　质量反馈:010-62772015,zhiliang@tup.tsinghua.edu.cn
印 装 者:三河市龙大印装有限公司
经　　销:全国新华书店
开　　本:185mm×260mm　　　　印　　张:20.75　　　　字　　数:492 千字
版　　次:2010 年 9 月第 1 版　　　2020 年 10 月第 2 版　　印　　次:2024 年 7 月第 4 次印刷
定　　价:69.00 元

产品编号:084964-01

前　言

Java 语言自 1995 年 5 月发布以来，以极为迅猛的势头发展至今，现已不仅是一门高级程序设计语言，也是一种完备的技术体系和开发平台。Java 拥有卓越的技术特性、丰富的编程接口（类库）和多款功能强大的开发工具平台，受到广大编程人员的喜爱。在当下的网络时代，Java 技术应用广泛，从大型复杂的企业级开发到小型移动设备的开发，随处都可以看到 Java 活跃的身影。对于一个想从事 Java 程序开发的人员来说，学好 Java 基础就变得尤为重要。

本书初版自 2010 年 9 月出版以来，受到各类高职高专院校广大师生的青睐。教材覆盖地域宽广，使用层次多样，已被多次印刷。

第 2 版修订教材从最基础的内容开始，详细讲述了使用 Java 技术进行应用程序开发的方法。全书共分 12 章，内容由浅入深，全面涵盖了 Java 编程的基础知识及高级特性。在保证知识体系完备、脉络清晰、论述精准的同时，注重培养读者的动手能力，并结合相应的知识点编写了大量的实例。

各章节的主要内容如下：

第 1 章　Java 技术入门。简要介绍 Java 语言的发展历史、Java 技术特性、Java 平台核心机制以及 Java 开发环境的安装与配置，并通过一个简单示例使读者对 Java 程序的基本结构、运行过程有一个感性认识。

第 2 章　Java 编程基础。主要介绍 Java 语言的基本语法、数据类型、运算符和表达式以及流程控制语句等知识，为后续章节的学习提供了语言编程基础。

第 3 章　数组。主要介绍 Java 中一维数组和多维数组的声明、创建、初始化以及数组元素的访问。

第 4 章　面向对象编程初步。Java 是面向对象的编程语言，提供了定义类和对象等最基本的功能。如何用面向对象的观点去分析和解决问题是学习 Java 语言的重点，本章详细介绍了 Java 语言的引用数据类型——类和对象的使用方法。

第 5 章　面向对象编程进阶。详细介绍了继承与多态技术、抽象类和接口、内部类、匿名类等知识。

要掌握好 Java 语言并具有利用 Java 语言解决实际问题的能力，仅学习语法规则是不够的。本书从第 6 章开始介绍 Java 应用程序编程接口（Java API）中常用类的使用以及一些重要的编程技术。

第 6 章　Java API。Java 应用程序编程接口（Java API）是 Oracle 公司开发的 Java 程序类库，提供给 Java 程序员使用的平台和工具，利用这些类库中的类和接口可以方便地实现程序中的各种功能。本章重点介绍常用类的使用。

第 7 章　Java 的异常处理。主要介绍 Java 的异常处理机制、捕获并处理异常、自定义异常等。

第 8 章　Java 中的集合类及泛型。主要介绍 Java 集合类的具体语法和使用方式，以及自 JDK5.0 开始引入的一种 Java 语言新特性——泛型。

第 9 章　Java 流与文件操作。所有程序都离不开信息的输入和输出，程序通过输入/输出与外部信息进行交互，Java 采用"输入/输出流"实现输入/输出操作，即从"流"读取数据或向"流"写入数据。本章详细介绍了数据流的概念以及 java.io 包中丰富的输入/输出流类等知识。

第 10 章　GUI 程序设计。详细介绍了如何使用 java.awt 包和 javax.swing 包下的组件进行图形用户界面的应用程序开发。

第 11 章　多线程。详细介绍了线程的概念、多线程的创建、线程的生命周期及状态、多线程同步、线程优先级和调度的相关知识。

第 12 章　Java 数据库编程。JDBC 是实现 Java 同各种数据库连接的关键，它提供了将 Java 和数据库连接起来的程序接口。本章详细介绍了在 Java 程序中如何使用 JDBC 实现数据库的连接与访问。

本书内容丰富、结构合理、思路清晰、语言简练流畅、案例新颖、针对性强。每一章的开始部分概述本章的作用和内容，指出本章的学习目标；正文部分结合每章的知识点和关键技术，穿插了大量极富实用价值的程序案例，每一章的末尾有本章小结，总结该章的内容、重点及难点；同时安排了有针对性的思考和练习，帮助读者巩固所学内容，提高读者的实际动手能力。

本书由河北软件职业技术学院的丁宏伟、刘丽华担任主编，李丹、贺晨和许焕新担任副主编。丁宏伟和刘丽华负责整体结构设计，丁宏伟负责全书统稿。本书的第 1～2 章由贺晨编写，第 3～4 章和第 6 章由李丹编写，第 5 章、第 7 章和第 11 章由丁宏伟编写，第 8 章、第 10 章和第 12 章由刘丽华编写，第 9 章由许焕新编写。北京尚观锦程科技有限公司提供了大量的案例，对本书的结构和内容提出了建议，在此表示感谢。

由于作者水平有限，书中难免有不足之处，欢迎各位同行和广大读者对本书提出建议和修改意见。

编　者

目　　录

第1章

Java 技术入门

Java 语言是由 Sun 公司于 1995 年推出的一种全新的、跨平台、适合于分布式计算环境的纯面向对象编程语言。本章将向读者介绍 Java 技术的基本情况，主要包括 Java 语言的发展简史、Java 技术的关键特性、Java 平台核心机制及 Java 开发环境的安装与配置，并通过一个简单的示例，讲解如何编写、编译和运行一个简单的 Java 应用程序。

本章学习要点如下：

- ➥ Java 语言的发展简史
- ➥ 描述 Java 技术的关键特性
- ➥ 描述 Java 虚拟机的功能
- ➥ Java 开发环境的安装与配置
- ➥ 编写、编译和运行第一个 Java 应用程序

1.1 Java 概述

Java 语言自 1995 年 5 月由 Sun 公司发布以来，便凭借其易学易用、功能强大的特点得到了广泛的应用，发展势头极为强劲。目前，它已不仅仅是一门高级编程语言，也是一种完备的技术体系和开发平台。Java 拥有卓越的技术特性、丰富的编程接口（类库）及多款功能强大的开发工具平台，在企业级应用开发领域中占有过半的市场份额，超过 25 亿台设备正在使用 Java 技术并获得所有主流 IT 厂商的大力支持。从目前的应用现状和发展前景来看，Java 已经成为软件开发从业人员的首选技术。

1.1.1 Java 发展简史

1990 年，Sun 公司成立了一个由 James Gosling（Java 之父）领导的 "Green 计划" 项

目组，准备为下一代智能家电（如电视机、微波炉、电话、机顶盒）编写一个通用控制系统。该团队最初考虑使用 C++语言来编写嵌入式系统，后来发现 C++太复杂，安全性差，不适合这类任务，于是 Sun 的首席科学家 Bill Joy 与 Gosling 决定开发一种全新的语言——Oak。这是一种用于网络的精巧而安全的语言，Sun 公司对其寄予了厚望，但起初并非一帆风顺，始终不温不火。

1994 年，互联网和浏览器的出现给 Oak 语言带来了新的生机，Oak 小组完成了第一个 Java 语言的网页浏览器——WebRunner，Java 开始向 Internet 进军。当时 Oak 这个商标已被别人注册，于是只能将 Oak 更名为 Java。

1996 年 1 月，Sun 公司发布了 Java 的第 1 版，并从此开始提供并持续维护完备的 Java 开发工具集（Java Development Kit，JDK）。Java1.0 版本除了语言规范本身，主要包含两部分：Java 开发工具集（JDK）和 Java 运行时环境（Java Runtime Environment，JRE）。

1997 年 2 月，Sun 公司发布了 Java1.1 版。相对于 JDK1.0，JDK1.1 引入了内部类和即时编译（Just-In-Time，JIT）技术。

1998 年 12 月，Sun 公司发布了一个里程碑式的版本 Java1.2。该版本中出现了许多革命性的变化，这些变化一直沿用到现在并对 Java 发展产生了极为深远的影响。首先，从 1.2 版本开始 Sun 公司将 Java 改名为有吸引力的 Java2（意为第二代的 Java）；其次，原来的开发工具集（JDK）也更名为 J2SDK（Java2 Software Development Kit）；最主要的是，从 Java1.2 开始 Sun 公司将 Java 版本一分为三，即标准版、微缩版和企业版。

- 标准版（Java2 Standard Edition，J2SE）：是整个 Java 技术的核心和基础，可以开发适用于 PC 机上运行的程序，也是其他两个版本的基础。
- 微缩版（Java2 Micro Edition，J2ME）：主要用于移动设备（如手机）和信息家电等有限存储的设备。
- 企业版（Java2 Enterprise Edition，J2EE）：Java 技术中应用最为广泛的部分，提供了企业应用开发相关的完整解决方案。

各版本都有自己的开发工具集，从 JDK1.2 开始 Sun 公司大约每两年推出一个 JDK 的新版本，如表 1-1 所示。

表 1-1　JDK 版本

版 本 号	名　称	中　文　名	发 布 日 期
JDK1.1.4	Sparkler	宝石	1997-09-12
JDK1.1.5	Pumpkin	南瓜	1997-12-13
JDK1.1.6	Abigail	阿比盖尔——女子名	1998-04-24
JDK1.1.7	Brutus	布鲁图——古罗马政治家和将军	1998-09-28
JDK1.1.8	Chelsea	切尔西——城市名	1999-04-08
J2SE1.2	Playground	运动场	1998-12-04
J2SE1.2.1	none	无	1999-03-30
J2SE1.2.2	Cricket	蟋蟀	1999-07-08
J2SE1.3	Kestrel	美洲红隼	2000-05-08
J2SE1.3.1	Ladybird	瓢虫	2001-05-17

版　本　号	名　　称	中　文　名	发　布　日　期
J2SE1.4.0	Merlin	灰背隼	2002-02-13
J2SE1.4.1	grasshopper	蚱蜢	2002-09-16
J2SE1.4.2	Mantis	螳螂	2003-06-26
J2SE5.0(1.5.0)	Tiger	老虎	2004-09-29
J2SE5.1(1.5.1)	Dragonfly	蜻蜓	
Java SE6.0(1.6.0)	Mustang	野马	2006-04
Java SE7.0	Dolphin	海豚	2011-07-28
Java SE8.0	Spider	蜘蛛	2014-03-19
Java SE9.0			2017-09-21
Java SE10.0			2018-03-20
Java SE11.0			2018-09-25
Java SE12.0			2019-03-22
Java SE13.0			2019-09-17

2000 年 5 月，Sun 公司发布 J2SE1.3 版。此版本主要改进了类库和对本地资源的访问、支持 XML，并采用了新的 Hotspot 虚拟机。

2002 年 2 月，Sun 公司发布 J2SE1.4 版。此版本进一步改进了 Hotspot 虚拟机的性能，并引入了新的语言特性"断言"（Assert）。

2004 年 9 月，Sun 公司发布 Java SE5.0 版。此版本最初被命名为 1.5 版，后又将版本号改为 5.0，以说明其较以前版本的巨大改进。在 Java SE5.0 中增加了诸如泛型、for-each 循环语句、可变数目参数、注释、自动装箱和拆箱等功能。

2006 年 4 月，Sun 公司发布 Java SE6.0 版。Java SE6.0 不仅在性能、易用性方面得到了前所未有的提高，而且还提供了如脚本、全新的 API 的支持。而且 Java SE6.0 专为 Vista 做过针对性设计，它在 Vista 上将会拥有更好的性能。

2009 年 4 月，Oracle 公司宣布以每股 9.5 美元的价格收购 Sun 公司，交易总价值约为 74 亿美元。

2011 年 7 月，Oracle 公司发布 Java SE7.0 版。由于 Java SE7.0 与 Java SE6.0 的发布时间相差了 5 年（两个版本发布时间间隔最长），使得 JDK6.0 成为使用率最高的 JDK 版本。

JDK8.0 正式版是 Oracle 公司在 2014 年 3 月 19 日发布的，和 JDK7.0 发布的时间相隔了近 3 年，中间因意见不统一多次延迟。

JDK9.0 是 Oracle 公司在 2017 年 9 月 21 日发布的，和 JDK8.0 发布的时间相隔了 3 年。该版本增加了不少新特性，最主要的是引入了模块化系统，采用模块化系统的应用程序运行时只需加载需要的部分 JDK 模块即可，极大减少了 Java 运行时的环境大小，使得 JDK 可以在更小的设备中使用。

JDK10.0 正式版是 Oracle 公司在 2018 年 3 月 20 日发布的，和 JDK13.0 发布的时间仅仅相隔了 1 年，其间发布的 4 个 JDK 版本增加了不少特性，也对之前的 JDK 进行了精简优化，同时 JDK13.0 版本能够帮助程序员减少冗余代码的编写，提高代码编写的效率。

1.1.2　Java 技术特性

1. 简单性

Java 语言的简单性主要体现在以下 3 个方面：

- Java 的编程风格非常类似 C++，C++程序员或者是学过 C++的读者可以借助 C++编程知识快速掌握 Java。
- Java 语言摒弃了 C++中容易引发程序错误的内容，如指针、人工分配和回收内存、无条件转移语句及无节制的强制类型转换等。
- JDK 中包含了丰富实用的应用程序接口（Application Programming Interface，API），即预先准备好的、提供各种常用功能的代码模块，在此基础上开发者可极大地提高开发效率。

2. 面向对象

Java 语言是一种纯粹的面向对象的语言。面向对象是现代编程语言的重要特性之一，其核心是对数据进行封装和对程序代码的模块化组织，在更大程度上支持代码复用。历史的经验已经表明，面向对象技术极大地提高了人们的软件开发能力。现在很难想象还使用纯粹的面向过程的语言去开发大型、复杂的项目。

3. 分布式

使用 JDK 中的 API，Java 程序可以便捷地实现网络通信，包括基于 HTTP/FTP 等协议的普通数据传输、基于 SMTP/POP3 等协议的邮件收发及程序间的协作。利用远程方法调用（Remote Method Invocation，RMI）可以实现网络环境中的分布式计算。

4. 多线程

多线程技术是在一个应用程序内部再细分而成多个子任务，这些子任务作为多个顺序控制流并发运行，既可以相互独立（可以进行独立启停控制），又可以在一定程度上共享数据和代码，并能够被自动调度、交替运行，这一技术极大地提高了 Java 程序的运行效率。

5. 动态性

虽然 Java 编译器在编译时的静态检查是极为严格的，但 Java 语言本身和运行时环境却采用了动态链接的方式，即一个 Java 类只有在用到时才被载入。对现有 Java 类的任何修改都将可以立即体现到所有使用到该类的程序中，被载入的类可以来自于本地甚至网络。动态链接这一特性也显著地减小了 Java 程序的规模，使之便于发布和通过网络传输。

6. 体系结构中立和可移植性

Java 语言主要的设计目标就是可以在异构的网络环境中运行，即同一 Java 程序可以不做任何改造就运行在不同的硬件平台和各种操作系统上。为确保 Java 程序的可移植性，Java

语言中所有数据类型都是定长的，例如 int 型数据占有的存储空间永远是 32 位，而与程序运行所在的计算机处理器结构和操作系统无关，这样可以避免同一份程序在不同的机器上运行得到不同结果，或在一台机器上运行正常但在另一台机器上却出现数据溢出错误。

7. 健壮性

为了能够开发高可靠性的软件，Java 语言提供了广泛的编译时检查和运行时检查机制。例如，不匹配的强制类型转换、使用未经初始化的变量等都通不过编译检查，内存空间的分配和回收完全由系统负责而不必由程序员干预，取消了指针类型和指针运算等。Java 程序中的大多数问题均可由编译器和运行时环境快速发现，而 C++程序则经常因为这类错误难于发现和准确定位而搞得开发人员焦头烂额。

8. 安全性

Java 程序要运行在网络环境中，其安全性尤为重要。Java 应用程序在运行时对数据的访问处理权限受到严格控制，如不允许访问其他程序内存范围中的数据，也不允许网络程序修改本地数据，字节码指令在执行前还将经过一次安全性检验，以防止存在受限制操作。

1.2　Java 平台核心机制

1.2.1　Java 平台

在计算机科学中，支撑程序运行的硬件或软件环境被称为平台（Platform），也可以将平台理解为操作系统和底层硬件的结合体。目前，主流的平台包括 Microsoft Windows、Linux、UNIX、Sun Solaris 及 Apple Mac OS 等。

各种平台都有其特有的指令格式，例如不同的处理器或运行在同一处理器上不同的操作系统，所支持的指令格式都是不通用的，进而导致了 Windows 平台的可执行文件（.exe 文件）不能在 UNIX 平台上运行，反之 UNIX 平台的可执行文件（.bin 文件）也无法在 Windows 平台上运行，这种情况称为平台相关。

和大多数平台不同，Sun 公司的 Java 平台是一种纯软件的平台，它运行在其他基于硬件的平台（如 Windows）之上。Java 平台主要由以下两部分组成：

- ➥ Java 虚拟机（Java Virtual Machine，JVM）。
- ➥ Java 应用程序编程接口（Java Application Programming Interface，API）。

顾名思义，Java 虚拟机是由软件虚拟的计算机，它是 Java 平台的核心。它也有自己的指令格式和可执行文件，即字节码（Byte Code）指令和字节码文件。需要强调的是，Java 虚拟机在运行时并不能直接操控硬件，例如它不能直接控制 CPU 或直接访问物理内存，而是通过调用底层基于硬件的平台（如 Windows）的功能来实现。Java 平台的工作原理如图 1-1 所示。

可以看出，Java 程序之所以能够实现跨平台运行，是因为它根本就不直接运行在任何底层平台上，而是需要在哪里运行，就在哪里（如 Windows）事先准备好自己的 Java 平台，这只是安装和配置一个软件而已，然后就可以"随处运行"。

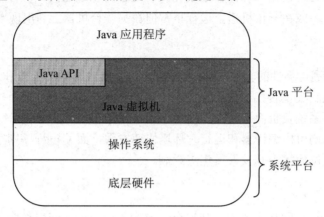

图 1-1　Java 平台工作原理

　　除虚拟机之外，Java 平台的另一个核心技术是自动垃圾回收机制（Garbage Collection）。我们知道，任何语言的程序在运行时都需要占用一定的内存空间来保存数据，当不再需要这些数据时应及时清理回收这些无用内存空间以备将来其他程序使用，人们称这种无用内存空间的回收操作为"垃圾回收"。在其他语言如 C++中，主要由程序员负责内存空间的人工分配和回收，一般情况下由于数据量较大、数据使用时间较长或其作用范围较大，分配和回收内存的代码通常位于不同的程序段，进而经常出现不再使用的内存空间未能及时回收或忘记回收，这种情况被称为"内存泄露"，会导致系统因可用内存不足而瘫痪。

　　另外，还应掌握另一个常用术语——Java 运行时环境（Java Runtime Environment，JRE）。可以认为 JRE 是 JDK 的一个子集，用于解释执行编译后的 Java 程序（.class 文件）。JRE 包含 Java 虚拟机、Java 核心类库及支持文件，但不包含编译器等其他工具。如果用户只需要在自己的计算机上运行而不是开发 Java 程序，可从 Oracle 公司网站上单独下载 JRE。

1.2.2　Java 程序的运行过程

　　为更好地了解 Java 程序的运行过程，有必要介绍一下编译（Compile）这个概念。所谓"编译"就是一种转换处理——将程序代码从一种指令格式转换为另一种指令格式，以使之能在特定平台/环境中运行，即能够被识别和处理。编译器（Compiler）则是能够提供编译功能的软件程序。

　　Java 语言编写的程序代码首先以纯文本文件形式保存，文件的扩展名（后缀）为".java"，这些程序文件被称为"源文件"（Source File），其中的程序代码也被称为"源代码"（Source Code）；然后由编译器将源文件编译为字节码（Byte Code）文件，其扩展名为".class"。

　　字节码文件是 Java 编译器专门针对 Java 虚拟机生成的，其中的指令格式（字节码指令）可以由 Java 虚拟机识别和处理，因而也可认为字节码文件就是 Java 平台中的可执行文件。

而对于其他平台来讲，字节码文件的指令格式是与平台无关的。

在运行时，Java 虚拟机中的运行时解释器（Runtime Interpreter）模块专门负责字节码文件的解释执行——运行时解释器先将字节码指令解释成所在底层平台（如 Windows）能够识别、处理的指令格式，即本地机器码，然后再委托/调用底层平台的功能来执行。这里的解释执行类似于国际会议中的同声翻译，是逐条执行的，即解释一条执行一条。Java 程序运行原理如图 1-2 所示。

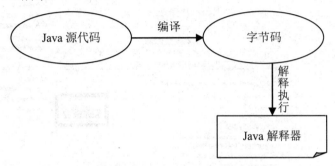

图 1-2　Java 程序运行原理

为了实现平台无关性，Java 程序的运行速度会比直接运行本地代码（如 Windows 平台下运行.exe 文件）慢一些，然而随着 Sun 公司对编译器和虚拟机技术的持续改进，以及计算机性能的不断提升，这些都不再是问题。今天的 PC 机在性能上（包括运算速度和存储容量）完全可以超过 15 年前价格昂贵的小型机服务器系统。此外，从 JDK1.1 开始 Sun 为 Java 虚拟机添加了即时编译器（Just-In-Time Compiler，JIT）。JIT 编译器和传统的解释器不同，传统的解释执行是转换一条，运行完后就将其扔掉，而 JIT 会自动监测指令的运行情况，并将使用频率（如循环运行）高的指令解释后保存下来，在下次调用时就不需要再解释了（相当于局部的编译执行），显著地提高了 Java 程序的运行效率。

1.3　Java 开发环境的安装与配置

要进行 Java 平台上的应用程序开发，必须首先准备好开发和运行环境，本节将介绍最基本的、也是必备的 Java 开发工具集（JDK）的安装与配置。

1.3.1　下载和安装 Java 开发工具集

可以从 Oracle 公司的网站上免费下载 JDK，下载网址为 http://www.oracle.com/technetwork/java/javase/downloads/index-jsp-138363.html。截至书稿完成时其最新版本为 JDK13，全称为 Java™ Platform, Standard Edition Development Kit 13，如图 1-3 所示。

单击 DOWNLOAD 按钮，进入如图 1-4 所示的页面，接受许可协议并依据自己的操作系统下载相应的 JDK 版本。

图 1-3　JDK13 下载页面（1）

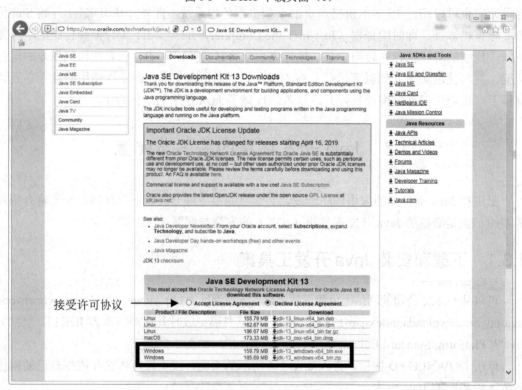

图 1-4　JDK13 下载页面（2）

Windows 版本的 JDK13 安装程序是一个单一的.exe 文件，运行该文件并在安装向导提示的各步骤中都选择默认设置即可。此时系统会将 JDK 安装在默认的系统路径下。安装完成后可以在路径 C:\Program Files\Java 下找到新装的 JDK 工作目录，如图 1-5 所示。也可在安装过程中选择将 JDK 安装到其他指定的路径，如 D:\Java。需要注意的是，JDK8 之前的默认 Java 安装目录中是包括 JDK 和 JRE 目录的，但 JDK9 之后的版本默认只有 JDK 目录，不再提供 JRE。如果确实需要 JRE，我们也可以使用 CMD 命令行的方式生成自己的 JRE。

安装后的 JDK13 工作目录结构如图 1-6 所示。

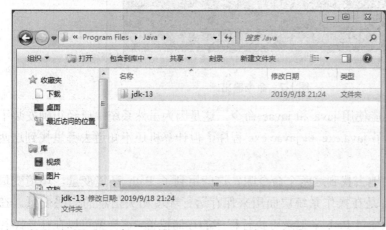
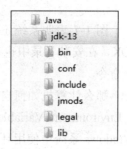

图 1-5　C:\Program Files\Java 目录下的内容　　　　图 1-6　JDK13 的目录结构

下面介绍该目录结构的主要内容及其功能。

- bin：Java 开发工具，包括编译器、虚拟机、调试器、文档化工具、归档工具、反编译工具等。在 Windows 平台上，它包含系统的运行时动态链接库。
- conf：包含用户可编辑的配置文件。
- include：用于调用本地（底层平台）方法的 C++头文件。
- jmods：包含 JMOD 格式的平台模块，创建自定义运行时映像需要它。
- legal：包含法律声明。
- lib：类库和所需支持性文件。

建议在安装 JDK 的同时获取 JDK 的 API 使用说明文档，该文档同样可以直接从 Oracle 公司的网站上免费下载，是一个.zip 格式的压缩文件包，只需解压缩到本地即可。

1.3.2　配置环境变量 Path

在前面介绍 Java 运行机制时，我们了解了 Java 程序必须先编译成字节码，然后解释执行与平台无关的字节码程序。这两个步骤都需要使用 JDK 安装目录下的 bin 文件夹中的 javac.exe 和 java.exe 两个程序来完成，javac.exe 完成编译，java.exe 完成解释执行。但当我们安装完 JDK 后，在命令行窗口输入 java 和 javac 后，看到的是图 1-7 所示的命令输出。

图1-7　命令输出

图 1-7 表明系统还不能使用 java 和 javac 命令，这是因为虽然系统中已经正确安装了 JDK，在安装目录中也有了 java.exe 和 javac.exe 程序，但计算机还不知道去哪里找到这两个命令。

那么计算机如何自动地去找到这两个命令呢？这就用到了 Path 环境变量。环境变量（Environment Variable）是在操作系统层面用来保存运行环境相关信息的一些变量。在 Windows 系统中使用环境变量 Path 来记录可执行程序的存储位置，这样就可以在任意路径找到并直接运行该程序了。也就是说，Path 环境变量包含一系列的路径，操作系统可以通过这些路径查找命令并执行。

在 Windows 7 中设置环境变量 Path 的步骤如下：

（1）在 Windows 桌面上右击"我的电脑"，在弹出的快捷菜单中选择"属性"命令，弹出如图 1-8 所示的窗口。

图1-8　系统属性窗口

（2）在图 1-8 所示的窗口中单击"高级系统设置"超链接，弹出"系统属性"对话框。

（3）在"系统属性"对话框中选择"高级"选项卡，单击"环境变量"按钮，弹出"环境变量"对话框，如图 1-9 所示。

图 1-9　"环境变量"对话框

（4）在"环境变量"对话框的"Administrator 的用户变量"栏中单击"新建"按钮，创建新的环境变量如下：

➥　变量名：Path

➥　变量值：C:\Program Files\Java\jdk-13\bin

其中假定 C:\Program Files\Java\ 是 JDK 的安装路径。如果 JDK 是安装在其他路径下，则应改为实际的安装路径。

设置完环境变量后，即应在命令行窗口中进行测试，步骤如下：

（1）在 Windows 桌面上选择"开始"→"运行"命令，在弹出的"运行"对话框中输入 cmd，然后单击"确定"按钮即可启动命令行窗口。也可以通过选择"开始"→"所有程序"→"附件"→"命令提示符"的方式启动该窗口。

（2）在命令行窗口中任意路径下输入命令 javac，然后按 Enter 键。如果输出如图 1-10 所示的提示信息，则说明环境变量 Path 设置正确，JDK13 已可正常使用。

也可将 Path 设为系统环境变量，这样该变量对所有用户均可用。而作为用户变量时，只有以该用户身份登录时才可用。Windows 平台中系统环境变量 Path 本就存在，此时可选择编辑该变量，将 JDK 可执行文件的存储路径（如 C:\Program Files\Java\jdk-13\bin）添加到原 Path 变量值的开头，然后使用英文分号";"与其他的路径分开，例如：

➥　变量名：Path

➥　变量值：C:\Program Files\Java\jdk-13\bin;原有其他路径

图 1-10　javac 命令的提示信息

1.4　第一个 Java 应用程序

1.4.1　创建源文件 HelloWorld

使用任何文本编辑器都能够编辑 Java 源文件，在此使用最基本的 Windows 平台中的"记事本"程序。

（1）在 Windows 桌面上选择"开始"→"所有程序"→"附件"→"记事本"命令，启动"记事本"程序，在新建的文件中输入如下代码。

```
public class HelloWorld{
    public static void main(String[] args){
        System.out.println("Hello World！！");
    }
}
```

📖 **注意**：程序中各字母的大小写不要弄错，因为 Java 语言严格区分大小写。

（2）在"记事本"程序中选择"文件"→"另存为"命令，在弹出的"另存为"对话框中指定 Java 源文件的存储路径和文件名（其中存储路径可以任意设定，而文件名则必须叫 HelloWorld.java），同时设置"保存类型"为"所有文件"，"编码"为 ANSI，如图 1-11 所示。

图 1-11　源文件保存设置

（3）单击"保存"按钮，退出"记事本"程序。

📖 **注意**：在"记事本"程序中保存文件时，如果"保存类型"设置为"文本文档"，则在编译 Java 源文件时会出现找不到该文件的错误信息，特别是在有些计算机上文件的扩展名不显示出来的情况下，实际系统中保存的文件名是 HelloWorld.java.txt，而显示给用户的文件名则是 HelloWorld.java。

1.4.2　将源文件编译为字节码文件

启动命令行窗口（参见 1.3.2 节），在源文件 HelloWorld.java 所在路径下运行 javac 命令对源文件进行编译，如图 1-12 所示。

```
javac  HelloWorld.java
```

图 1-12　编译源文件

　　编译正常结束时系统不会显示任何信息，但会在源文件所在路径下生成一个名为 HelloWorld.class 的字节码文件。如有提示编译出错，则检查先前各环节操作，并在排除错误后重新编译。

1.4.3　运行程序

　　在命令行窗口中字节码文件 HelloWorld.class 所在路径下执行 java 命令运行程序，如图 1-13 所示。

```
java    HelloWorld
```

图 1-13　运行 HelloWorld 应用程序

📖 注意：

➥ 运行 Java 程序时不要加上字节码文件的扩展名 ".class"。

➥ 之所以能在任意路径下执行编译命令 javac 和运行命令 java，是因为环境变量 Path 保存了这两个程序文件的存储路径（C:\Program Files\Java\jdk-13\bin）。

1.4.4　诊断编译错误和运行时错误

使用 javac 命令编译代码时可能会遇到以下错误：

❧　环境变量 Path 设置不正确，没有包括 javac 编译器所在目录，如图 1-14 所示。

图 1-14　Path 环境变量设置不正确

❧　找不到 HelloWorld.java 文件，如图 1-15 所示。命令提示符 "F:\>" 表示当前所在
位置是 F 盘的根目录，而该目录下没有 HelloWorld.java 这个文件。

图 1-15　找不到 HelloWorld.java 文件

❧　方法名 println 输入不正确，如图 1-16 所示。

图 1-16　方法名 println 输入不正确

❧　如果 .java 文件中包含一个公有类，则该文件的文件名必须和这个类的类名相同，

例如公有类名为 HelloWorld，则文件名必须为 HelloWorld.java。如果文件名和公有类的类名不一致，则会得到如图 1-17 所示的错误消息。

图 1-17　文件名和公有类的类名不一致

❧ 在每个源文件中只可以声明一个公有类，并且这个类的名称必须和源文件名相同。如果在一个源文件中声明了多个公有类，也将得到如图 1-17 所示的错误消息，并且对每个名称与源文件名不同的公有类都有这样的消息。

使用 java 命令执行字节码文件时可能会产生以下错误：

❧ 不能找到指定类，错误消息如图 1-18 所示。表示在当前目录下找不到 Hello.class 字节码文件来解释执行。

图 1-18　找不到指定类

❧ 解释器要执行的类中没有一个静态方法 main()。公有类中 main()方法的方法头格式必须是：public static void main(String[] args)，如果没有用 static 来修饰或该方法的参数声明错误，都将产生如图 1-19 所示的错误消息。

图 1-19　找不到 main()方法

1.4.5　Java 应用程序的结构

现在结合前面的 HelloWorld.java 源程序，了解一下 Java 应用程序的基本结构。Java 应用程序最基本的组成部分是 Java 类，可以认为类是由开发者定义的新数据类型。源文件

HelloWorld.java 中各成分的作用如下：

- class 关键字标明要定义一个新的 Java 类；HelloWorld 为指定的类名；开头的 public
  关键字用于限定该类的使用范围；类名后的{}将类体括起来。
- 类体中的 main()方法是 Java 应用程序的运行入口 —— 当运行某个 Java 程序时，
  JVM 将从该应用程序类的 main()方法开始执行，其格式如下：

```
public static void main(String[] args){
    //方法体
}
```

方法开头的 public static 起修饰限定作用；void 表明该方法没有返回值；main()为方法
名；小括号中的内容为方法的形式参数；{}括起来的方法体中可以写零条或多条语句，例
如 System.out.println()语句的功能是将一个指定的数据输出到计算机屏幕上。

强调一下在现阶段需要掌握的几条规则：

- Java 语言是大小写敏感的（Case-Sensitive），例如 HelloWorld 和 helloworld 是两
  个完全不同的类名，String≠string，System≠system。
- 一个源文件中可以定义多个 Java 类,但其中最多只能有一个类被定义为 public 类。
- 如果源文件中包含了 public 类，则源文件必须和该 public 类同名（扩展名为
  ".java"）。
- 一个源文件中包含多个 Java 类时，编译后会生成多个字节码文件，即每个类都会
  生成一个单独的".class"文件，且其文件名与类名相同。

1.5　本章小结

本章学习了如下内容：

- Java 语言的发展简史。
- Java 技术的关键特性，包括简单性、面向对象、分布式、体系结构中立和可移植
  性等。
- Java 平台核心机制，包括 Java 虚拟机和 Java API。
- Java 开发环境的安装与配置。
- 创建、编译及运行 Java 应用程序的过程。

1.6　知识考核

第2章

Java 编程基础

任何一种程序设计语言都具备一定的语言表达规范，Java 语言也不例外。本章主要介绍 Java 语言中关于分隔符、标识符、关键字、注释、数据类型的具体规定，并且对运算符、表达式及流程控制语句进行了详细分析，它们是使用 Java 语言进行程序设计的基础。

本章学习要点如下：

- ➥ 分隔符、标识符及关键字
- ➥ Java 程序中的注释
- ➥ 基本数据类型
- ➥ 运算符和表达式
- ➥ 流程控制语句

2.1 Java 的基本语法

2.1.1 分隔符

分隔符就是起到分隔作用的符号。Java 语言的分隔符包括半角的分号（";"）、逗号（","）、圆点（"."）、空格（" "）和花括号（"{"及"}"）。

（1）分号（";"）是 Java 语句结束的标记，即语句必须以分号结束，否则一条 Java 语句即使换行或跨越多行，在 Java 虚拟机看来仍然是未结束的。此外，在后面要学习的 for 循环语句中，也会使用分号来分隔不同的成分。

（2）逗号（","）可以在方法声明或调用的参数列表中用于分隔多个参数，也可在一条声明语句中同时声明多个属性或局部变量时起分隔作用。

例 2.1　分隔符示例。

源文件：TestSeparated.java

```
public class TestSeparated{
    int a,b;
    double salary = 1000,tax=0.01;
    public void func(int x,int y){
        double result;
        result=salary*tax;
        System.out.println(result);
        a=x;
        b=y;
        System.out.println(a+","+b);
    }
    public static void main(String[] args){
        TestSeparated obj=new TestSeparated();
        obj.func(10,20);
    }
}
```

可以看出，使用逗号分隔符在一条语句中声明的多个变量只能定义相同的类型，也可以在声明的同时对其分别赋初值。这种做法看似简练实则降低了程序的可读性，如不方便对每个变量进行单独注释说明。建议一行代码只声明一个变量。

（3）圆点（"."）用于访问对象成员（属性或方法）时标明调用或隶属关系，其格式为"对象名.成员名"。

（4）空格（" "）用于分隔源代码中不同的部分。例如，修饰符和数据类型之间、数据类型和变量名或方法名之间必须用一个或多个空格隔开。一行内容较多时也可在不同部分间使用换行符，在换行的同时起到分隔的作用。按照编码惯例，程序员们也常在运算符和运算数之间，如"+""="号的左右两侧使用空格，以提高代码的可读性。

（5）花括号（"{"及"}"）用于限定某一部分的范围，必须成对使用。通常把由一对花括号括起来的零至多条语句称为语句块（block），例如 Java 的类体、方法体，以及后面要学习的 try 语句块、分支和循环语句块均使用花括号来界定其范围。语句块也可嵌套使用，嵌套层数无限制。

2.1.2　标识符

在高级编程语言中，起到标识作用的符号（就像给人起名字，姓名就是人的标识符号）被称为标识符（identifier），如类名、方法名和变量名等。标识符必须以字符、下画线（"_"）或美元符（"$"）开头，后跟字符、下画线、美元符或数字（0~9），长度无限制。

这里提到的字符涵盖范围很广，除了包含拉丁字母（a~z 和 A~Z）外，还包含了当今世界上各种语言（如汉语、日文及韩文）中绝大多数的字符。到底哪些特定字符可用作 Java 标识符的开头或后继字母，在 6.5 节中介绍的封装类 Character 会提供具体的判断方法。

合法的 Java 标识符举例如下：

    str1   Student   age   setAge   student_name   _abc   intCount $4b   PI

> 📖 **注意**：Java 标识符的拼写是大小写敏感的，即区分大小写，a 和 A 是两个完全不同的标识符。
> 此外，不允许 Java 关键字（见表 2-1）作为标识符。

2.1.3 关键字

Java 语言中将一些特定的单词（或字符序列）保留做专门用途（如 class 被用于声明一个新的类），也就是说这些单词被占用了，不能再作他用，这些单词或字符序列被称为关键字（Keyword）或保留字（Reserved Word），如表 2-1 所示。

表 2-1 Java 关键字

关　键　字	作　　　用
abstract	修饰符，声明抽象方法和抽象类
assert	断言，用于定位程序错误
boolean	基本数据类型——布尔数据类型
break	流程控制，用于终止 switch 或循环语句块
byte	基本数据——字节型（8 位整型）
case	用于 switch 语句中标记一个判断分支
catch	try 异常处理语句的处理代码分支
char	基本数据类型——16 位 Unicode 编码字符型
class	用于声明 Java 类
const	未使用
continue	流程控制，用于跳过本次循环中未完成部分而继续下一次循环
default	用于 switch 语句中标记默认分支
do	标记 do-while 循环的开始
double	基本数据类型——双精度浮点数
else	标记 if 分支语句的否定分支
extends	用于标明 Java 类间的继承关系
final	标明终态性，用于声明不允许被继承的类、不允许被覆盖的方法和常量
finally	标记 try 异常处理语句的无条件执行代码分支
float	基本数据类型——单精度浮点数
for	for 型循环
goto	未使用
if	标记 if 分支语句
implements	标明 Java 类和接口间的实现关系
import	导入软件包
instanceof	检测某个对象是否是某个特定类的实例
int	基本数据类型——32 位整型
interface	用于声明 Java 接口类型

续表

关　键　字	作　用
long	基本数据类型——长整型
native	用于声明本地方法——无方法体，通过调用底层代码来实现其功能
new	用于创建新对象
null	标记一个空的引用
package	用于声明软件包
private	访问控制修饰符，限制某成员只能在本类中被直接访问
protected	访问控制修饰符，限制某成员只能在本类、同一个包及子类中被直接访问
public	访问控制修饰符，标记某成员可以在任何类中被直接访问
return	终止方法的运行并返回处理结果给调用环境（如果有返回值的话）
short	基本数据类型——16 位短整型
static	修饰符，用于声明类成员可以由整个类调用，而不是由该类的对象调用
super	在子类中标明成员或在构造方法中调用父类的构造方法
switch	标明 switch 分支结构
synchronized	同步化处理标记，用于多线程共享数据时在一个方法或语句块的范围内锁定一个对象
this	标记方法的当前对象，或在构造方法中调用同一个类其他重载构造方法
throw	显示抛出异常
throws	在方法中标明其可能抛出的异常
transient	用于标记不允许被序列化处理的成员变量
try	标记一段可能产生异常的代码片段
void	标明一个方法没有返回值
volatile	标记对一个成员变量进行强迫性同步处理，多线程中共享数据的一致性
while	标记 while 型循环

📖 **注意:**

➥ goto 和 const 虽未起任何作用，但为避免误用也被作为关键字保留下来。

➥ true 和 false 虽不是关键字，但也已被用作专门用途（boolean 类型的值），因此不可做标识符使用。

➥ Java 关键字都是小写的，因此只要有一个字母为大写，如 Public、Class、IF 等，就肯定不是关键字。

2.1.4　注释

和其他高级编程语言类似，Java 语言也支持在源文件中添加注释（Comment）。注释是对源程序起解释说明作用的文本信息，适当的使用注释可以增强程序代码的可读性和可维护性。Java 语言支持 3 种格式的注释：

➥ 以"//"开头，注释内容从"//"开始到本行行尾结束。

➥ 以"/*"开头，直到遇到"*/"结束，注释内容可以跨行，适用于内容较长的注释。

➥ 以"/**"开头，直到遇到"*/"结束，注释内容可以跨行。使用 JDK 中提供的文档化工具 javadoc 可以将这种注释的内容提取出来自动生成软件说明文档。

例 2.2 3 种注释的使用。

源文件：TestComments.java

```
/**
这是一个用于测试目的的 Java 类，类名为 TestComments。
*/
public class TestComments{
    /*
        第二种形式的注释，
        在生成说明文档时不会被提取。
    */
    private int age;                            //年龄
    /**
        本方法的功能是修改年龄属性为指定值。
    */
    public void setAge(int i){
        if(i > 0){                              //判断条件符合才进行赋值操作
            age = i;
        }
    }
}
```

接下来就可以使用 JDK 中提供的文档化工具 javadoc 来提取其中的第 3 种注释内容，
生成说明文档。与编译.java 源文件类似，在命令行窗口中 TestComments.java 文件的保存路
径下，运行 JDK 中提供的文档化工具 javadoc，具体格式如下：

```
javadoc TestComments.java
```

运行结果如图 2-1 所示。

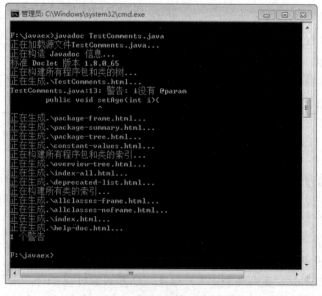

图 2-1 javadoc 命令的运行结果

在当前路径下可以找到新生成的一系列 HTML 文件——TestComments 类的说明文档，如图 2-2 所示，其结构和作用与 JDK 的 API Docs 相同，读者可以以其中的 index.html 为入口开始浏览。

图 2-2　用 javadoc 命令生成的说明文档

第三种格式的 Java 注释中还可以使用专门标记来标明类的开发者、版本号、相关资源链接、方法的参数及返回值说明等信息，这些信息在生成 API 文档中也会被单列出来以增强说明效果。在默认情况下，javadoc 工具只提取 public 成分（包括类、属性和方法等）前的第三种形式注释，也可进行显式设置改变其注释信息提取规则。由于各软件公司都使用自己的软件文档格式，这种使用 javadoc 生成软件文档的做法在实际的开发中并不常用，这里不再赘述。

2.2　数　据　类　型

2.2.1　数据类型的分类

计算机处理的对象是数据，可以是数值数据，如 123.56，也可以是非数值数据，如字符串"this is Java"。在 Java 中将数据按其性质进行分类，每一类称为一种数据类型（Data Type）。数据类型定义了数据的性质、取值范围、存储方式及对数据所能进行的运算和操作。

Java 语言数据类型层次结构如图 2-3 所示。

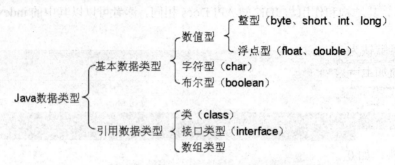

图 2-3　Java 语言数据类型层次结构

从图 2-3 中可以看出，Java 语言的数据类型分为两类，即基本数据类型（Primitive Type）和引用数据类型（Reference Type）。本节着重讲解基本数据类型，引用数据类型将在第 4 章详细说明。

2.2.2　基本数据类型

基本数据类型是 Java 语言中预定义的、长度固定的、不能再分的类型，数据类型的名字被当作关键字保留，并且都是小写的。与其他大多数程序设计语言不同的是，Java 的数据类型不依赖于具体计算机系统，并且 Java 的每种数据类型都对应一个默认值，这两点体现了 Java 的跨平台性和安全性。不同类型的数据在内存中所占的字节数及取值范围如表 2-2 所示。

表 2-2　基本数据类型的相关说明

类 型 名 称		关 键 字	所 占 字 节	取 值 范 围	默 认 值
整型	字节型	byte	1	$-2^{7}\sim2^{7}-1$	(byte)0
	短整型	short	2	$-2^{15}\sim2^{15}-1$	(short)0
	整型	int	4	$-2^{31}\sim2^{31}-1$	0
	长整型	long	8	$-2^{63}\sim2^{63}-1$	0
浮点型	单精度浮点数	float	4	$-3.4E38\sim3.4E38$	0.0
	双精度浮点数	double	8	$-1.7E308\sim1.7E308$	0.0
字符型		char	2	$0\sim65535$	'\u0000'
布尔型		boolean	1	true 和 false	false

2.3　常量和变量

2.3.1　常量

在程序执行过程中，其值不发生改变的量称为常量。Java 中常用的常量有整型常量、浮点型常量、布尔型常量、字符型常量和字符串常量。

1. 整型常量

整型常量默认为 int 类型，用 4 个字节的存储单元存放。要表示一个数为长整型，需要在这个数后面加上一个字母 L（或小写 l），如 78L、96L。

八进制整数只能包含数字 0～7 及正、负号，而且必须以数字 0 开头，如 011（十进制为 9）。

十六进制整数只能包含数字 0～9、字母 A～F（或 a～f）及正、负号，而且必须以 0X（或 0x）开头，如 0X2A（十进制为 42）。

2. 浮点型常量（实型常量）

在某些数据的处理过程中，为了保证计算结果的准确性，对数据的要求往往非常严格，而整型常量显然不能满足这种精度要求，因此引入了浮点型常量。浮点型就是可以带小数的数据类型，有以下两种表示形式。

➥ 十进制形式：由整数部分、小数点和小数部分构成，如 3.56、789.26 等。也可以用常见的科学记数法表示十进制浮点型数，如 3.6745E+2、4.5e-3 等，其中 E 或 e 后跟的是十进制指数。

➥ 十六进制形式：从 JDK5.0 开始，也可以使用十六进制形式表示浮点数了，但只能采用科学记数法表示，其格式为：

<0x | 0X><十六进制尾数><p | P><以 2 为底的指数>

例如，0x1.2p4，转换为十进制的计算方法为 $0x1.2p4=(1\times16^0+2\times16^{-1})\times2^4=18.0$。

Java 语言在使用浮点型数据时默认的类型是 double 类型。如果要指定是 float 或 double 型常量时，可以在常量的后面加上 F（f）或 D（d），如单精度浮点常量 2.456f、1.6E-2F，双精度浮点常量-0.58934D。

3. 布尔型常量

布尔型常量仅有两个值，即 true 和 false，分别代表布尔逻辑中的"真"和"假"。在 Java 语言中，布尔型常量不能和其他任何类型转换，true 不等于 1，而 false 也不等于 0。

4. 字符型常量

字符型常量是非常常见的一种数据类型。在许多程序设计语言中，字符是用 8 位数据表示的，也就是通常所说的 ASCII 码，但在 Java 中字符数据类型 char 是用 16 位表示的。这种编码方法被称为 Unicode，Unicode 所定义的国际化字符集能表示迄今为止人类语言的所有字符集。

Java 中的字符型常量有以下 4 种表示形式：

➥ 用单引号括起来的单个字符，例如'a'、'+'、'汉'。

➥ 用单引号括起来的转义字符，例如换行符'\n'、制表符'\t'、反斜杠'\\'等。

➥ 用单引号括起来的八进制转义字符，形式为'\ddd'，其中 ddd 表示 3 位八进制数。

例如'\141'是字母 a。该表示法只能表示部分 Unicode 字符内容。

➥ 用单引号括起来的 Unicode 转义字符，形式为'\uxxxx'，例如'\u234f'，u 字符后面带 4 位十六进制数，它可以表示全部 Unicode 字符内容。

表 2-3 列出了常用的转义字符。

表 2-3 常用转义字符及其功能

转 义 字 符	功 能 描 述
\'	单引号
\"	双引号
\\	反斜杠
\r	回车
\n	换行
\f	换页符
\t	制表符
\b	退格
\ddd	用八进制表示字符
\uxxxx	用十六进制表示字符

5. 字符串常量

字符串常量是用双引号括起来的由 0 个或多个字符组成的一个字符序列（包含有转义字符），如""（空字符串）、"How are you?"和"Hello World!\n"。

在 Java 中，字符串不是基本数据类型，是引用数据类型（"String 类"类型），但可以像使用基本数据类型一样来使用它。

2.3.2 变量

变量就是在程序运行过程中其值可以被改变的量。变量包括变量名和变量值两部分，变量名用于标记一段特定的存储空间，而变量值则以二进制形式保存在变量名标记的空间中，且可以被访问和修改。在此只简单地介绍变量的声明和作用域，其他详细内容参见 4.3 节。

1. 变量的声明

在 Java 中变量必须先声明后使用。声明变量包括指定变量的名称和数据类型，必要时还可以指定变量的初始值。声明的一般格式如下：

```
<数据类型名>   <变量名>[=<初值>][,<变量名>[=<初值>]...];
```

其中，[]中的内容是可选项；<变量名>必须是一个合法的标识符，变量名的长度没有限制；当有多个变量同属一种类型时，各变量之间用逗号分隔。例如：

```
float    floatVar;          //声明了标识符 floatVar 是 float 类型的变量
int i,j,k;                  //同时声明了 3 个 int 类型的变量 i、j、k
char ch = 'a';              //声明了 ch 是 char 类型的变量，且 ch 的初值为'a'
```

2. 变量的作用域

变量的作用域也称为变量的作用范围，即一个变量在多大的范围内可以使用。变量的作用域和变量的定义位置有关，在该类体中定义的类的成员变量，在该类的各个成员方法中均可以使用；在某个方法中定义的局部变量，仅能在本方法中使用；在 if 语句、while 语句或 for 语句等复合语句中定义的变量仅在该复合语句中有效。

📖 **注意**：方法体或复合语句中定义的局部变量必须初始化（赋值）后才能使用，而类中的成员变量可自动初始化为默认值。

例 2.3　变量声明和其作用范围。

源文件：TestDefinition.java

```
class TestDefinition{
    static String str = "Hello\t";            //str 在该类的各个成员方法中均有效
    public static void main(String[] args){
        String strVar = "World";              //strVar 变量在 main()方法中有效
        System.out.println(str + strVar);
        show();
    }
    static void show(){
        String strVar = "中国";               //strVar 变量在 show()方法中有效
        System.out.println(str + strVar);
    }
}
```

📖 **说明**：由于 main()方法是静态方法（用 static 修饰），只能处理 TestDefinition 类中的静态成员变量和调用类中的静态方法，因此在程序中必须将 str 和 show()定义为静态的，否则会产生编译错误。str 是 TestDefinition 类中的成员变量，它在类的范围中有效，因此应用程序的 main()方法和 show()方法都能访问它。需要注意，main()方法和 show()方法中都定义了一个变量名为 strVar 的字符串变量，这两个变量虽同名，但作用域却完全不同。main()方法中 strVar 变量的作用域在 main()方法中有效，而 show()方法中 strVar 变量的作用域仅在 show()方法中有效，因此上述代码不会产生编译错误。

2.4　运算符和表达式

运算符（Operator）是用于标明对数据执行某种运算的特定符号，如"+""-""/"分别用于标明算术加法、减法和除法运算。参与运算的数据称为操作数。Java 提供了丰富的运算符，主要包括以下几类。

- ➘ 算术运算符：+、-、*、/、%、++、--。
- ➘ 关系运算符：>、<、>=、<=、==、!=。
- ➘ 逻辑运算符：!、&&（&）、||（|）、^。

- ➦ 位运算符：~、&、|、^、<<、>>、>>>。
- ➦ 赋值运算符：简单赋值（=）、复合算术赋值（+=、-=、*=、/=、%=）和复合位运算赋值（&=、|=、^=、>>=、<<=、>>>=）。
- ➦ 条件运算符：?:。

2.4.1　算术运算符

算术运算符分为单目运算符（只有一个操作数）和双目运算符（有两个操作数），参与算术运算的操作数可以是整型或浮点型数据。表 2-4 列出了各种算术运算符的功能及用法。

表 2-4　算术运算符的功能和用法

类　　型	运　算　符	功　　能	用　法　举　例
双目运算符	+	加	op1+op2
	-	减	op1-op2
	*	乘	op1*op2
	/	除	op1/op2
	%	取余	op1%op2
单目运算符	+	正值	+op1
	-	负值	-op1
	++	自增	++op1 或 op1++
	--	自减	--op1 或 op1--

📖 注意：

- ➦ Java 语言对运算符"+"进行了扩充，可以用来连接两个字符串。例如，"abc"+"123"的结果是"abc123"。
- ➦ 两个整数相除的结果取其整数部分。例如，3/2 的结果是 1 而不是 1.5。如果参与运算的操作数有一个为小数，则结果为小数。例如，3.0/2 的结果为 1.5。
- ➦ 取余运算（%）是求两个数相除的余数。Java 语言既可对整数取余，也可对小数取余。例如，30%7=2，16.3%5=1.3。
- ➦ 可以对 char 类型的数据进行算术运算，但不能对 boolean 类型的数据进行算术运算，这是因为 char 类型的数据能自动转换为整型或浮点型，而 boolean 类型的数据不能与任何其他数据类型转换。例如，'a'%4=1。
- ➦ ++（--）运算符的操作数必须是变量，不能是常量或表达式。可以放在变量操作数前，也可放在变量操作数后，功能是对变量增 1（减 1）。从赋值的角度看，++a 和 a++是一样的，都是把 a 的值增 1，但从参与表达式的运算角度看，结果是不同的。++a 先对 a 增 1，然后用增 1 后的值进行计算；a++先用 a 的值参与计算，然后对 a 增 1。

例 2.4　自增（自减）运算符的使用。

源文件：TestIncrement.java

```java
public class TestIncrement{
    public static void main(String[] args){
```

```
        int i = 5;
        int j;
        j = ++ i;         //等价于 i=i+1;j=i;
        System.out.println("i="+i+",j="+j);
        i = 5;
        j = i ++;         //等价于 j=i;i=i+1;
        System.out.println("i=" + i + ",j=" + j);
    }
}
```

程序运行结果如图 2-4 所示。

图 2-4　自增运算符的使用

2.4.2　关系运算符

关系运算符用于判断两个操作数的等价性和大小关系，得到的结果为布尔类型，取值为 true 或 false。表 2-5 列出了 Java 语言中的关系运算符。表中的计算结果是根据 op1=5、op2=10 计算得出的。

表 2-5　关系运算符

运　算　符	含　　义	用 法 举 例	比 较 结 果
<	小于	op1<op2	true
<=	小于等于	op1<=op2	true
>	大于	op1>op2	false
>=	大于等于	op1>=op2	false
==	等于	op1==op2	false
!=	不等	op1!=op2	true

关系表达式常用于逻辑判断，例如用于 if 语句中的条件判断、循环语句中的循环条件等。

例 2.5　关系运算符的使用。

源文件：TestComparison.java。

```
public class TestComparison{
    public static void main(String[] args){
        int a = 9;
        int b = 10;
```

```
        if(a == b)
            System.out.println("a 等于 b");
        if(a != b)
            System.out.println("a 不等于 b");
        if(a > b)
            System.out.println("a 大于 b");
        if(a < b)
            System.out.println("a 小于 b");
        if(a >= b)
            System.out.println("a 大于等于 b");
        if(a <= b)
            System.out.println("a 小于等于 b");
    }
}
```

程序运行结果如图 2-5 所示。

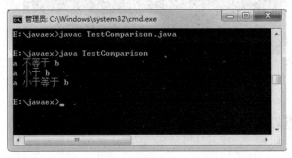

图 2-5　关系运算符的使用

2.4.3　逻辑运算符

逻辑运算符可以对 boolean 类型数据进行逻辑上的"与""或""非""异或"等运算，结果仍为 boolean 类型，通常用于程序的流程控制。Java 逻辑运算符包括&（逻辑与）、|（逻辑或）、!（逻辑非）、^（逻辑异或）、&&（短路与）和||（短路或），逻辑运算符的运算法则如表 2-6 所示。

表 2-6　逻辑运算符

a	b	!a	a & b	a | b	a ^ b	a && b	a || b
true	true	false	true	true	false	true	true
true	false	false	false	true	true	false	true
false	true	true	false	true	true	false	true
false	false	true	false	false	false	false	false

逻辑与（&）、逻辑或（|）运算符与短路与（&&）、短路或（||）运算符的区别是：利用&、|做逻辑运算时，运算符左右两边的表达式都会被运算执行，最后两个表达式的结果再进行与、或运算。利用&&、||做逻辑运算时，如果只计算运算符左边表达式的结果即可确定与、或的结果，则右边的表达式将不会执行。例如在计算表达式"a && b"时，如

果 a 的结果为 false，则可确定"与"运算的结果只能为 false，于是不再计算操作数 b 的值，而直接得出最终结果 false。

例 2.6　逻辑运算符的使用。

源文件：TestBooleanOperator.java

```java
public class TestBooleanOperator{
    public static void main(String[] args){
        boolean b1,b2;
        b2 = false;
        b1 = ! b2;                        //b1 的值为 true
        System.out.println("逻辑值：b1=" + b1 + ", b2=" + b2);
        System.out.println("逻辑与：b1&b2=" + (b1 & b2));
        System.out.println("逻辑或：b1|b2=" + (b1 | b2));
        System.out.println("逻辑异或：b1^b2=" + (b1 ^ b2));

        int x = 4,y = 10;
        b1 = x > y && ++x == --y;
        System.out.println("短路与的结果：" + b1 + ", x=" + x + ", y=" + y);

        x = 4;
        y = 10;
        b2 = x>y & ++x== --y;
        System.out.println("逻辑与的结果：" + b1 + ", x=" + x + ", y=" + y);
    }
}
```

程序运行结果如图 2-6 所示。

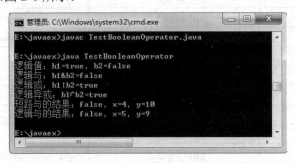

图 2-6　逻辑运算符的使用

对于代码行"**b1 = x>y && ++x ==-- y;**"，由于&&运算符左边 x>y 的值为 false，则不管该运算符右边的表达式是 true 或是 false，b1 的值一定为 false。这时，该运算符右边的表达式不再执行，因此 x=4，y=10。代码行"**b2 = x>y & ++x == --y;**"中使用&运算符，该运算符左右两边的表达式都会被执行，因此，b2=false，x=5，y=9。

2.4.4　赋值运算符

赋值运算符（=）的功能是将运算符"="右侧表达式的计算结果赋值给左侧的变量。

其格式如下：

```
变量=表达式
```

需要强调的是，"="左侧必须是一个已经声明过的变量，而不允许是常量或表达式。例如：

```
int i = 5,j = 6;        //合法
j = i +10;              //合法
10 = i + j;             //非法
i + j = 10;             //非法
```

在赋值运算符两侧的类型不一致的情况下，如果左侧变量的数据类型的表示范围更大，则把右侧的数据自动转换为与左侧相同的数据类型，然后赋给左侧变量，否则，需要使用强制类型转换运算符。例如：

```
double d = 7.8f;        //合法，"="左侧变量类型是 double，表示范围比 float 类型大，因此右侧数据
自动转换为 double 类型，赋值给左侧变量 d
int a = 78L;            //非法，"="左侧变量类型是 int，表示范围比 long 类型小，不能将右侧 78L
自动转换为 int 类型，这时需要使用强制类型转换
int a = (int)78L;       //合法，但需注意如果右侧 long 型数值超过 int 值的最大范围时，强制类型转换
可能会出现丢失数据的情况
```

将赋值运算符和其他运算符结合起来可以组成复合赋值运算符或复合位运算符，以实现简化的运算标记效果，如表 2-7 所示。

表 2-7　赋值运算符

运　算　符	使　用　格　式	功　能　说　明
+=	op1+=op2	op1=op1+op2
-=	op1-=op2	op1=op1-op2
*=	op1*=op2	op1=op1*op2
/=	op1/=op2	op1=op1/op2
%=	op1%=op2	op1=op1%op2
&=	op1&=op2	op1=op1&op2
|=	op1|=op2	op1=op1|op2
^=	op1^=op2	op1=op1^op2
<<=	op1<<=op2	op1=op1<<op2
>>=	op1>>=op2	op1=op1>>op2
>>>=	op1>>>=op2	op1=op1>>>op2

其中，op1 必须是一个变量，而 op2 可以是变量、常量或表达式等。可以看出，只有当一个变量和一个表达式进行运算且要将运算结果保存到前一个变量中时，才可以使用复合赋值运算符或复合位运算符来简化表示。例如：

```
int a = 5,b = 6;
a *= 100 - b;   //等价于  a=a*(100-b);
```

2.4.5　条件运算符

条件运算符（?:）是 Java 语言中的唯一一个三目运算符（需要 3 个操作数），其一般格式如下：

<表达式 1>？<表达式 2>：<表达式 3>

其中，<表达式 1>必须是 boolean 类型的，系统将首先计算表达式 1 的值，如果该值为 true，则将<表达式 2>的值作为整个表达式的最终结果，否则将<表达式 3>的值作为整个表达式的最终结果。

例 2.7　条件运算符的使用。

源文件：TestConditionalOperator.java

```java
import javax.swing.JOptionPane;
public class TestConditionalOperator{
    public static void main(String[] args){
        int score;
        score = Integer.parseInt(JOptionPane.showInputDialog("请输入百分制成绩："));
        String result = (score>=60)？"及格"："不及格";
        System.out.println(result);
    }
}
```

分析：

- 获取"输入"对话框输入的值。程序调用 JOptionPane.showInputDialog(s)方法时将显示"输入"对话框，字符串参数 s 是显示在对话框中给用户提示的信息，如图 2-7 所示。此对话框中还显示了两个按钮："确定"按钮和"取消"按钮。当单击"确定"按钮时，对话框关闭，该方法返回用户在"输入"对话框的文本框中输入的值，如果用户没有输入任何值，则返回空值。如果用户单击"取消"按钮，对话框关闭，该方法返回空值。需要注意的是，JOptionPane.showInputDialog()方法的返回值的类型为 String 类型。

图 2-7　"输入"对话框

- 将数字的字符串表示形式转换为整数。Integer.parseInt(s)方法将数字的字符串表示形式 s 转换为其等效的有符号整数。

程序在运行时弹出"输入"对话框，要求用户输入百分制成绩，这时如果用户输入 87，并单击"确定"按钮，则程序输出"及格"。

2.4.6　表达式

表达式（Expression）是由若干操作数（Operand）和运算符（Operator）按照约定规则构成的一个序列。其中的运算符标明对操作数进行何种操作，而操作数可以是变量、常量或有返回值的方法调用等其他的表达式。例如，(a−b)/c+4、5>=a、a>3 && a<10、10*max(a,b)等。声明过的单个变量或常量就是一种最简单的表达式。

当表达式中包含多个运算符时，系统会按照运算符的优先级（Precedence）来控制运算执行顺序。例如，表达式 5+x*8 将先进行 x*8 乘法运算，再将其结果与 5 进行加法运算，因为运算符"*"的优先级高于运算符"+"。

同优先级的运算符连续出现时按照约定的结合方向进行运算。例如，运算符"+"的结合方向为从左到右，因此：

```
String  s1 = 3 + 5 + "Welcome";    //s1 结果为"8Welcome"，因为 5 的两边都是"+"运算符，优
先级相同，按照"+"的结合方向，5 应该先和左边的"+"相结合，实现 3+5 的运算，再将结果 8
和后面的字符串做连接运算
String  s2 = "Welcome" + 3 + 5;    //s2 结果为"Welcome35"，3 先和字符串"Welcome"做连接运
算，得到字符串"Welcome3"，再将该字符串和 5 做连接运算
```

Java 表达式中各种运算符的优先级和结合方向如表 2-8 所示。表中运算符的优先级自上而下逐级降低，同一行内的运算符优先级相同。

表 2-8　Java 运算符优先级和结合方向

优　先　级	运　算　符	操　作　数	结　合　方　向
1	[]、()、.		
2	++、--、+（单目）、-（单目）、~、!、（强制类型转换）、new	单目	自右向左
3	*、/、%	双目	自左向右
4	+、-	双目	自左向右
5	<<、>>、>>>	双目	自左向右
6	<、<=、>、>=、instanceof	双目	自左向右
7	==、!=	双目	自左向右
8	&	双目	自左向右
9	^	双目	自左向右
10	|	双目	自左向右
11	&&	双目	自左向右
12	||	双目	自左向右
13	?:	三目	自右向左
14	=、+=、-=、*=、/=、%=、&=、|=、^=、<<=、>>=、>>>=	双目	自右向左

表达式运算后得到的结果称为表达式的值，而表达式运算结果的数据类型也称为表达

式的类型。需要注意的是，赋值表达式也有自己的值和数据类型，赋值后等号左侧变量的值就是整个赋值表达式的值，该变量的数据类型就是整个表达式的类型。

例 2.8　写出下列表达式的值。

3 > 5 && 2 < 9	4 + 5 == 3 || 7 != 2	7 > 2 && 3 > 6

分析：

	3 >5 && 2 < 9	4 + 5 == 3 || 7 != 2	7 > 2 && 3 > 6
=>	false && 2<9	9==3 || 7!=2	true && 3>6
=>	false	false || 7!=2	true && false
=>		false || true	false
=>		true	

2.4.7　表达式中的数据类型转换

用常量、变量或表达式给另一个变量赋值时，两者的数据类型要一致。如果数据类型不一致，则要进行数据的类型转换，即从一种数据类型转换为另一种数据类型。类型转换分为自动类型转换和强制类型转换两种。

1. 自动类型转换

当不同类型的常量和变量在表达式中混合使用时，它们最终将被转换为同一类型，然后进行运算。为了保证精度，转换从表示数的范围较小的数据类型到表示数的范围较大的数据类型。自动类型转换规则如下：

- （byte 或 short）和 int→int
- （byte 或 short 或 int）和 long→long
- （byte 或 short 或 int 或 long）和 float→float
- （byte 或 short 或 int 或 long 或 float）和 double→double
- char 和 int→int

其中，箭头左边表示参与运算的数据类型，操作可以是加、减、乘、除或赋值等运算，箭头右边表示转换后进行运算的数据类型。

例如，下面的运算是正确的。

```
long longVar = 12345;              //int 型常量自动转换为 long 型赋值给 longVar
double doubleVar = 1.2f;           //float 型常量自动转换为 double 型赋值给 doubleVar
float f = 23456434563L;            //long 型常量自动转换为 float 型赋值给 f
doubleVar = doubleVar * (12 + longVar);   //12 自动转换为 long 型和 longVar 变量中的值进行 "+"
运算,结果为 long 型,之后将该中间结果转换为 double 型和 doubleVar 中的值进行运算,结果为 double
型,将该 double 型的结果赋值给 double 型的变量 doubleVar
```

📖 **注意：** 布尔类型不能与任何其他数据类型转换。

2. 强制类型转换

强制类型转换的格式如下：

（目标数据类型）变量或表达式

例如：

(float)5 / 9 * (f - 32)   //该表达式将 int 型常量 5 强制转换为 5.0f 再和 9 相除

强制类型转换时，如果目标数据类型的取值范围小于待转换数据类型的取值范围，在转换过程中会出现截断，导致高位数据丢失或精度下降。

例 2.9 将 32 位整数 65366 强制转换为 byte 类型后，整数的高位被截掉，只剩下低 8 位，字节数据为 86，导致数据丢失。

源文件：TypeConversion.java

```
public class TypeConversion{
    public static void main(String[] args){
        int intVar = 0xff56;
        byte byteVar = (byte)intVar;
        System.out.println("intVar=" + Integer.toString(intVar，2) + ";" + intVar);
        System.out.println("byteVar=" + Integer.toString(byteVar，2) + ";" + byteVar);
    }
}
```

程序运行结果如图 2-8 所示。

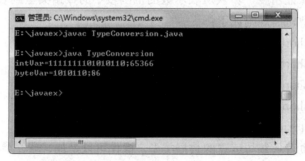

图 2-8 例 2.9 的输出结果

例 2.10 数值的类型转换。

源文件：TestConversion.java

```
public class TestConversion{
    public static void main(String[] args){
        int i1 = 1234567891;
        float f = i1;                    //合法，但仍然可能存在精度损失
        System.out.println(f);
        double d1 = i1;                  //合法，不存在精度损失
        System.out.println(d1);
```

```
            double d2 = 3.99;
            int i2 = (int)d2;                    //合法，但可能存在精度损失
            System.out.println(i2);

            byte a = 37;                         //合法
            byte b = 112;                        //合法
            //byte c = 200;                      //非法，超出范围
            //byte d = a + b;                    //非法，可能存在精度损失
            int e = a + b;
            System.out.println(e);               //a+b 的结果在 int 类型取值范围

            int k = 12;
            //byte b1 = k;                        //非法，可能存在精度损失
        }
}
```

程序运行结果如图 2-9 所示。

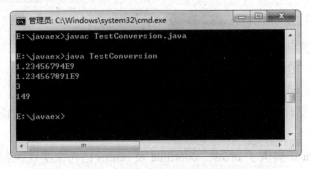

图 2-9　例 2.10 的运行结果

2.5　流程控制语句

无论哪一种编程语言，都会提供 3 种基本的流程控制结构——顺序结构、分支结构和循环结构。其中，分支结构用于实现根据条件来选择性地执行某段代码，循环结构则用于根据循环条件重复执行某段代码。

1. 顺序结构

任何编程语言中最常见的程序结构就是顺序结构。顺序结构就是程序从上到下一行一行地执行，中间没有任何判断和跳转。

如果 main()方法多行代码之间没有任何流程控制，则程序总是从上向下依次执行，排在前面的代码先执行，排在后面的代码后执行。这意味着如果没有流程控制，Java 方法里的语句是一个顺序执行流，从上向下依次执行每条语句。如图 2-10 所示，先执行<语句 1>，再执行<语句 2>。

2. 分支结构

根据条件从两个分支或多个分支中选择其中一支执行。如图 2-11 所示，先判定菱形框中的条件，当条件成立时，执行<语句 1>；当条件不成立时，执行<语句 2>。

3. 循环结构

满足某一条件时重复执行，直到条件不满足。如图 2-12 所示，先判断菱形框中的条件，当条件成立时，反复执行<语句>，直到条件不成立退出循环，执行下一个基本结构。

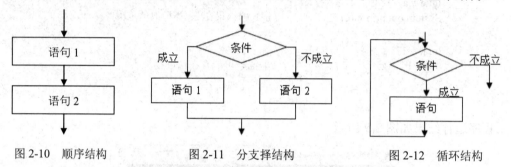

图 2-10　顺序结构　　　图 2-11　分支择结构　　　图 2-12　循环结构

Java 同样提供了用于实现分支结构和循环结构的语句。
- 分支语句：if 和 switch。
- 循环语句：while、do-while、for 和 foreach。

其中，foreach 循环是 JDK5.0 提供的一种新的循环语句，能以更简单的方式来遍历集合和数组的元素。

除此之外，Java 还提供了 break、continue 及 return 语句来实现流程控制。

2.5.1　分支语句

Java 提供了两种常见的分支控制结构：if 语句和 switch 语句。其中，if 语句使用布尔表达式或布尔值作为分支条件来进行分支控制；而 switch 语句则用于对多个整型值进行匹配，从而实现分支控制。

1. if 条件语句

if 语句使用布尔表达式或布尔值作为分支条件来进行分支控制，有如下 3 种形式。
第 1 种形式：

```
if (logic expression){
        statements...
}
```

第 2 种形式：

```
if (logic expression){
        statements...
```

```
}else{
    statements...
}
```

第 3 种形式：

```
if (logic expression){
    statements...
}else if(logic expression){
    statements...
}
...//可以有零个或多个 else if 语句
[else{    //最后的 else 语句也可以省略
    statement...
}]
```

在上面 if 语句的 3 种形式中，放在 if 之后的括号里的只能是一个逻辑表达式，即这个表达式的返回值只能是 true 或 false。第 2 种形式和第 3 种形式是相通的，如果第 3 种形式中 else if 块不出现，则变成了第 2 种形式。

上面的条件语句中，if(logic expression)、else if(logic expression)及 else 后花括号括起来的多行代码被称为代码块。一个代码块通常被当成一个整体来执行（除非运行过程中遇到return、break、continue 等关键字，或者遇到了异常），因此这个代码块也被称为条件执行体。

例 2.11　if-else 语句的使用。

源文件：TestIf.java

```
public class TestIf{
    public static void main(String[] args){
        int score = 95;
        if (score >= 90)
        //只有当 score >= 90 时，下面花括号括起来的语句块才会执行
        //花括号括起来的语句是一个整体，要么一起执行，要么一起不会执行
        {
            System.out.println("成绩大于等于 90");
            System.out.println("成绩在 90 分及 90 分以上的是优秀...");
        }
    }
}
```

当 if(logic expression)、else if(logic expression)和 else 后的语句块中只有一行语句时，则可以省略花括号，因为单行语句本身就是一个整体，无须花括号来把它们定义成一个整体。因此，下面的代码段完全可以正常执行：

```
//定义变量 i ，并为其赋值
int i = 9;
if (i > 8)
```

```
//如果 i>8，执行下面的条件执行体，只有一行代码作为代码块
System.out.println("i 大于 8");
else
//否则，执行下面的执行体，只有一行代码作为代码块
System.out.println("i 不大于 8");
```

通常，我们建议不要省略 if(logic expression)、else if(logic expression)及 else 后条件执行体的花括号，即使条件执行体只有一行代码，因为保留花括号会有更好的可读性，而且保留花括号会减少发生错误的可能。例如下面的代码就不能正常执行：

```
//定义变量 b，并为其赋值
int j = 9;
if (j > 8)
//如果 j>8，执行下面的执行体，只有一行代码作为代码块
System.out.println("j 大于 8");
else
//否则，执行下面的执行体
j--;
//对于下面的代码而言，它已经不再是条件执行体的一部分，因此总会执行
System.out.println("j 不大于 8");
```

上面代码中以粗体字标识的代码行 "System.out.println("j 不大于 8");"，不管 j>8 这个条件为 true 或 false 将总是会被执行，因为这行代码并不属于 else 后的条件执行体，else 后的条件执行体就只有 "j--;" 这一行代码。

如果 if 后有多条语句作为条件执行体，这时若省略了这个条件执行体的花括号，则会引起编译错误，例如如下代码段：

```
//定义变量 k，并为其赋值
int k = 5;
if (k > 4)
//如果 k>4，执行下面的执行体，将只有 "k--;" 一行代码为条件执行体
k--;
//下面是一行普通代码，不属于条件执行体
System.out.println("k 大于 4");
//此处的 else 将没有 if 语句，因此编译出错
else
//否则，执行下面的执行体，只有一行代码作为代码块
System.out.println("k 不大于 4");
```

因为 if 后的条件执行体省略了花括号，则系统只把 "k--;" 一行代码作为条件执行体，当 "k--;" 语句结束后，if 语句也就结束了。后面的 "System.out.println("k 大于 4");" 代码已经是一行普通代码了，不再属于条件执行体，从而导致 else 语句没有 if 语句相配对，从而引起编译错误。

对于 if 语句，还有一个很容易出现的逻辑错误，这个逻辑错误并不属于语法问题，但引起错误的可能性更大。

例 2.12　if-else 语句的使用 2。

源文件：TestIfError.java

```
public class TestIfError{
    public static void main(String[] args){
        int score = 85;
        if (score >= 60){
            System.out.println("及格");
        }else if (score >= 80){
            System.out.println("良好");
        }else if (score >= 90){
            System.out.println("优秀");
        }
    }
}
```

表面上看起来，上面的程序没有任何问题：成绩大于或等于 60 时是及格，成绩大于或等于 80 时是良好，成绩大于或等于 90 时是优秀。但运行上面程序，发现打印结果是：及格，而实际上我们希望 85 分应判断为良好——这显然出现了一个问题。

对于任何的 if-else 语句，表面上看起来 else 后没有任何条件，或者 else if 后只有一个条件——但这不是真相：因为 else 的含义是"否则"——else 本身就是一个条件！这也是我们把 if 和 else 后的代码块统称为条件执行体的原因，else 的隐含条件是对前面条件取反。因此，上面的代码实际上可改写为如下形式：

源文件：TestIfError2.java

```
public class TestIfError2{
    public static void main(String[] args){
        int score = 85;
        if (score >= 60){
            System.out.println("及格");
        }
        //在原本的 if 条件中增加了 else 的隐含条件
        else if (score >= 80 && !(score >= 60)) {
            System.out.println("良好");
        }
        //在原本的 if 条件中增加了 else 的隐含条件
        else if (score >= 90 && !(score >= 60) && !(score >= 80 && !(score >= 60))){
            System.out.println("优秀");
        }
    }
}
```

此时就比较容易看出为什么会发生上面的错误了，对于 score >= 80 && !(score>=60)这个条件，又可改写成 score >= 80 && score < 60，这种情况永远也不会发生，自然永远也不可能被执行了。对于 score > 90 && !(score> 60) && !(score >= 80 && !(score >= 60))这个条件，则更不可能发生了。因此，无论如何，程序永远都不会判断良好和优秀的情形。

为了达到正确的目的，我们把程序改写成如下形式：

源文件：TestIfCorrect.java

```
public class TestIfCorrect{
    public static void main(String[] args){
        int score = 85;
        if (score >= 90){
            System.out.println("优秀");
        }
        else if (score >= 80){
            System.out.println("良好");
        }
        else if (score >= 60){
            System.out.println("及格");
        }
    }
}
```

运行程序，得到了正确结果。实际上，上面的程序可改写为如下形式：

```
public class TestIfCorrect{
    public static void main(String[] args) {
        int score = 85;
        if (score >= 90){
            System.out.println("优秀");
        }
        //在原本的 if 条件中增加了 else 的隐含条件
        else if (score >= 80 && !(score >=90)){
            System.out.println("良好");
        }
        //在原本的 if 条件中增加了 else 的隐含条件
        else if (score >= 60 && !(score >= 90) && !(score >= 80 && !(score >=90))){
            System.out.println("及格");
        }
    }
}
```

上面程序的判断逻辑为如下 3 种情形：

- score 大于或等于 90 分，判断为"优秀"。
- score 大于或等于 80 分，且 score 小于 90 分，判断为"良好"。
- score 大于或等于 60 分，且 score 小于 80 分，判断为"及格"。

而这才是实际希望的判断逻辑。因此，当使用 if-else 语句进行流程控制时，一定不要忽略了 else 所带的隐含条件。

如果每次都去计算 if 条件和 else 条件的交集也是一件非常烦琐的事情，为了避免出现上面的错误，在使用 if-else 语句时有一条基本规则：总是优先把包含范围小的条件放在前面处理。如 score>=80 和 score>=60 两个条件，明显 score>=80 的范围更小，所以应该先处理 score>=80 的情况。

2．switch 分支语句

switch 语句由一个控制表达式和多个 case 标签组成，和 if 语句不同的是，switch 语句后面的控制表达式的数据类型只能是整型或字符型，不能是 boolean 型。case 标签后紧跟一个代码块，case 标签作为这个代码块的标识。switch 语句的语法格式如下：

```
switch (expression){
    case condition1:{
        statement(s)
        break;
    }
    case condition2: {
        statement(s)
        break;
    }
    ...
    case conditionN:{
        statement(s)
        break;
    }
    default:{
        statement(s)
    }
}
```

这种分支语句的执行是先对 expression 求值，然后依次匹配 condition1、condition2、...、conditionN 等值，遇到匹配的值即执行对应的执行体；如果所有 case 标签后的值都不与 expression 表达式的值相等，则执行 default 标签后的代码块。

和 if 语句不同的是，switch 语句中各 case 标签后代码块的开始点和结束点非常清晰，因此完全可以省略 case 后代码块的花括号。与 if 语句中 else 类似，switch 语句中 default 标签看似没有条件，其实是有条件的，条件就是 expression 表达式的值不能与前面任何一个 case 标签后的值相等。

例 2.13　switch 语句的使用。

源文件：TestSwitch.java

```
public class TestSwitch{
    public static void main(String[] args){
        //声明变量 grade，并为其赋值'D'
        char grade = 'D';
        //执行 switch 分支语句
        switch (grade){
            case   'A':
                System.out.println("优秀.");
                break;
            case   'B':
                System.out.println("良好.");
```

```
                break;
        case    'C':
                System.out.println("中.");
                break;
        case    'D':
                System.out.println("及格.");
                break;
        case    'F':
                System.out.println("不及格.");
                break;
        default:
                System.out.println("成绩输入错误");
        }
    }
}
```

运行上面程序，看到输出结果为"及格."。这个结果完全正常，因为字符表达式 grade 的值为'D'，对应的结果为"及格."。

值得指出的是，switch 语句中控制表达式的类型只能是 byte、short、int、char 和 String 类型。

在 case 标签后的每个代码块后都有一条"break;"语句，该语句有极其重要的意义，Java 的 switch 语句允许省略 case 后代码块的"break;"语句，但这种省略可能引入一个陷阱。如果把上面程序中的"break;"语句都注释掉，将看到如图 2-13 所示的运行结果。

图 2-13　注释掉"break;"语句后程序的输出结果

这个运行结果看起来比较奇怪，但这正是由 switch 语句的运行流程决定的：switch 语句会先求出 expression 表达式的值，然后拿这个表达式的值和 case 标签后的值进行比较，一旦遇到相等的值，程序开始执行这个 case 标签后代码，不再判断与后面 case、default 标签的条件是否匹配，除非遇到"break;"语句才会结束。

2.5.2　循环语句

循环语句可以在满足循环条件的情况下，反复执行某一段代码，这段被重复执行的代码块被称为循环体。当反复执行这个循环体时，需要在适当的时候把循环条件改为假，从而结束循环，否则循环将一直执行下去，形成死循环。循环语句可能包含如下 4 个部分。

- 初始化语句（init_statements）：一条或多条语句，这些代码用于完成一些初始化工作。初始化语句在循环开始之前执行。
- 循环条件（test_expression）：这是一个 boolean 表达式，这个表达式能决定是否执行循环体。
- 循环体（body_statements）：这个部分是循环的主体，如果循环条件允许，这个代码块将被重复执行。如果这个代码块只有一行语句，则该代码块的花括号是可以省略的。
- 迭代语句（iteration_statements）：这个部分在一次循环体执行结束后，在循环条件求值之前执行，通常用于控制循环条件中的变量，使得循环在合适时结束。

上面 4 个部分只是一般分类，并不是每个循环中都能够非常清晰地分出上面 4 个部分。

1．while 循环语句

while 循环的语法格式如下：

```
[init_statements]
while(test_expression){
    statements;
    [iteration_statements]
        }
```

while 循环每次执行循环体之前，先对 test_expression 循环条件求值，如果循环条件为 true，则运行循环体部分。从上面语法格式中来看，迭代语句 iteration_statements 总是位于循环体的最后，因此只有当循环体能成功执行完成时，while 循环才会执行 iteration_statements 迭代语句。

从这个意义上来看，while 循环也可被当成条件语句——如果 test_expression 条件一开始就为 false，则循环体部分将永远不会获得执行。

例 2.14　while 语句的使用。

源文件：TestWhile.java

```java
public class TestWhile{
    public static void main(String[] args){
        //循环的初始化条件
        int i = 1;
        //当 i 小于等于 10 时，执行循环体
        while (i <= 10){
            System.out.print(i+"\t");
            //迭代语句
            i++;
        }
        System.out.println("\n 循环结束!");
    }
}
```

程序的执行结果如图 2-14 所示。

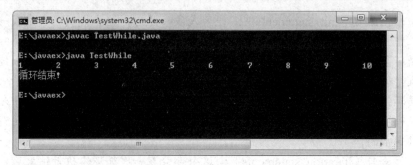

图 2-14　例 2.14 的输出结果

如果 while 循环的循环体部分和迭代语句合并在一起，且只有一行代码，则可以省略 while 循环后的花括号。但这种省略花括号的做法，可能降低程序的可读性。

使用 while 循环时，一定要保证循环条件有变成 false 时，否则这个循环将成为一个死循环，永远无法结束这个循环。例如：

```java
int i = 1;
while (i <= 10){
    System.out.println("不停执行的死循环  " + i);
    i--;
}
System.out.println("永远无法跳出的循环体");
```

在上面的代码中，i 的值越来越小，因此 i 的值永远小于或等于 10，则 i<=10 循环条件一直为 true，从而导致这个循环永远无法结束。

除此之外，对于许多初学者而言，使用 while 循环时还有一个陷阱：while 循环的循环条件后紧跟一个分号。如果有如下代码段：

```java
int i = 1;
//while 后紧跟一个分号，表明循环体是一个分号（空语句）
while (i <= 10);
//下面的代码块与 while 循环已经没有任何关系
{
    System.out.println("------" + i);
    i++;
}
```

乍一看，该代码片段没有任何问题，但仔细看一下，不难发现 while 循环的循环条件表达式后紧跟了一个分号。在 Java 程序中，一个单独的分号表示一个空语句，不做任何事情的空语句，这意味着这个 while 循环的循环体是空语句。空语句作为循环体也不是最大的问题，问题是当 Java 反复执行这个循环体时，循环条件的返回值没有任何改变，这就成了一个死循环。分号后面的代码块则与 while 循环没有任何关系。

2．do-while 循环语句

do-while 循环与 while 循环的区别在于：while 循环是先判断循环条件，如果条件为真才执行循环体；而 do-while 循环则先执行循环体，然后判断循环条件，如果循环条件为真，则执行下一次循环，否则中止循环。do-while 循环的语法格式如下：

```
[init_statements]
do{
    statements;
    [iteration_statements]
}while (test_expression);
```

与 while 循环不同的是，do-while 循环的循环条件后必须有一个分号，这个分号表明循环结束。

例 2.15 do-while 循环的使用。

源文件：TestDoWhile.java

```
public class TestDoWhile{
    public static void main(String[] args){
        //定义变量 i
        int i = 0;
        //执行 do-while 循环
        do{
            System.out.print(i+"\t");
            //循环迭代语句
            i++;
        }
        //循环条件紧跟 while 关键字
        while (i < 10);
        System.out.println("\n 循环结束!");
    }
}
```

程序的执行结果如图 2-15 所示。

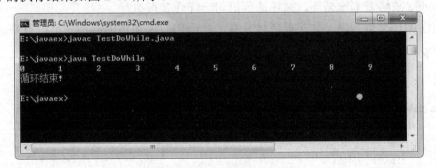

图 2-15　例 2.15 的输出结果

即使 test_expression 循环条件的值开始就为假，do-while 循环也会执行循环体。因此，do-while 循环的循环体至少执行一次。例如：

```
//定义变量 j
int j = 30;
//执行 do-while 循环
```

```
do
    //这行代码把循环体和迭代部分合并成了一行代码
    System.out.println(j++);
while (j < 20);
System.out.println("循环结束!");
```

从上面的程序来看，虽然开始 j 的值就是 30，j < 20 表达式返回 false，但 do-while 循环还是会把循环体执行一次。因此，循环语句执行完后，j 的值为 31。

3. for 循环

for 循环是更加简洁的循环语句，大部分情况下，for 循环可以代替 while 循环和 do-while 循环。for 循环的基本语法格式如下：

```
for ([init_statements]; [test_expression]; [iteration_statement]){
    statements
}
```

程序执行 for 循环时，先执行循环的初始化语句 init_statements，初始化语句只在循环开始前执行一次。每次执行循环体之前，先计算 test_expression 循环条件的值，如果循环条件返回 true，则执行循环体部分，循环体执行结束后执行循环迭代语句。因此，对于 for 循环而言，循环条件总比循环体要多执行一次，因为最后一次执行循环条件返回 false，将不再执行循环体。

值得指出的是，for 循环的循环迭代语句并没有与循环体放在一起，因此即使在执行循环体时遇到 continue 语句结束本次循环，循环迭代语句一样会得到执行。

for 循环和 while、do-while 循环不一样：由于 while、do-while 循环的循环迭代语句紧跟着循环体，因此如果循环体不能完全执行，如使用 continue 来结束本次循环，则循环迭代语句不会被执行。但 for 循环的循环迭代语句并没有与循环体放在一起，因此不管是否使用 continue 来结束本次循环，循环迭代语句一样会获得执行。

与前面循环类似的是，如果循环体只有一行语句，循环体的花括号可以省略。

例 2.16　for 循环的使用 1。

源文件：TestFor.java

```
public class TestFor{
    public static void main(String[] args){
        //循环的初始化条件、循环条件、循环迭代语句都在下面一行
        for (int i = 1; i <= 10; i++){
            System.out.print(i+"\t");
        }
        System.out.println("\n 循环结束!");
    }
}
```

在上面的循环语句中，for 循环的初始化语句只有一个，循环条件也只是一个简单的 boolean 表达式。实际上，for 循环允许同时指定多个初始化语句，循环条件也可以是一个

包含逻辑运算符的表达式。

例 2.17　for 循环的使用 2。

源文件：TestFor2.java

```
public class TestFor2{
    public static void main(String[] args){
        //同时定义了 3 个初始化变量，使用&&来组合多个 boolean 表达式
        for (int a = 0,  b = 0,  c = 0; a < 10 && b < 4 && c < 10; c++){
            System.out.println(a++);
            System.out.println(++b + c);
        }
    }
}
```

上面代码中初始化变量有 3 个，但是只能有一个声明语句，因此如果需要在初始化表达式中声明多个变量，那么这些变量应该有相同的数据类型。

初学者使用 for 循环时也容易犯一个错误，他们认为只要在 for 后的括号内控制了循环迭代语句即可万无一失，但实际情况却并非如此。例如下面的程序。

例 2.18　for 循环的使用 3。

源文件：TestForError.java

```
public class TestForError{
    public static void main(String[] args){
        //循环的初始化条件、循环条件、循环迭代语句都在下面一行
        for (int i = 1; i <= 10; i++){
            System.out.println(i);
            //再次修改了循环变量
            i *= 0.1;
        }
        System.out.println("循环结束!");
    }
}
```

在上面 for 循环中，表面上看起来控制了 i 变量的自增，i < 10 有变成 false 时。但实际上程序中粗体字标识的代码行在循环体内修改了 i 变量的值，并且把这个变量的值乘以了 0.1，这也会导致 i 的值永远都不能超过 10，因此上面程序也是一个死循环。

for 循环的圆括号中只有两个分号是必需的，初始化语句、循环条件、迭代语句部分都是可以省略的，如果省略了循环条件，则这个循环条件默认是 true，将会产生一个死循环。

例 2.19　for 循环的使用 4。

源文件：TestDeadFor.java

```
public class TestDeadFor{
    public static void main(String[] args){
        //省略了 for 循环 3 个部分，循环条件将一直为 true
```

```
        for (; ; ){
                System.out.println("===============");
        }
    }
}
```

运行上面程序，将看到程序一直输出"==============="字符串，这表明上面程序是一个死循环。

使用 for 循环时，还可以把初始化条件定义在循环体之外，把循环迭代语句放在循环体内，这种做法就非常类似于前面的 while 循环了。

例 2.20　编写程序，使用 for 循环代替前面例 2.14 中的 while 循环。

源文件：TestForInsteadWhile.java

```
public class TestForInsteadWhile{
    public static void main(String[] args) {
        //把 for 循环的初始化条件提出来独立定义
        int i = 1;
        //for 循环里只放循环条件
        for( ; i <= 10; ){
                System.out.print(i+"\t");
                //把循环迭代部分放在循环体之后定义
                i++;
        }
        System.out.println("\n 循环结束!");
        //此处将还可以访问 i 变量
    }
}
```

上面程序的执行流程和前面的 TestWhile.java 程序的执行过程完全相同。因为把 for 循环的循环迭代部分放在循环体之后，则会出现与 while 循环类似的情形，如果循环体部分使用 continue 来结束本次循环，将会导致循环迭代语句得不到执行。

把 for 循环的初始化语句放在循环之前定义还有一个作用：可以扩大初始化语句中所定义的变量的作用域。在 for 循环里定义的变量，其作用域仅在该循环内有效，for 循环终止以后，这些变量将不可被访问。如果需要在 for 循环以外的地方使用这些变量的值，就可以采用上面的做法。除此之外，还有一种做法也可以满足这种要求——额外定义一个变量来保存这个循环变量的值。例如如下代码片段：

```
int temp = 0;
//循环的初始化条件、循环条件、循环迭代语句都在下面一行
for (int i = 0; i < 10; i++){
    System.out.print(i+"\n");
    //使用 temp 来保存循环变量 i 的值
    temp = i;
}
System.out.println("\n 循环结束!");
//此处还可通过 temp 变量来访问 i 变量的值
```

相比之前，我们更喜欢这种解决方案。使用一个变量 temp 来保存循环变量 i 的值，使得程序更加清晰，变量 i 和变量 temp 的作用更加分明。

反之，如果采用前一种方式，则变量 i 的作用域被扩大了，功能也被扩大了。作用域扩大的后果是：如果该方法还有另一个循环也需要定义循环变量，则不能再次使用 i 作为循环变量。

4. 嵌套循环

如果把一个循环放在另一个循环体内，那么就可以形成嵌套循环，嵌套循环既可以是 for 循环嵌套 while 循环，也可以是 while 循环嵌套 do-while 循环，即各种类型的循环都可以作为外层循环，各种类型的循环也可以作为内层循环。

当程序遇到嵌套循环时，如果外层循环的循环条件允许，则开始执行外层循环的循环体，而内层循环将被作为外层循环的循环体来执行——只是内层循环需要反复执行自己的循环体。当内层循环执行结束且外层循环的循环体执行结束，则需再次计算外层循环的循环条件，决定是否开始继续执行外层循环的循环体。

根据上面的分析，假设外层循环的循环次数为 n 次，内层循环的循环次数为 m 次，那么内层循环的循环体实际上需要执行 n * m 次。嵌套循环的运行流程如图 2-16 所示。

从图 2-16 来看，嵌套循环就是把内层循环当成外层循环的循环体。只有当内层循环的循环条件为 false 时，才会完全跳出内层循环，才可以结束外层循环的当次循环，开始下一次循环。

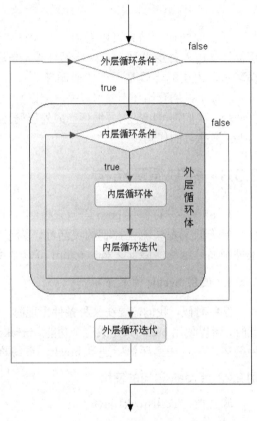

图 2-16　嵌套循环的运行流程

例 2.21　循环的嵌套。

源文件：TestNestedLoop.java

```java
public class TestNestedLoop{
    public static void main(String[] args) {
        //外层循环
        for (int i = 0; i < 5; i++){
            //内层循环
            for (int j = 0; j < 3; j++){
```

```
            System.out.println("i 的值为：" + i + "   j 的值为：" + j);
            }
        }
    }
}
```

运行上面的程序，将得到如下运行结果：

```
i 的值为：0   j 的值为：0
i 的值为：0   j 的值为：1
i 的值为：0   j 的值为：2
…
```

从上面的运行结果可以看出，进入嵌套循环时，循环变量 i 开始为 0，这时即进入了外层循环。进入外层循环后，内层循环把 i 当成一个普通变量，其值为 0。在外层循环的当次循环里，内层循环就是一个普通循环。

实际上，嵌套循环不仅可以是两层嵌套，还可以是三层嵌套、四层嵌套……但不论循环如何嵌套，我们都可以把内层循环当成外层循环的循环体来对待，区别只是这个循环体里包含了需要反复执行的代码。

2.5.3　控制循环结构

Java 语言没有提供 goto 语句来控制程序的跳转，这种做法提高了程序流程控制的可读性，但降低了程序流程控制的灵活性。为了弥补这种不足，Java 提供了 continue 和 break 来控制循环结构。除此之外，return 可以结束整个方法，当然也就结束了一次循环。

1．使用 break 结束循环

某些时候，我们需要在某种条件出现时，强行终止循环，而不是等到循环条件为 false 时。此时，可以使用 break 来完成这个功能。break 用于完全结束一个循环，跳出循环体。不管是哪种循环，一旦在循环体中遇到 break，系统将完全结束该循环，开始执行循环之后的代码。

例 2.22　break 语句的使用。

源文件：TestBreak1.java

```java
public class TestBreak1{
    public static void main(String[] args){
        //一个简单的 for 循环
        for (int i = 0; i < 10; i++ ){
            System.out.println("i 的值是" + i);
            if (i == 2){
                //执行该语句时将结束循环
                break;
            }
        }
    }
}
```

运行上面程序，将看到 i 循环到 2 时即结束，因为当 i 等于 2 时，循环体内遇到 break 语句，程序跳出该循环。

break 语句不仅可以结束其所在的循环，还可直接结束其外层循环。此时需要在 break 后紧跟一个标签，这个标签用于标识一个外层循环。

Java 中的标签就是一个紧跟着英文冒号（:）的标识符。与其他语言不同的是，Java 中的标签只有放在循环语句之前才有作用。

例 2.23　带标签的 break 语句。

源文件：TestBreak2.java

```java
public class TestBreak2{
    public static void main(String[] args){
        //外层循环，outer 作为标识符
        outer:
        for (int i = 0; i < 10; i++ ){
            //内层循环
            for (int j = 0; j < 5; j++ ){
                System.out.println("i 的值为：" + i + "  j 的值为：" + j);
                if (j == 2){
                    //跳出 outer 标签所标识的循环
                    break outer;
                }
            }
        }
    }
}
```

程序运行结果如图 2-17 所示。

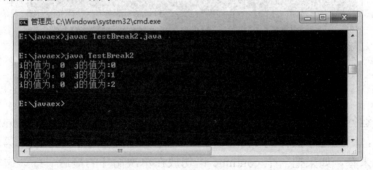

图 2-17　带标签的 break 语句

当程序从外层循环进入内层循环后，当 j 等于 2 时，程序遇到一条 "break outer;" 语句，这行代码将会导致结束 outer 标签指定的外层循环，而不是结束 break 所在的循环，所以看到上面的运行结果。

值得指出的是，break 后的标签必须是一个有效的标签，即这个标签必须在 break 语句所在的循环之前定义，或者在其所在循环的外层循环之前定义。当然，如果把这个标签放在 break 语句所在循环之前定义，也就失去了标签的意义，因为 break 默认就是结束其所在的循环。

2. 使用 continue 结束本次循环

continue 的功能和 break 有点类似，区别是 continue 只是中止本次循环，接着开始下一次循环，而 break 则是完全终止循环。可以理解为 continue 的作用是略过当次循环中剩下的语句，重新开始新的循环。

例 2.24 continue 语句的使用。

源文件：TestContinue1.java

```
public class TestContinue1{
    public static void main(String[] args){
        //一个简单的 for 循环
        for (int i = 0; i < 5; i++ ){
            System.out.println("i 的值是" + i);
            if (i == 1 || i == 3){
                //执行该语句时将略过本次循环的剩下语句
                continue;
            }
            System.out.println("continue 后的输出语句");
        }
    }
}
```

运行程序，得到如图 2-18 所示的运行结果。

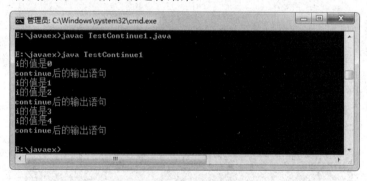

图 2-18 continue 语句的使用

从上面的运行结果来看，当 i 等于 1 和 i 等于 3 时，程序没有输出"continue 后的输出语句"字符串，因为程序执行到 continue 时，忽略了当次循环中 continue 语句后的代码。从这个意义上来看，如果把一个 continue 语句放在单次循环的最后一行，这个 continue 语句是没有任何意义的——因为它仅仅忽略了一片空白，没有忽略任何程序语句。

与 break 类似的，continue 后也可以紧跟一个标签，用于直接结束标签所标识循环的当次循环，重新开始下一次循环。

例 2.25 带标签的 continue 语句的使用。

源文件：TestContinue2.java

```
public class TestContinue2{
    public static void main(String[] args){
```

```
        //外层循环
    outer:
    for (int i = 0; i < 3; i++ ){
        //内层循环
        for (int j = 0; j < 10; j++ ){
            System.out.println("i 的值为：" + i + "  j 的值为：" + j);
            if (j == 1){
                //跳出 outer 标签所指定的循环
                continue outer;
            }
        }
    }
}
```

程序运行结果如图 2-19 所示。

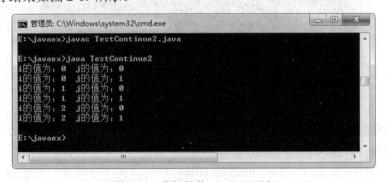

图 2-19　带标签的 continue 语句

从上面的运行结果可以看到，内层循环中循环变量的值将无法超过 1，因为每当 j 等于 1 时，continue outer 语句就结束了外层循环的当次循环，直接开始下一次循环，内层循环没有机会执行完成。

与 break 类似的，continue 后的标签也必须是一个有效标签，即这个标签通常应该放在 continue 所在循环的外层循环之前定义。

3．使用 return 结束方法

return 关键字并不是专门用于跳出循环的，其功能是结束一个方法。当一个方法执行到一个 return 语句时（return 关键字后还可以跟变量、常量和表达式，这将在方法知识点中有更详细的介绍），这个方法将被结束。

Java 程序中大部分循环都被放在方法中执行，例如前面介绍的所有循环示范程序。一旦在循环体内执行到一个 return 语句，return 语句将会结束该方法，循环自然也随之结束。

例 2.26　return 语句的使用。

源文件：TestReturn.java

```
public class TestReturn{
    public static void main(String[] args){
```

```
//一个简单的 for 循环
for (int i = 0; i < 10; i++ ){
    System.out.println("i 的值是" + i);
    if (i == 1){
        return;
    }
    System.out.println("return 后的输出语句");
  }
 }
}
```

程序运行结果如图 2-20 所示。

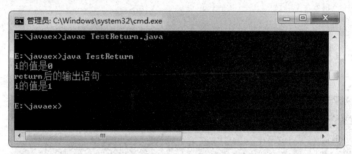

图 2-20   return 语句的使用

运行上面程序，循环只能执行到 i 等于 1 时，因为当 i 等于 1 时程序将完全结束（当 main()方法结束时，也就是 Java 程序结束时）。从这个运行结果来看，虽然 return 并不是专门用于循环结构控制的关键字，但通过 return 语句确实可以结束一个循环。与 continue 和 break 不同的是，return 直接结束整个方法，不管这个 return 处于多少层循环之内。

2.6   标准输入/输出

数据输入/输出（Input/Output，I/O）是各种高级语言需要支持的基本功能之一，真正的交互就应允许用户在程序运行过程中从外界传递数据到程序中（此为输入数据），并将处理结果传递到程序外部，如显示到屏幕上或写出到文件中（此为输出数据）。

本节只介绍最基本的情况——控制台输入和输出，也称为标准输入/输出。

2.6.1   控制台

"控制台"（Console）就是由操作系统提供的一个字符界面窗口（一般为 25 行宽×80 列高、黑底白字，当然这些显示效果也可被重新设置），用于实现系统与用户的交互——接收用户输入的数据并显示输出结果。早年的 DOS 操作系统只提供了字符界面，用户只能在其中使用字符命令进行各种操作，例如使用命令"D:\javaex>copy Hello.java B.java"实现文件的复制功能，随着 Windows 操作系统的出现，图形用户界面（GUI）开始使用，人们可以通过菜单、鼠标、手写板等简单易用的方式实现人机交互，控制台界面的使用就越来越少了。

为继续支持用户直接使用底层控制命令，以实现和系统交互，Windows 98 及以前版本中确实带有一套单独的 MS DOS 操作系统，但在后来的 Windows 2000/Windows XP 等操作系统中，已不再带有真正的 DOS 系统，都只是提供了一个模拟的"字符界面"，这也叫"控制台"或"命令行窗口"。因此说，"控制台"并不等同于 DOS 操作系统。

在控制台中运行的程序被称为控制台应用程序，也称字符界面应用程序，到目前为止我们学习的 Java 应用程序均属此种情况，将来我们也会学习和使用图形用户界面的 Java 应用程序。初学者可能的困惑是，既然有更友好的图形用户界面，"控制台"和"控制台应用程序"没有存在的必要，其实不然，图形用户界面的操作系统或应用程序其实就是对底层操作指令进行了整体的"包装"，我们在 Windows 系统中的操作，例如单击菜单项，最终还是要转换为对底层指令的调用，只要有"包装"就会有性能上的削弱和限制，而使用控制台能够在相对的底层实现操控，效率会更高。此外，在 Java 学习中，从开发控制台程序入手有助于我们更好地掌握 Java 的基本语法。

2.6.2 读取控制台输入

在 JDK5.0 以前，Java 中读取控制台输入的方法比较复杂，一般是先以行为单位将控制台输入作为字符串接收，再进行解析，转换为整型、浮点型等。

从 JDK5.0 开始引入 Scanner 类为我们提供一种接收控制台输入的便捷方式，下面通过一个具体的例子做一展示。

例 2.27 使用 Scanner 类接收控制台输入。

源文件：TestScanner.java

```
import java.util.Scanner;
public class TestScanner{
    public static void main(String args[]){
        Scanner s = new Scanner(System.in);
        System.out.print("请输入图书名称：");
        String bookname = s.nextLine();
        System.out.print("请输入图书库存数：");
        int number = s.nextInt();
        System.out.print("请输入图书单价：");
        double price = s.nextDouble();
        System.out.println("书籍详细信息为：\n 图书名称："+bookname );
        System.out.println("\t 库存数：" + number + "本\t 单价：" + price + "元 ");
    }
}
```

程序运行结果如图 2-21 所示。

这里涉及几个我们尚未学到的知识点：源文件开头的 import 语句作用是导入 java.util 包中定义的 Scanner 类，相关知识会在之后的章节中学习；System.in 是一个由系统提供的关联到控制台输入的 Java 对象。

Scanner 类的功能并不仅限于控制台输入数据的读取，它的对象还可以关联到字符串、文件或其他的数据源。有关 Scanner 类的详情读者可自行查阅 Java API 文档，这里只介绍其中几个常用的方法。

图 2-21　使用 Scanner 类读取控制台输入

➥ public Scanner(InputStream source)：构造一个新的 Scanner 对象关联到指定的输入流。

➥ public String next()：读取下一个单词，以空格符或换行符作为分隔单词的标记。

➥ public String nextLine()：读取一行，以换行符作为分隔行的标记。

➥ public int nextInt()：读取一个整数，如果输入的下一个单词不能解析为有效的整数（例如包含汉字等非数值字符），则出错。

➥ public double nextDouble()：读取一个双精度浮点数，如果输入的下一个单词不能解析为有效的浮点数，则出错。

➥ public boolean nextBoolean()：读取一个布尔值，如果输入的下一个单词不能解析为有效的 boolean 值（true 或 false），则出错。

2.7　本 章 小 结

本章主要学习了以下内容：

➥ Java 语言的分隔符、标识符及关键字的定义。

➥ Java 语言支持的注释的格式和用法。

➥ Java 语言的基本数据类型，包括整型、浮点型、字符型和布尔类型等，各种数据类型之间可以相互转换。

➥ Java 语言的变量，包括变量的声明、赋值与使用方法。

➥ Java 语言中各类运算符的功能及用法，注意在学习运算符时，一般从参与运算的操作数的个数和类型、运算符的优先级别及结合性 3 个方面来考虑。

➥ Java 语言的流程控制语句。

2.8　知 识 考 核

第**3**章

数组

当定义和操作数量众多的相同类型的数据时，例如记录一个班级学生的考试成绩等，如果用前面学到的变量进行定义，那就必须定义多个变量来存储，显得非常烦琐。当然，简化的方法也是存在的，那就是本章要介绍的数组。数组提供了一种将有联系的信息分组的便利方法。

本章学习要点如下：

⬎ 一维数组的声明、创建、初始化及数组元素的访问
⬎ 多维数组的声明、创建、初始化及数组元素的访问
⬎ 数组元素的排序

3.1 数 组 概 述

数组（Array）是 Java 语言中的一种引用数据类型，它是一组相同类型的数据的有序集合，适用于集中管理类型相同、用途相近的多个数据，数组中的每一个数据被称为数组元素。通常可通过数组元素的索引号（或者说是下角标）来访问数组元素，包括为数组元素赋值和取出数组元素的值。

Java 的数组要求所有数组元素具有相同的数据类型。换句话说，Java 的数组既可以存储基本类型的数据，也可以存储引用数据类型的数据，只要所有数组元素具有相同类型即可。因此，在一个数组中，数组元素的类型是唯一的，即一个数组里只能存储一种数据类型的数据，而不能存储多种数据类型的数据。

一旦数组的初始化完成，数组在内存中所占的存储空间将被固定下来，因此数组的长度不可改变。即使把某个数组元素的数据清空，但它所占的存储空间依然被保留，依然属于该数组，数组的长度依然不变。

3.2　一　维　数　组

数组的维数可以理解为一个数组中数据组合的层次数，只有一个层次的数据组合而成的数组被称为一维数组，例如 n（n≥0）个整数组成的数组称为一维数组。而由两个一维数组再组合而生成的数组称为二维数组，以此类推。二维数组以上的数组统一称为多维数组。本节重点讨论一维数组，表 3-1 列出了一维数组的结构。

表 3-1　一维数组的结构

序号	0	1	2	3	4	5	6	7	8	9
元素名	a[0]	a[1]	a[2]	a[3]	a[4]	a[5]	a[6]	a[7]	a[8]	a[9]
元素值	65	76	53	80	45	95	35	46	78	84

其中假定数组名为 a，则可以使用"数组名[元素下标]"的形式来标记数组中的每个元素。元素下标即元素的序号，规定从 0 开始，因此，一个包含 n 个元素的数组，其元素的有效下标范围是 0～n-1。数组中元素的个数也称为数组的长度。

3.2.1　一维数组的声明

一维数组声明的语法格式如下：

```
类型名  数组名[];
```

或

```
类型名[]  数组名;
```

其中：

- 类型可以是任意合法的 Java 数据类型。
- 变量名是合法的 Java 语言标识符。
- 空的方括号用于标明声明的是一维数组，其位置可以在元素类型之后、数组名之前，也可以位于数组名之后，效果是一样的。

例如：

```
int[] arr;          //声明整型数组 arr
double score[];     //声明实型数组 score
String[] names;     //声明字符串数组 names
Book   books[];     //声明对象数组 books
```

📖 **注意**：上述语句只是声明了数组类型的变量，运行时系统将只为这些引用变量分配引用空间，并没有创建对象，也不会为数组元素分配空间，因此尚不能使用任何数组元素。

另外，声明数组类型变量时不允许指定数组的长度，下述语句是非法的：

```
int[3] a;
```

3.2.2　数组的创建和使用

数组的创建主要是告诉计算机分配多少内存空间给这个数组，在 Java 语言中通常使用关键字 new 来创建，其语法格式如下：

```
new　类型名[n]
```

其中，类型名为数组元素的数据类型，n 为数组长度。例如：

```
int [] arr;           //声明一维整型数组变量 arr，系统将给 arr 分配引用空间
arr=new int[3];       //创建包含 3 个元素的一维数组对象
```

在使用 new 关键字创建数组时，系统将为每个元素分配空间并将数组元素默认初始化为 0，然后将数组对象的地址赋值给引用变量 arr，内存状态如图 3-1 所示。

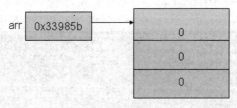

图 3-1　一维整型数组默认初始化后的状态

接下来，就可以使用"数组名[元素下标]"访问数组中的每一个元素，例如：

```
arr[0] = 55;
arr[1] = 78;
arr[2] = arr[0] + arr[1];
```

元素 arr[0]、arr[1]、arr[2]等同于 3 个整型变量，经过赋值后内存状态如图 3-2 所示。

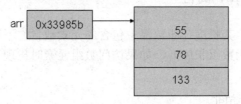

图 3-2　一维整型数组经过赋值后的状态

例 3.1　编写应用程序，演示基本类型的一维数组的声明、创建和使用。

源文件：TestArray1.java

```
public class TestArray1{
    public static void main(String[] args){
        int[] arr = new int[10];
        int i;
        for(i = 0;i < 10; i++)
            System.out.print(arr[i]+"\t");
```

```
            System.out.println();
            //给数组元素赋值
            for(i = 0;i < 10; i++){
                arr[i] = i;
                System.out.print(arr[i]+"\t");
            }
            System.out.println();
            //求数组所有元素的和
            int sum = 0;
            for( i= 0;i < 10; i++)
                sum += arr[i];
            System.out.print("和为："+sum);
        }
}
```

程序运行结果如图 3-3 所示。

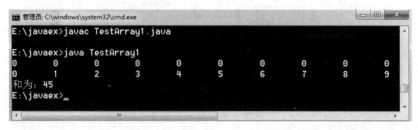

图 3-3 例 3.1 程序运行的结果

因为数组 arr 一经创建，10 个元素均被初始化为默认值 0，所以程序输出的第一行各元素的值为 0；在第二个 for 循环中对数组元素重新赋值并输出了该元素的值；在第三个 for 循环中对数组元素遍历求和。在访问数组元素的过程中，数组元素完全等同于整型变量被使用。

3.2.3 数组的 length 属性

Java 数组一经创建，其长度（即数组中包含的元素数目）不可改变，数组元素的有效下标范围为 0~n-1（n 为数组长度），如果访问数组元素时出现下标越界的情况，程序将出现运行错误。

例 3.2 数组元素的越界访问。

```
public class TestArray2{
    public static void main(String[] args){
        int[] arr = new int[5];
        for(int i = 0; i<= 5; i++){
            arr[i] = i;
            System.out.println("arr["+i+"]="+arr[i]);
        }
    }
}
```

程序运行结果如图 3-4 所示。

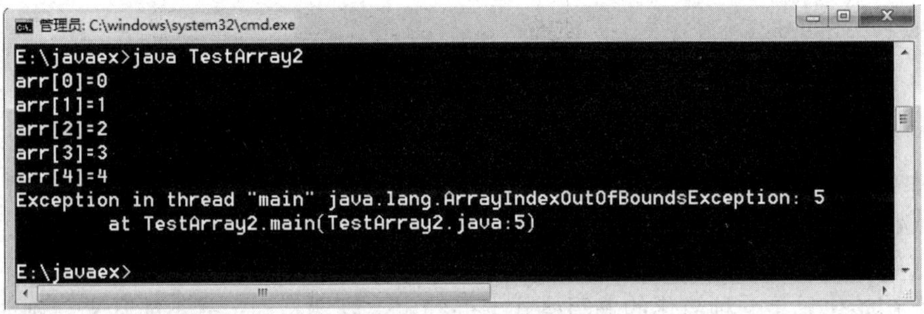

图 3-4 例 3.2 的运行结果

上述程序编译能够通过，但运行会出错，其报错信息如图 3-4 所示，原因在于使用数组元素时出现下标越界，arr 数组长度为 5，其有效元素下标为 0~4，在 for 循环的第 6 次循环中 arr[5]访问的数组元素不存在。

数组对象拥有一个系统自动提供的特殊属性 length，用于以只读的方式给出数组的长度，该属性为 int 型，可直接访问，在遍历数组元素时非常有用。

例 3.3 使用数组的 length 属性修改例 3.2。

```
public class TestArray3{
    public static void main(String[] args){
        int[] arr = new int[5];
        for(int i = 0;i< arr.length; i++){
            arr[i] = i;
            System.out.println("arr["+i+"]="+arr[i]);
        }
    }
}
```

需要强调的是，Java 语言中数组长度并不属于其数据类型的组成部分，一个声明为 int[] 类型的变量 a 可以指向一个长度为 3 的 int[]类型数组，也可以指向一个长度为 5 的 int[]类型数组，这就是前文所述声明数组类型变量时不允许指明其长度的原因。例如：

```
int[] a;          //声明数组类型变量时不允许指明其长度，如"int[3] a;"是错误的
a = new int[3];
a = new int[5];
```

这里改变的只是变量 a 的值——a 先后引用了两个不同的 int[]类型数组，但并没有改变两个数组的长度。

3.2.4 数组的静态初始化

如果在创建数组对象时已能确定其各元素的值，则可采用一种简化的书写方法来创建和初始化数组对象。例如：

```
int a[] = {12,9,36};
```

该语句的作用完全等价于：

```
int a[] = new int[3];
a[0] = 12;
a[1] = 9;
a[2] = 36;
```

其中，前一种简化的创建和初始化数组的方式称为数组的静态初始化（Static Initialization），而后一种将创建数组及为各数组元素赋值分开进行的方式称为数组的动态初始化（Dynamic Initialization）。

静态初始化只是一种简化的书写格式上的约定。既然是约定就不能乱来，例如下述语句是非法的：

```
int a[];
a = {12,9,36};
```

这里的所谓约定，就是规则的制定者认为有用且有效的强制性规定，作为 Java 程序员编码行为准则。Java 语言规范实际上就是由一系列的约定（语法规则）组成的。

3.2.5　foreach 循环

从 JDK5.0 之后，Java 提供了一种更简单的循环——foreach 循环，这种循环使得对数组和集合的操作变得更加容易。使用 foreach 循环遍历数组和集合元素时，无须获得数组和集合的长度，无须根据索引来访问数组元素和集合元素，系统自动遍历数组和集合的每个元素。

foreach 循环的语法格式如下：

```
for(type variableName : array | collection){
    //variableName 自动迭代访问每个元素
}
```

上面语法格式中，type 是数组元素或集合元素的类型，variableName 是一个形参名，foreach 循环自动将数组元素、集合元素依次赋给该变量。下面的程序示范了如何使用 foreach 循环来遍历数组元素。

例 3.4　使用 foreach 循环。

```
public class TestForEach{
    public static void main(String[] args){
        String[] cities = {"北京","上海","广州"};
        //使用 foreach 循环来遍历数组元素，其中 city 将会自动迭代每个数组元素
        for (String city : cities){
            System.out.println(city);
        }
    }
}
```

从上面程序中可以看出，使用 foreach 循环遍历数组元素无须获得数组长度，也无须根据索引来访问数组元素。foreach 循环和普通循环不同的是，它无须循环条件，无须循环迭

代语句，这些部分都由系统来完成。foreach 循环自动迭代数组的每个元素，当每个元素都被迭代一次后，foreach 循环自动结束。

当使用 foreach 循环来迭代输出数组元素或集合元素时，通常不要对循环变量进行赋值，虽然这种赋值在语法上是允许的，但没有太大的实际意义，而且极容易引起错误。

例 3.5　在 foreach 循环中对数组元素赋值。

源文件：TestForEachError.java

```java
public class TestForEachError{
    public static void main(String[] args){
        String[] cities = {"北京","上海","广州"};
        //使用 foreach 循环来遍历数组元素，其中 city 将会自动迭代每个数组元素
        for (String city : cities){
            city = "深圳";
            System.out.println(city);
        }
        System.out.println(cities[0]);
    }
}
```

程序运行结果如图 3-5 所示。

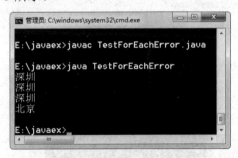

图 3-5　例 3.5 程序运行结果

从运行结果来看，由于在 foreach 循环中对数组元素进行了赋值，结果导致不能正确遍历数组元素，不能准确取出每个数组元素的值。而且当再次访问第一个数组元素时，发现数组元素的值依然没有改变。不难看出，当使用 foreach 来迭代访问数组元素时，foreach 中的循环变量相当于一个临时变量，系统会把数组元素依次赋给这个临时变量，而这个临时变量并不是数组元素，它只是保存了数组元素的值。因此，如果希望改变数组元素的值，则不能使用这种 foreach 循环。

3.3　数　组　操　作

3.3.1　数组求最值

在数组的操作中，经常需要获取数组的最小值、最大值和平均值，下面举例说明如何

获取数组元素中的最小值。

例 3.6 从键盘输入 5 个整数，保存到一个整型数组中，求其中的最小整数。

```java
import java.util.Scanner;
public class TestArrayMin {
    public static void main(String[] args) {
        int[] arr = new int[5];
        Scanner sc = new Scanner(System.in);
        System.out.println("请输入 5 个整数：");
        for (int i = 0; i < arr.length; i++) {
            arr[i] = sc.nextInt();
        }
        int min = getMin(arr);
        System.out.println("min：" + min);
    }
    public static int getMin(int[] arr) {
        int min = arr[0]; //定义变量 min 存放最小值，假设第一个数组元素为最小值
        for (int i = 1; i < arr.length; i++) {
            if (arr[i] < min)
                min = arr[i];
        }
        return min;
    }
}
```

程序运行结果如图 3-6 所示。

图 3-6　例 3.6 程序运行结果

3.3.2　数组排序

在 JDK 的 java.util 包中定义的 Arrays 类提供了多种数组操作方法，实现了对数组元素的排序、填充、转换、增强检索和深度比较等功能，所有的这些方法都是 static 的。

数组元素的排序通常是指一维数值型数组元素按升序进行排序，偶尔也会涉及一维 String 数组排序。一般来说，多维和其他引用类型元素数组排序实用意义不大。Arrays 类中的 sort()方法的格式如下：

```java
public static void sort(<type>[] a);
```

例 3.7 一维数组排序。

```
import java.util.Arrays;
public class TestArraySort{
    public static void main(String[] args){
        int[] a = {40, -12, 90, 15,- 45, -56};
        System.out.print("排序前: ");
        displayIntArr(a);
        Arrays.sort(a);
        System.out.print("排序后: ");
        displayIntArr(a);
    }
    public static void displayIntArr(int[] arr){
        for(int i : arr){
            System.out.print(i+"\t");
        }
        System.out.println();
    }
}
```

程序运行结果如图 3-7 所示。

图 3-7 例 3.7 程序运行结果

3.4 多 维 数 组

多维数组可以理解为由若干低维数组组成的数组,例如多个一维数组可以组成为二维数组,多个二维数组组成三维数组,以此类推。本节主要讨论二维数组。和一维数组相对应,可以这样来理解二维数组,即二维数组相当于由多行多列、类型相同的数据组成的数据表。例如,一个班级有 5 名学生,每个学生的 3 门功课的成绩就可用一个二维数组来记录,如表 3-2 所示。

表 3-2 二维数组结构

s[i][j]	j=0	j=1	j=2
i=0	67	89	53
i=1	77	98	68
i=2	57	66	73
i=3	80	88	94
i=4	84	92	90

其中假定班级名为 s，i 为学生编号，j 为课程编号，可以这样来分析二维数组：数组 s 为二维数组，其第一维的长度为 5，即数组 s 是由 5 个一维整型数组类型（int[]）元素组成，分别标记为 s[0]、s[1]、s[2]……这 5 个一维数组的长度为 3，也就是数组 s 的第二维的长度；此二维数组中最低维元素的引用格式为 s[i][j]，其中 i 和 j 分别为元素高维和低维下标，即行号和列号，或者说是学生的编号和学生所学课程的编号。

3.4.1　二维数组的声明

二维数组声明的语法格式如下：

```
类型名  数组名[][];
```

或

```
类型名[][]   数组名;
```

其中：

- 类型可以是任意合法的 Java 数据类型。
- 数组名是合法的 Java 语言标识符。
- 两对空的方括号用于标明声明的是二维数组，其位置可以在元素类型之后、数组名之前，也可以位于数组名之后，效果是一样的。

例如：

```
int[][] s;              //声明整型数组 s
Student   stu[][];      //声明对象数组 stu
```

和一维数组一样，上述语句声明了数组类型变量，运行时系统将只为这些引用变量分配引用空间，并没有创建数组，也不会为数组元素分配空间，因此尚不能使用任何数组元素。

3.4.2　二维数组对象的创建和初始化

多维数组的创建和初始化同样也可分为静态和动态两种形式。

1．二维数组静态初始化

二维数组静态初始化的格式如下：

```
数组元素类型   数组名[][] = {{第 0 行初值},{第 1 行初值},...,{第 n 行初值}};
```

例如，表 3-2 中的二维数组可以被静态初始化，代码如下：

```
int[][] s = {{67,89,53},{77,98,68},{57,66,73},{80,88,94},{84,92,90}};
```

2．二维数组动态初始化

可以直接为每一维分配空间，格式如下：

```
数组元素类型  数组名[][]=new 数组元素类型[行数][列数];
```

例如，表 3-2 中的二维数组动态初始化代码如下：

```
int int[][] s = new int[5][3];
s[0][0] = 67;
s[0][1] = 89;
…
```

也可以从最高维开始（必须从最高维开始），分别为每一维分配空间。例如，表 3-2 中的二维数组动态初始化代码也可写成如下形式：

```
int[][] s = new int[5][];
s[0] = new int[3];
s[1] = new int[3];
s[2] = new int[3];
s[3] = new int[3];
s[4] = new int[3];
s[0][0] = 67;
s[0][1] = 89;
…
```

图 3-8 显示了二维数组在内存中的存储状态。

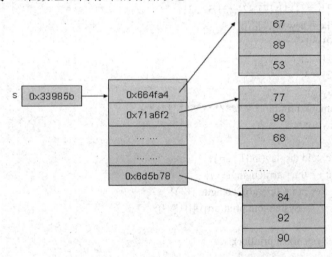

图 3-8　二维数组在内存中的存储状态

从图 3-8 中可以看出，Java 语言的二维数组中至少存在两级引用关系（如果二维数组最终的元素类型不是基本类型而是引用类型，则会出现三级引用关系），上述二维数组 s 涉及 1 个二维整型数组（int[][]）类型变量、5 个一维整型数组（int[]）类型变量和 15 个 int 型变量，其中变量 s 为 int[][] 类型，变量 s[0]、s[1]、s[2]、s[3]、s[4] 为 int[] 类型，其余变量 s[0][0]、s[0][1]……为 int 型变量。

正是这种两层引用关系使得 Java 语言支持非规则矩阵形式的二维数组，即每一行的列数可以不同。例如：

```
int[][] b = new int[3][];        //b.length=3
int a0[] = {11};
int a1[] = {21,22};
int a2[] = {31,32,33};
b[0] = a0;                       //b[0].length=1
b[1] = a1;                       //b[1].length=2
b[2] = a2;                       //b[2].length=3
```

这时，二维数组 b 高维 3 个元素对应的 3 个一维数组的长度各不相同。其他语言如 C、C++、Fortran 等均不支持非规则矩阵形式的二维数组。

📖 注意：使用二维数组 b 的 length 属性可获得二维数组高维的大小，即行数；使用 b[i].length 属性可获得二维数组每一行的列数，即每一行的元素个数。

3.4.3　二维数组元素的访问

例 3.8　二维数组元素的访问。

```
public class TestArray4{
    public static void main(String[] args){
        int[][] b = {{11},{21,22},{31,32,33}};
        int[][] c = new int[2][3];
        c[0][0] = 1;
        c[0][1] = 2;
        c[0][2] = 3;
        display(b);
        System.out.println("*******************");
        display(c);
    }
    public static void display(int[][] arr){
        for(int i = 0;i < arr.length; i++){
            for(int j = 0;j< arr[i].length; j++){
                System.out.print(arr[i][j]+"\t");
            }
            System.out.println();
        }
    }
}
```

程序运行结果如图 3-9 所示。

程序中分别使用静态初始化和动态初始化方法创建了两个二维数组 b 和 c，其中数组 b 为非规则矩阵形式，c 为规则矩阵形式且有 6 个元素（其中 c[1][0]、c[1][1]、c[1][2]没有被显式初始化，所以其输出结果为默认初始化值 0）。方法 display()专门用于遍历输出二维整型数组，其中采用两层嵌套 for 循环的方式，外层 for 循环用于遍历数组 s 高维的元素（s[0]、s[1]…s[s.length-1]），即每循环一次遍历一行；内层 for 循环用于遍历低维的元素，每循环一次遍历一列。由于各维的长度不定，且可能不同，这里只能使用数组的 length 属性来标明循环的次数。

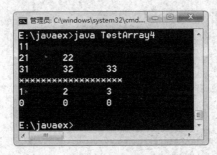

图 3-9 例 3.8 程序运行结果

【任务 3-1】酒店前台客房管理程序设计

任务描述

编写一个简单的某酒店前台客房管理程序，假设酒店有 5 层楼，每层楼有 10 个房间，该程序可以通过命令行输入命令来为客人办理入住和退房手续。在程序中，用户输入指令 1 代表"查询房间"，此时将所有房间状态信息输出到控制台；指令 2 代表"办理入住"，输入顾客入住的房间号，如果房间已经有客人入住，在办理入住时，将提示"××已经有人入住，请输入指令继续办理入住"，如果是空房，那么输入顾客的姓名，成功办理入住后显示提示信息为"入住成功！"；指令 3 代表"办理退房"，输入房间号，如果是空房，显示提示信息"××没人入住，请输入指令继续办理退房"，如果房间号正确，成功办理退房后显示提示信息"该房间退房成功！"，房间状态变为空；指令 4 代表"退出程序"。程序运行结果如图 3-10～图 3-12 所示。

图 3-10 查询房间状态运行结果

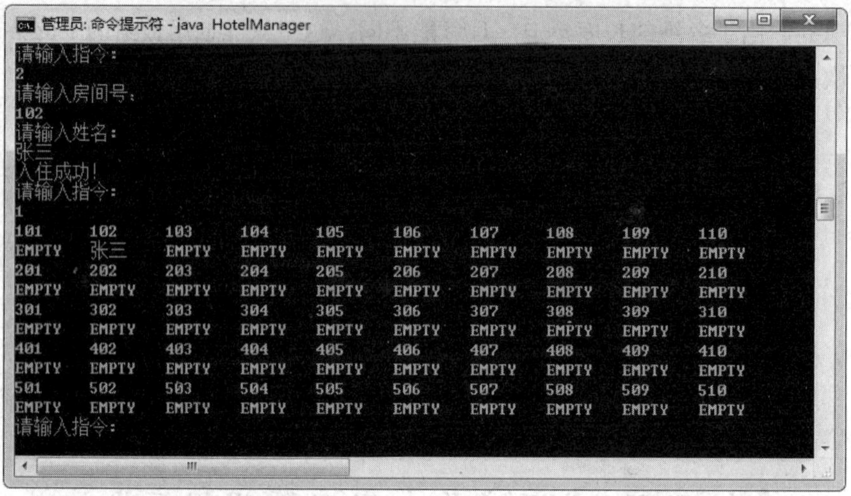

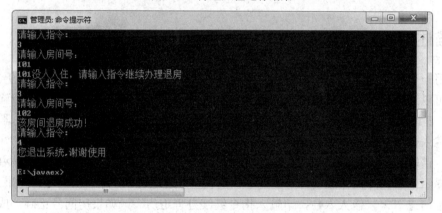

图 3-11 办理入住运行结果

图 3-12 办理退房和退出程序运行结果

任务分析

（1）根据任务描述分析，完成此任务需要创建一个酒店管理系统类，在类中可以使用 while 循环实现控制台中操作指令的多次输入，使用 switch 语句根据控制台输入的操作指令来判断执行什么操作。

（2）对于一个酒店，首先要有房间，这里创建一个全局的二维数组代表房间，其中高维代表楼层，低维代表房间序号。通过 init()方法初始化所有的房间，每个房间一个编号，将房间状态设为 EMPTY。

（3）输入指令 1 时，可以查询所有房间，输出所有房间的房间号及房间状态，以便后续的入住和退房。使用 for 循环遍历二维数组，在循环中先打印一层楼的房间号，接着打印对应房间号的房间状态。

（4）输入指令 2 时，办理入住。先从控制台获取输入的房间号，需要把房间号转换为楼层和房间序号。房间号除以 100，得到楼层；房间号与 100 取余，得到房间序号。如果房间为空，则输入姓名，办理入住成功，如果房间不为空，则显示提示信息。

（5）输入指令 3 时，办理退房。先从控制台获取输入的房间号，和办理入住时一样，将房间号转换为楼层和房间序号，判断房间是否有人入住，如果入住，将房间状态变为 EMPTY，办理退房成功。

（6）输入指令 4 时，退出程序，通过 System.exit(0)来实现。

任务实施

（1）创建酒店管理类 HotelManager，在类中编写执行程序的 main()方法和初始化 init() 方法，具体代码如下：

```java
import java.util.Scanner;
public class HotelManager {
    private static String[][] rooms = new String[5][10];
    public static void main(String[] args) {
        init();                //初始化所有的房间，每个房间一个编号，将房间状态设为EMPTY
        Scanner sc = new Scanner(System.in);
        System.out.println("欢迎来到 XXX 大酒店！");
        System.out.println("-- 1.查询房间   2.办理入住   3.办理退房   4.退出   --");
        while(true){
            System.out.println("请输入指令:");
            int command = sc.nextInt();
            switch(command) {
            case 1:
                search();    //查询房间
                break;
            case 2:
                in();        //办理入住
                break;
            case 3:
                out();       //办理退房
                break;
            case 4:
                exit();      //退出
                break;
            default:
                System.out.println("你输入的指令错误，重新输入!");
            }
        }
    }

    //初始化所有的房间，给每个房间一个编号
    public static void init(){
        for(int i = 0; i < rooms.length; i++){
            for(int j = 0; j < rooms[i].length; j++){
                rooms[i][j] = "EMPTY";
            }
        }
    }
```

```
        System.out.println("房间初始化完毕");
    }
}
```

（2）在 HotelManager 类中编写查询房间状态的 search()方法，具体代码如下：

```
//查询所有房间状态
public static void search(){
    for(int i = 0; i < rooms.length; i++){
        //打印房间号
        for(int j = 0; j < rooms[i].length; j++){
            int roomNo = (i+1)*100+j+1;
            System.out.print(roomNo+"\t");
        }
        System.out.println();
        //打印房间状态
        for(int k = 0; k < rooms[i].length; k++){
            System.out.print(rooms[i][k]+"\t");
        }
        System.out.println();
    }
}
```

（3）在 HotelManager 类中编写办理入住的 in()方法，具体代码如下：

```
//办理入住
public static void in(){
    System.out.println("请输入房间号：");
    Scanner sc = new Scanner(System.in);
    int roomNo = sc.nextInt();
    //把房间号转换为楼层和房间，使其和数组的下标对应
    int floor = roomNo/100;        //根据房间号得到楼层
    int no = roomNo % 100;         //得到楼层的房间号
    //判断楼层是否正确
    if(floor<1 ||floor>5 ||no<1 ||no>10){
        System.out.println("输入房间号有误，请输入指令继续办理入住");
        return;
    }
    //判断房间是否有人入住
    if(!"EMPTY".equals(rooms[floor-1][no-1])){
        System.out.println(roomNo+"已经有人入住，请输入指令继续办理入住");
        return;
    }
    System.out.println("请输入姓名:");
    String name = sc.next();
    rooms[floor-1][no-1] = name;
    System.out.println("入住成功！ ");
}
```

（4）在 HotelManager 类中编写办理退房的 out()方法，输入房间号，进行退房，判断

房间号是否存在，是否入住，具体代码如下：

```
//办理退房
public static void out(){
    System.out.println("请输入房间号： ");
    Scanner sc = new Scanner(System.in);
    int roomNo = sc.nextInt();
    //需要把房间号转换为楼层和房间，使其和数组的下标对应
    int floor = roomNo/100;      //根据房间号得到楼层
    int no = roomNo % 100;       //得到楼层的房间号
    //判断楼层是否正确
    if(floor<1 ||floor>12 ||no<1 ||no>10){
        System.out.println("输入房间号有误，请输入指令继续办理退房");
        //如何结束函数，函数遇到 return 结束
        return;
    }
    //判断房间是否有人入住
    if("EMPTY".equals(rooms[floor-1][no-1])){
        System.out.println(roomNo+"没人入住，请输入指令继续办理退房");
        return;
    }
    rooms[floor-1][no-1] = "EMPTY";
    System.out.println("该房间退房成功！ ");
}
```

（5）在 HotelManager 类中编写退出程序的方法，具体代码如下：

```
//退出
private static void exit() {
        System.out.println("您退出系统，谢谢使用");
        System.exit(0);
    }
```

3.5　本章小结

本章详细介绍了 Java 中的一维数组和二维数组的声明、创建与初始化及数组元素的访问等内容。

3.6　知识考核

第4章

面向对象编程初步

Java 是面向对象的程序设计语言，提供了定义类、变量及方法等最基本的功能。如何用面向对象的观点去分析和解决问题是学习 Java 语言的重点。本章将详细介绍 Java 语言的引用数据类型——类，以及与之相关的方法、对象等概念及使用方法。

本章学习要点如下：
- 类和对象
- 方法
- 变量
- 隐藏和封装

4.1 类 和 对 象

类是面向对象的重要内容，与前面章节讲到的数据类型一样，类是一种自定义的数据类型。可以使用类来定义变量，这种变量称为引用数据类型变量，它们将会引用到类的对象，对象由类负责创建。

类用于描述客观世界里某一类对象的共同特征，是某一批对象的抽象，可以将它理解成某种概念；而对象则是类的具体存在。如果说类是建筑图纸，那么对象则是按照建筑图纸盖成的某个大楼。

4.1.1 类的定义

Java 语言中定义类的简单语法格式如下：

```
[修饰符]  class 类名{
      零个或多个构造方法定义...
      零个或多个变量...
```

```
    零个或多个方法…
}
```

在上面的语法格式中,修饰符可以是 public、final,或者完全省略这两个修饰符;类名只要是一个合法的标识符即可。但这仅仅满足的是 Java 的语法要求,如果从程序的可读性方面来看,Java 类名必须是由一个或多个有意义的单词组合而成,每个单词首字母大写,其他字母全部小写,单词与单词之间不要使用任何分隔符。

对一个类定义而言,可以包含 3 种最常见的成员,即构造方法、变量和方法,3 种成员都可以定义零个或多个。如果 3 种成员都只定义零个,就定义了一个空类,这没有太大的实际意义。

变量用于定义该类或该类的实例(对象)所包含的数据;方法则用于定义该类或该类的实例(对象)的行为特征或功能实现;构造方法用于构造该类的实例,Java 语言通过 new 关键字来调用构造方法,从而返回该类的实例。

构造方法是一个类创建对象的根本途径,如果一个类没有构造方法,那么该类通常将无法创建实例。因此,Java 语言提供了一个功能:如果程序员没有为一个类编写构造方法,则系统会为该类提供一个默认的构造方法。一旦程序员为一个类提供了构造方法,系统将不再为该类提供构造方法。

1. 定义变量的语法格式

定义变量的语法格式如下:

```
[修饰符] 变量类型 变量名 [= 默认值];
```

对变量定义的语法格式说明如下。

➥ 修饰符:修饰符可以省略,也可以是 public、protected、private、static、final,其中 public、protected 和 private 最多只能出现其中之一,可以与 static、final 组合起来修饰变量。

➥ 变量类型:可以是 Java 语言允许的任何数据类型,包括基本数据类型和现在介绍的引用数据类型(类)。

➥ 变量名:变量名只要是一个合法的标识符即可,但如果从程序可读性角度来看,变量名应该由一个或多个有意义的单词组合而成,第一个单词首字母小写,后面每个单词首字母大写,其他字母全部小写,单词与单词之间不需使用任何分隔符。

➥ 默认值:定义变量还可以定义一个可选的默认值。

变量是一种比较传统、也比较符合汉语习惯的说法。在 Java 的官方说法中,变量被称为 field,因此有的地方也把变量翻译为字段。

2. 定义方法的语法格式

定义方法的语法格式如下:

```
[修饰符] 方法返回值类型　方法名([形参列表]){
    //由零条或多条语句组成的方法体
}
```

对方法定义的语法格式说明如下。

➥ 修饰符: 修饰符可以省略，也可以是 public、protected、private、static、final、abstract，其中 public、protected 和 private 最多只能出现其中之一; abstract 和 final 最多只能出现其中之一，它们可以与 static 组合起来修饰方法。

➥ 方法返回值类型: 返回值类型可以是 Java 语言允许的任何数据类型，包括基本数据类型和引用数据类型; 如果声明了方法返回值类型，则方法体内必须有一条有效的 return 语句，该语句返回一个变量或一个表达式的值，这个变量或者表达式的类型必须与方法返回值类型匹配。除此之外，如果一个方法没有返回值，则必须使用 void 来声明。

➥ 方法名: 方法名的命名规则与变量名的命名规则基本相同，但通常建议方法名以英文中的动词开头。

➥ 形参列表: 用于定义该方法可以接受的参数，形参列表由零组或多组"参数类型 形参名"组合而成，多组参数之间以英文逗号隔开，形参类型和形参名之间以英文空格隔开。一旦在定义方法时指定了形参列表，则调用该方法时必须传入对应它的参数值——谁调用方法，谁负责为形参赋值。

方法中多条可执行语句之间有严格的执行顺序，排在方法体前面的语句总是先执行，排在方法体后面的语句总是后执行。

static 是一个特殊的关键字，可用于修饰方法、变量等成员。static 修饰的成员表明它是属于这个类共有的，而不是属于该类的单个实例，因此通常把 static 修饰的变量和方法也称为类变量和类方法。不使用 static 修饰的普通方法和变量则属于该类的单个实例，而不是属于该类，因此通常把不使用 static 修饰的变量和方法也称为实例变量和实例方法。由于 static 直译就是静态的意思，因此也把 static 修饰的变量和方法称为静态变量和静态方法，把不使用 static 修饰的变量和方法称为非静态变量和非静态方法。静态成员不能直接访问非静态成员。

3. 构造方法的语法格式

构造方法可以认为是一种特殊的方法，其定义语法格式与定义方法的语法格式很像，具体如下:

```
[修饰符]  构造方法名 ([形参列表]){
        //由零条或多条可执行性语句组成的执行体
}
```

对构造方法的语法格式说明如下。

➥ 修饰符: 修饰符可以省略，也可以是 public、protected 和 private 其中之一。

➥ 构造方法名: 构造方法名必须和类名相同。

➥ 形参列表: 和定义方法形参列表的格式完全相同。

与其他方法不同的是，构造方法不能声明返回值类型，也不能使用 void 关键字声明构造方法没有返回值。如果为构造方法声明了返回值类型，或使用 void 关键字声明构造方法没有返回值，编译时不会出错，但 Java 会把这个所谓的构造方法当成普通方法来处理。

例 4.1　定义一个 Student 类。

```java
public class Student{
    //下面定义了两个变量
    public String name;
    public String sex;
    //下面定义了一个构造方法
    public Student(String name1,String sex1){
        name = name1;
        sex = sex1;
    }
    //下面定义了一个 study()方法
    public void study(){
        System.out.println("在学习！");
    }
}
```

在例 4.1 中定义了一个类 Student，包含两个公有的 String 类型的变量 name 和 sex；构造方法带两个形参 name1 和 sex1，用于给 Student 类中定义的变量 name 和 sex 赋值；此外在 Student 类中还定义了一个 study()方法，输出"在学习！"的字符串。

4.1.2　对象的使用

创建对象的根本途径是构造方法，通过 new 关键字来调用某个类的构造方法即可创建这个类的实例。

```java
//定义一个 Student 变量
Student s;
//通过 new 关键字调用 Student 类的构造方法，返回一个 Student 实例，将该实例赋给变量 s
s=new Student("张三","男");
```

如果访问权限允许，类里定义的方法和变量都可以通过类或实例来调用。类或实例访问方法或变量的方法的格式如下：

```
类名.变量名
类名.方法名（[参数列表]）
```

或

```
对象名.变量名
对象名.方法名（[参数列表]）
```

在这种方式中，类或对象是主调者，用于访问该类或该对象的指定变量或方法。

static 修饰的方法和变量，既可通过类来调用，也可通过对象来调用；没有使用 static 修饰的普通方法和变量，则只能通过对象来调用。

例 4.2　编写程序，使用例 4.1 中定义的 Student 类。

```java
public class TestStudent{
    public static void main(String args[]){
        //定义 Student 变量
        Student s;
        //通过 new 关键字调用构造方法，返回 Student 的实例
        s = new Student("张三","男");
        //调用 s 的 study()方法
        s.study();
        //直接访问 s 的 name 变量值
        System.out.println(s.name);
    }
}
```

程序输出结果如下：

```
在学习!
张三
```

大部分时候，定义一个类就是为了重复创建该类的实例。同一个类的多个实例具有相同的特征，而类则是定义了多个实例的共同特征。从某种角度来看，类定义的是多个实例的特征，因此类不是一种具体存在，对象才是具体存在。

在前面例 4.2 的代码中，有这样两行代码：

```java
Student s;
s = new Student("张三","男");
```

这两行代码创建了一个 Student 实例，也被称为 Student 对象，该对象被赋给 s 变量。实际上产生了两个实体：一个 s 变量，一个 Student 对象。也就是说，在内存中产生了一个 Student 对象，当把这个对象赋值给一个引用变量时，系统如何处理呢？难道系统会把这个 Student 对象在内存里重新复制一份吗？显然不会，Java 语言让引用变量指向这个对象即可。也就是说，引用型变量里存放的仅仅是一个引用，它指向实际的对象。变量 s 和 Student 类的对象在内存中的存储情况如图 4-1 所示。

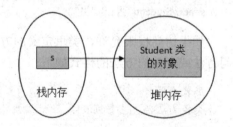

图 4-1　变量 s 和 Student 类的对象在内存中的存储情况

在图 4-1 中，变量 s 是从栈内存中分配存储空间，而 Student 类的对象是从堆内存中分配存储空间，那么什么是栈内存和堆内存呢？简单地讲，栈和堆都是 Java 用来存放数据的地方。栈可以理解为 Java 的指令区，堆是数据区。在栈里边存放的是程序指令、定义好的常量和长度固定的变量，如基本数据类型和引用变量的引用地址（对象句柄）。栈的优势是存取速度比堆要快，仅次于寄存器，栈数据可以共享；但缺点是存在栈中的数据大小与生存期必须是确定的，缺乏灵活性。堆是一个运行时数据区，类的对象从中分配空间。它们不需

要程序代码来显式地释放，而是由垃圾回收机制来负责的。堆的优势是可以动态地分配内存大小，生存期也不必事先告诉编译器，因为它是在运行时动态分配内存的，Java 的垃圾收集器会自动收走那些不再使用的数据；但缺点是由于要在运行时动态分配内存，存取速度较慢。

因此说栈内存里的引用变量并未真正存储对象中的变量数据，对象的变量数据实际存放在堆内存里。而引用变量只是指向该堆内存里的对象。从这个角度来看，引用型的变量与 C 语言中的指针很像，它们都是存储一个地址值，通过这个地址来引用到实际对象。实际上，Java 中的引用就是 C 中的指针，只是 Java 语言把这个指针封装了起来，避免开发者进行烦琐的指针操作。

例 4.3　修改例 4.2，查看输出结果的变化。

```java
public class TestStudent2{
    public static void main(String args[]){
        //定义 Student 引用变量
        Student s1;
        //通过 new 关键字调用构造方法返回 Student 对象
        s1 = new Student("李四","女");
        Student s2 = s1;
        s2.name = "王五";
        s2.sex = "男";
        //调用 s2 的 study()方法
        s2.study();
        //直接输出 s1 的 name 变量值和 sex 变量值
        System.out.println("学生的姓名："+s1.name);
        System.out.println("学生的性别："+s1.sex);
    }
}
```

程序运行结果如图 4-2 所示。

因为类是一种引用数据类型，在程序中定义的 Student 类型的变量 s1 和 s2 只是一个引用，它们被存放在栈内存中，而实际的 Student 对象只有一个，存放在堆内存中。通过赋值操作 s2 = s1，使 s1 和 s2 都指向在堆内存中存储的 Student 对象，因此输出的结果是"王五"和"男"。引用变量 s1、s2 及 Student 对象在内存中的存储情况如图 4-3 所示。

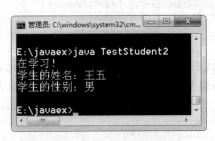

图 4-2　例 4.3 的运行结果

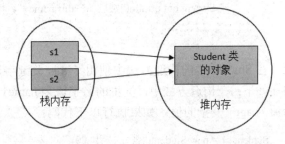

图 4-3　引用型变量及类对象在内存中的存储情况

当一个对象被创建成功以后，这个对象将保存在堆内存中，Java 程序不允许直接访问堆内存中的对象，只能通过该对象的引用操作该对象，如 s1.name、s1.sex、s2.study()等。如果堆内存里的对象没有任何变量指向该对象，那么程序将无法再访问该对象，这个对象也就变成了垃圾，Java 的垃圾回收机制将会回收该对象，释放其所占的内存区。因此，如果希望通知垃圾回收机制回收某个对象，只需切断该对象的所有引用变量和它之间的关系即可。例如：

```
s1 = null;
s2 = null;
```

把引用变量 s1 和 s2 赋值为 null，即切断了 Student 对象的所有引用变量和它之间的关联，如图 4-4 所示。

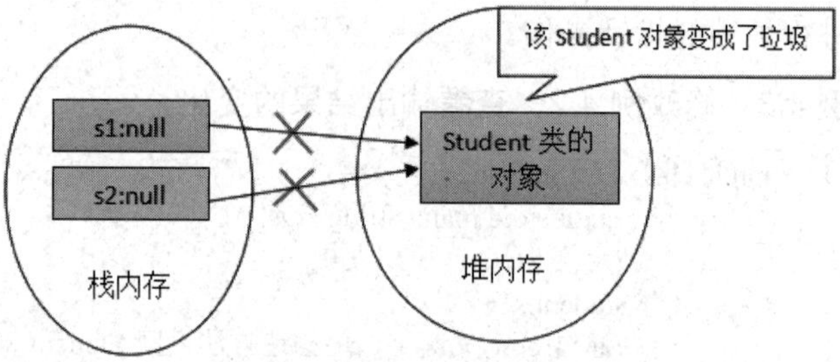

图 4-4 将 s1 和 s2 赋值为 null

4.1.3 this 的使用

Java 提供了一个 this 关键字作为自身的引用，其作用就是在类的自身方法中引用该类对象自身。

例 4.4 this 的使用。

```java
public class Student{
    //下面定义了 3 个变量
    public String name;
    public String sex;
    public int age;
    public Student(String name1,String sex1,int age1){
        this.name = name1;
        this.sex = sex1;
        this.age = age1;
    }
    //下面定义了一个 showInfo()方法
    public void showInfo(){
        System.out.println("姓名："+this.name+"，性别："+this.sex+"，年龄："+this.age);
    }
}
```

在 Student 类的构造方法中使用了 this 关键字，代表 Student 类的实例本身。我们可以描述如下：在构造方法中，学生的名字值为 name1 变量的值，性别值为 sex1 变量的值，年龄值为 age1 变量的值。如果执行以下代码：

```java
Student s1 = new Student("张三","男",20);
Student s2 = new Student("李四","女",18);
s1.showInfo();
s2.showInfo();
```

则构建了两个 Student 对象，一个是 s1（张三），一个是 s2（李四），在生成张三对象时，构造方法中的 this 关键字就代表了张三对象本身；在生成李四对象时，构造方法中的 this 关键字就代表李四对象本身。

当然，在不引起歧义的情况下，this 关键字是可以省略的。

那么在什么时候 this 是不可以省略的呢？在 Java 程序中，变量分为成员变量（在类中定义）、方法变量（在方法中定义的变量）和局部变量（在复合语句中定义的变量）。在一个成员里面，成员变量是不能重名的，但方法变量和局部变量是可以和成员变量重名的，这时可以使用 this 来限定和区分是否是成员变量。

例 4.5　使用 this 来限定和区分是否是成员变量。

```java
public class Student{
    //定义 3 个成员变量
    public String name;
    public String sex;
    public int age;
    public Student(String name,String sex,int age){ //参数 name、sex、age 是方法变量
        //成员变量和方法变量同名
        this.name = name;              //使用 this.name 表示成员变量，name 表示方法变量
        this.sex = sex;                //使用 this.sex 表示成员变量，sex 表示方法变量
        this.age = age;                //使用 this.age 表示成员变量，age 表示方法变量
    }
    //下面定义了一个 showInfo()方法
    public void showInfo(){
        System.out.println("姓名："+name+"，性别："+sex+"，年龄："+age);
    }
}
```

除了用在方法里访问变量外，方法间的互相引用也可以使用 this 关键字。就像在现实世界里，对象的一个方法依赖于另一个方法的情形那样常见。例如，吃饭方法依赖于拿筷子方法，写程序方法依赖于敲键盘方法，这种依赖都是同一个对象两个方法之间的依赖。例如，在上面的例 4.5 中加上一个方法：

```java
public void speak(){
    System.out.println("我是一个学生！");
    this.showInfo();
}
```

方法 speak()调用了 showInfo()方法，当然，上面的 this 也是可以省略的。

大部分时候，一个方法访问本类的其他方法时 this 是可以省略的，这与前面所介绍的类定义里各成员之间可以互相调用的结论完全一致。但对于 static 修饰的方法而言，则必须使用类名来直接调用。由于 static 代表的是类共享的东西，如在 Student 中定义方法是 static 类型的，那么该方法是 Student 类共有的东西，既不属于张三也不属于李四，如果使用 this 关键字，则这个关键字就无法指向合适的对象。所以，static 修饰的方法中不能使用 this 引用。由于 static 修饰的方法不能使用 this 引用，所以 static 修饰的方法不能访问不使用 static

修饰的普通成员，这与前面指出的静态成员不能直接访问非静态成员的结论也完全一致。

除此之外，this 引用也可以用于构造方法中作为默认引用，由于构造方法是直接使用 new 关键字来调用，所以在构造方法中调用另外的构造方法是不能直接写构造方法名称的，即 this 在构造方法中引用的是该构造方法进行初始化的对象。

例 4.6　使用 this 关键字调用其他构造方法。

```java
public class Student{
    //定义 3 个成员变量
    public String name;
    public String sex;
    public int age;
    //定义无参构造方法
    public Student(){
        System.out.println("无参的构造方法");
    }
    //定义带两个参数的构造方法
    public Student(String name,String sex){
        this();                    //调用无参的构造方法
        this.name = name;
        this.sex = sex;
    }

    //定义带 3 个参数的构造方法
    public Student(String name,String sex,int age){
        this(name,sex);            //调用带两个参数的构造方法
        this.age = age;
    }
}
```

当 this 作为对象的默认引用使用时，程序可以像访问普通引用变量一样来访问这个 this 引用，甚至可以把 this 当成普通方法的返回值。例如，在 Student 的类中可以增加如下方法：

```java
public Student getThis(){
    age++;
    return this;               //返回调用该方法的对象
}
```

上面的方法返回了一个对象，而该对象就是自己，当然返回值对象中的 age 是加了 1 的当前对象。

4.2　方　法

通过前面的学习，我们了解了类是由 3 部分组成，包括构造方法、变量和其他方法，但从中可以看出，主要执行的逻辑代码都在方法里面，因此说方法是类或对象的行为特征的抽象，是类或对象最重要的组成部分。

在面向对象编程语言中，整个系统由一个一个的类组成。因此在 Java 语言里，方法不

能独立存在，必须属于类或对象。因此，如果需要定义方法，则只能在类体内定义，不能独立定义一个方法。一旦将一个方法定义在某个类体内，如果这个方法使用了 static 修饰，则这个方法属于这个类，否则这个方法属于这个类的对象。

　　Java 语言是静态的，意味着一个类定义完成后，只要不再重新编译这个类文件，该类和该类的对象所拥有的方法是固定的，永远都不会改变。

　　因为 Java 里的方法不能独立存在，它必须属于一个类或者一个对象，执行方法时必须使用类或对象来作为调用者，即所有方法都必须使用"类名.方法名()"或者"对象名.方法名()"的形式来调用。这里需要指出：同一个类的一个方法调用另外一个方法时，如果被调用方法是普通方法，则默认使用 this 作为调用者；如果被调用方法是静态方法，则默认使用类作为调用者。也就是说，表面上看起来某些方法可以被独立执行，但实际上还是使用 this 或者类作为调用者。

　　永远不要把方法当成独立存在的实体，正如现实世界由类和对象组成，而方法只能作为类和对象的附属，Java 语言里的方法也是一样。

📖 注意：

　➡　方法不能独立定义，只能在类体里定义。

　➡　从逻辑意义上看，方法要么属于一个类，要么属于一个对象。

　➡　永远不能独立执行方法，执行方法必须使用类或对象作为调用者。

　　使用 static 修饰的方法属于类，或者说属于该类的所有实例所共有。使用 static 修饰的方法既可以使用类作为调用者来调用，也可以使用对象作为调用者来调用。并且使用该类的任何对象来调用这个方法将会得到相同的执行结果，与使用类作为调用者的执行结果完全相同。

　　不使用 static 修饰的方法则属于该类的对象，不属于类。因此不使用 static 修饰的方法只能使用对象作为调用者调用，不能使用类作为调用者调用。使用不同对象作为调用者来调用同一个普通方法，可能会得到不同的结果。

4.2.1　方法的参数传递

　　前面已经介绍了 Java 里的方法是不能独立存在的，调用方法也必须使用类或对象作为调用者。如果定义方法时包含了形参，则调用方法时必须给这些形参指定参数值，调用方法时实际传给形参的参数值也被称为实参。

　　那么实参值是如何传入方法的呢？这是由 Java 方法的参数传递机制来控制的，Java 中方法的参数传递方式为值传递。所谓值传递，就是将实际参数值的副本（复制品）传入方法内，而实际参数值本身不会受到任何影响。

例 4.7　编写程序，演示方法参数的传递方式：值传递。

```
public class TestSwap{
    public static void swap(int x, int y){
        //实现形参 x、y 的值交换
        int tmp = x;
```

```
            x = y;
            y = tmp;
            System.out.println("swap 方法里，x 的值是" + x + "；y 的值是" + y);
        }
        public static void main(String[] args) {
            int a = 100;
            int b = 50;
            System.out.println("调用 swap 之前，a 的值是" + a + "；b 的值是" + b);
            swap (a, b);
            System.out.println("调用 swap 之后，a 的值是" + a + "；b 的值是" + b);
        }
    }
```

程序运行结果如图 4-5 所示。

从上面程序的运行结果来看，swap()方法里的形参 x 和 y 的值分别是 50、100，交换结束后，实参 a 和 b 的值依然分别是 100、50。参数传递过程如图 4-6 所示。

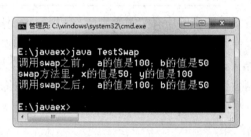

图 4-5　方法参数的传递方式：值传递

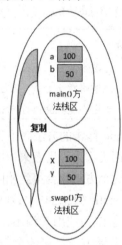

图 4-6　方法参数的值传递方式

在调用 swap()方法时，将 main()方法中的变量 a、b 的值作为实参值传递给 swap()方法中的形参 x、y，在 swap()方法中交换了形参 x、y 的值，并不影响 main()方法中的实参 a、b 的值，因此从 swap()方法中返回到 main()方法时，main()方法中的 a、b 值不变。

Java 对于引用类型的参数传递，与基本数据类型的参数传递不同。对于基本类型的数据作方法参数时，值传递是将栈内存中变量的值复制后传递给方法，而引用类型的数据作方法参数时，虽然也是值传递，但是传递的是地址引用。

例 4.8　编写程序，演示引用类型的数据作方法参数。

源文件：Point.java

```
public class Point{
    int x;
    int y;
    public Point(int x,int y){
```

```
        this.x = x;
        this.y = y;
    }
}
```

源文件：TestSwap1.java

```
public class TestSwap1{
    public static void swap (Point p)    {
        //下面 3 行代码实现 p 的 x、y 变量值交换
        int tmp = p.x;
        p.x = p.y;
        p.y = tmp;
        System.out.println("swap 方法里，x 变量的值是" + p.x+";y 的值是" + p.y );
    }
    public static void main(String[] args) {
        Point p = new Point(100,50);
        System.out.println("调用 swap 之前，x 变量的值是" + p.x+";y 变量的值是" + p.y);
        swap (p);
        System.out.println("调用 swap 之后，x 变量的值是" + p.x+";y 变量的值是" + p.y);
    }
}
```

程序运行结果如图 4-7 所示。

从上面程序的运行结果来看，在 swap()方法里，x、y 两个变量值被交换成功。不仅如此，当 swap()方法执行结束返回到 main()方法后，x、y 两个变量值也被交换了。

程序从 main()方法开始执行，main()方法开始创建了一个 Point 对象，并定义了一个 p 引用变量来指向 Point 对象，这是一个与基本类型不同的地方。创建一个对象时，系统内存中有两个实体：堆内存中保存了对象本身，栈内存中保存了该对象的引用。接着程序通过引用操作 Point 对象，把该对象的 x、y 变量分别赋为 100、50，如图 4-8 所示。

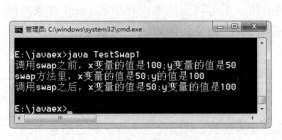

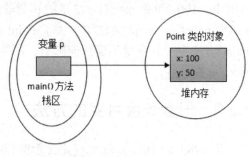

图 4-7　引用类型数据作方法参数　　　　　　图 4-8　内存的存储情况（1）

接下来，main()方法里开始调用 swap()方法，main()方法未结束，系统会分别开辟出 main 和 swap 两个栈区，分别用于存放 main()和 swap()方法的局部变量。调用 swap()方法时，p 变量作为实参，传入 swap()方法，同样采用值传递方式——把 main()方法里 p 变量的值赋给 swap()方法里的 p 形参，从而完成 swap()方法的 p 形参的初始化。值得指出的是，

main()方法里的 p 是一个引用
（也就是一个指针），它保存
的是 Point 对象的地址值。当
把 p 的值赋给 swap()方法的 p
形参后，即让 swap()方法的 p
形参也保存这个地址值，即也
引用到堆内存中的 Point 对象，
如图 4-9 所示。

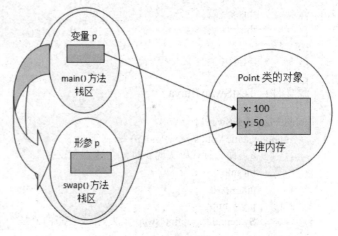

　　这种参数传递方式一样复
制了 p 的副本传入 swap()方
法，但是关键在于 p 只是一个
引用变量，所以系统复制了 p
变量，但并未复制 Point 对象。

图 4-9　内存的存储情况（2）

当程序在 swap()方法中操作 p 形参时，由于 p 只是一个引用变量，故实际操作的还是堆内存中的 Point 对象。此时，不管是操作 main()方法里的 p 变量，还是操作 swap()方法里的 p 参数，其实操作的都是它所引用的 Point 对象，它们操作的是同一个对象。因此，当 swap()方法中交换 p 参数所引用 Point 对象的 x、y 变量值后，可以看到 main()方法中 p 变量所引用 Point 对象的 x、y 变量值也被交换了。

　　为了更好地证明 main()方法中的 p 和 swap()方法中的 p 是两个变量，我们在 swap()方法的最后一行增加如下代码：

```
//把 p 直接赋为 null，让它不再指向任何有效地址
p = null;
```

　　执行上面程序的结果是 swap()方法里的 p 变量不再指向任何有效内存，程序其他地方不做任何修改。main()方法调用了 swap()方法后，再次访问 p 变量的 x、y 变量，依然可以输出 50、100。可见 main()方法里的 p 变量没有受到任何影响。实际上，当 swap()方法里把 p 赋为 null 后，swap()方法中失去了 Point 的引用，不可再访问堆内存中的 Point 对象；但 main()方法中的 p 变量不受任何影响，依然引用 Point 对象，所以依然可以输出 Point 对象的 x、y 变量值。

4.2.2　形参长度可变的方法

　　从 JDK1.5 以后，Java 允许定义形参长度可变的参数，从而允许为方法指定数量不确定的形参。如果在定义方法时，在最后一个形参的类型后增加 3 点（...），则表明该形参可以接收多个实际参数值，多个参数值被当成数组传入。

　　例 4.9　定义类 TestVarargs，包含一个形参长度可变的方法 function1()。

```
public class TestVarargs{
    //定义了形参长度可变的方法
```

```
    public static void function1(String deptName, String... empNames)    {
        //输出部门名称
        System.out.println("部门名称: "+ deptName);
        System.out.println("雇员名单: ");
        //empNames 被当成数组处理
        for (String emp : empNames){
                System.out.println(emp);
        }
    }
    public static void main(String[] args){
        //调用 function1()方法，为可变参数传入多个字符串
        function1("销售部门", "张三", "李四","王五");
    }
}
```

程序运行结果如图 4-10 所示。

图 4-10　例 4.9 的运行结果

从 function1()的方法体代码来看，形参个数可变的参数其实就是一个数组参数，也就是说下面两个方法签名的效果完全一样。

➭ 以可变个数形参来定义方法：

```
public static void function1(String deptName, String... empNames);
```

➭ 采用数组形参来定义方法：

```
public static void function1(String deptName, String[] empNames);
```

这两种形式都包含了一个名为 empNames 的形参，在两个方法的方法体内都可以把 empNames 当成数组处理。但在调用两个方法时存在差别，对于以可变形参的形式定义的方法，调用方法时更加简洁，如下面代码所示：

```
function1("销售部门", "张三", "李四","王五");
```

传给方法参数的实参数值无须是一个数组，但如果采用数组形参来声明方法，调用时则必须传给该形参一个数组，如下所示：

```
//调用方法时传入一个数组
function1("销售部门", , new String[]{"张三", "李四","王五"});
```

对比两种调用方法的代码，明显第一种形式更加简洁。实际上，即使是采用形参长度

可变形式来定义的方法，调用该方法时一样可以为个数可变的形参传入一个数组。

最后还要指出的是，数组形式的形参可以处于形参列表的任意位置，但个数可变的形参只能处于形参列表的最后。也就是说，一个方法中最多只能有一个长度可变的形参。

4.2.3 递归方法

一个方法在其方法体内调用自身，被称为方法的递归调用。方法递归调用包含了一种隐式的循环，它会重复执行某段代码，但这种重复执行无须循环控制。

例 4.10 编写程序，计算 10 的阶乘，也就是 1*2*3*…*10 的值。

分析：求 n 的阶乘 n!，如果知道 n-1 的阶乘(n-1)!，用 n 乘(n-1)!，就能得到 n!，即 n! = n *(n-1)!，同理 (n-1)! = (n-1) * (n-2)!，最终可以推出 1! = 1 * 0!，而 0!=1。反推回去，可知：

1! = 1 * 1 = 1
2! = 2 * 1! = 2
3! = 3 * 2! = 3 * 2 = 6
4! = 4 * 3! = 4 * 6 = 24
……

使用递归的方法来实现，代码如下：

```java
public class CalcFactorial{
    public static long factorial(int n){
        if(n==1){
            return 1;
        }else{
            return n*factorial(n-1);
        }
    }
    public static void main(String[] args){
        System.out.println("10 的阶乘为："+factorial(10));
    }
}
```

可以看到在类 CalcFactorial 中，factorial()方法在方法体内调用了其自身，这就是方法的递归调用。

例 4.11 使用递归调用来解决 Hanoi 问题。

Hanoi 问题是源于印度一个古老传说，大梵天创造世界时做了 3 根金刚石柱子，在一根柱子上从下往上按照大小顺序摆着 64 片黄金圆盘。大梵天命令婆罗门把圆盘从下面开始按大小顺序重新摆放在另一根柱子上。并且规定，在小圆盘上不能放大圆盘，在 3 根柱子之间一次只能移动一个圆盘。

如图 4-11 所示，从左到右有 A、B、C 这 3 根柱子，其中 A 柱子上面有从小叠到大的 n 个圆盘，现要求将 A 柱子上的圆盘移到 C 柱子上去，一次只能移动一个盘子且大盘子不能在小盘子上面，求移动的步骤和移动的次数。

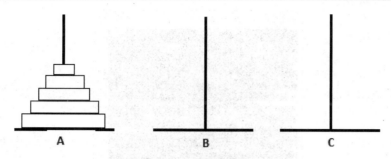

图 4-11　Hanoi 问题

分析：（1）把 A 上的 n-1 个圆盘通过 C 移动到 B；（2）把 A 上的最下面的盘移到 C；（3）因为 n-1 个盘全在 B 上了，所以把 B 当作 A，重复以上步骤。代码如下：

```java
import java.util.Scanner;
public class HanoiDemo{
    private static void move(char A, char C) {        //执行最大盘子的从 A 到 C 的移动
        System.out.println("move:" + A + "--->" + C);
    }
    public static void hanoi(int n, char A, char B, char C) {
        if (n == 1) {
            move(A, C);
        } else {
            hanoi(n - 1, A, C, B);              //（1）按 ACB 的顺序执行 n-1 的 Hanoi 移动
            move(A, C);                         //（2）执行最大盘子移动
            hanoi(n - 1, B, A, C);              //（3）按 BAC 的顺序执行 n-1 的 Hanoi 移动
        }
    }
    public static void main(String[] args) {
        Scanner sc = new Scanner(System.in);
        System.out.println("请输入圆盘数 n: ");
        int n = sc.nextInt();
        System.out.println(n+" 个圆盘，移动的步骤为：");
        hanoi(n, 'a', 'b', 'c');
    }
}
```

n 的值为 4 时，程序运行结果如图 4-12 所示。

仔细看上面递归的过程，当一个方法不断地调用它自身时，必须在某个时刻方法的返回值是确定的，即不再调用它自身。否则这种递归就变成了无穷递归，类似于死循环。因此定义递归方法时有一条最重要的规定：递归一定要向已知方向递归。

递归是非常有用的，例如希望遍历某个路径下的所有文件，但这个路径下的文件夹深度是未知的，此时就可以使用递归来实现。系统可定义一个方法，接收一个文件路径作为参数，用该方法可遍历出当前路径下的所有文件和文件路径，然后再次调用其本身来处理该路径下的所有文件及文件路径，直至遍历完所有文件。

总之，只要一个方法的方法体内再次调用了其本身，就是递归方法。递归一定有一个有结果的方法作为递归结束的终止条件。

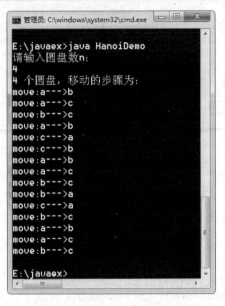

图 4-12　例 4.11 的运行结果

4.2.4　方法重载

Java 允许同一个类中定义多个同名方法，只要形参列表不同。如果同一个类中包含了两个或两个以上方法的方法名相同，但形参列表不同，则被称为方法重载（overloaded）。

从上面的介绍可以看出，确定一个方法需要 3 个要素。

- 调用者：也就是方法的所属者，既可以是类，也可以对象。
- 方法名：方法的标识。
- 形参列表：当调用方法时，系统将会根据传入的实参列表匹配。

方法重载的要求就是两同一不同：同一个类中方法名相同，参数列表不同，即参数的个数、类型、顺序的不同。至于方法的其他部分，如方法的返回值类型、修饰符等，与方法重载没有任何关系。

例 4.12　方法的重载。

```java
public class TestOverload{
    //下面定义了两个 function 方法，但方法的形参列表不同
    public void function(){
        System.out.println("无参数");
    }
    public void function(String msg){
        System.out.println("重载的 function 方法  " + msg);
    }
    public static void main(String[] args){
        TestOverload test = new TestOverload();
        //调用没有参数的 function()方法
        test.function();
        //调用有一个字符串参数的 function()方法
```

```
        test.function("hello");
    }
}
```

编译、运行上面的程序完全正常，虽然两个 function()方法的方法名相同，但因为其形参列表不同，所以系统可以正常区分出这两个方法。

例 4.13　编写程序，计算不同形状的面积。

```
public class CalcArea{
    //计算矩形的面积
    public static double area(double w,double h){
        return w * h;
    }
    //计算圆的面积
    public static double area(double r){
        return    Math.PI * r * r;
    }
    public static void main(String[] args){
        double s1 = area(4.5,5.5);
        System.out.println("矩形的面积为："+s1);
        double s2 = area(2.0);
        System.out.println("圆的面积为："+s2);
    }
}
```

4.3　变　　量

在 Java 语言中，根据定义变量位置的不同，可以将变量分成两大类，即成员变量和局部变量。成员变量指的是在类范围内定义的变量；局部变量指的是在一个方法或复合语句内定义的变量。不管是成员变量还是局部变量，都应该遵守相同的命名规则。Java 程序中的变量分类如图 4-13 所示。

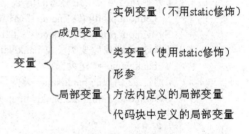

图 4-13　变量分类图

成员变量被分为类变量和实例变量两种，定义时不使用 static 修饰的就是实例变量，使用 static 修饰的就是类变量。其中，类变量从这个类的准备阶段起开始存在，直到系统完全销毁这个类，即类变量的生命周期与这个类的生存范围相同；而实例变量则从这个类的实例被创建开始起存在，直到系统完全销毁这个实例，实例变量的生命周期与对应实例的生存范围相同。

正是基于这个原因，类变量和实例变量统称为成员变量，其中类变量可以理解为类成员变量，它作为类的一个成员，与类共存亡；实例变量则可理解为实例成员变量，它作为实例的一个成员，与实例共存亡。

只要实例存在，程序就可以访问该实例的实例变量，在程序中访问实例变量的语法格式为"实例名.实例变量名"。同样，只要类存在，程序就可以访问该类的类变量。在程序中访问类变量的语法格式为"类名.类变量名"或者"实例名.类变量名"。虽然也可以通过实例名访问类变量，但这个实例访问的并不是这个实例的变量，依然是访问它对应类的类变量。也就是说，如果通过一个实例修改了类变量的值，由于这个类变量并不属于它，而是属于它对应的类，因此修改的依然是类的类变量，与通过该类来修改类变量的结果完全相同，这会导致该类的其他实例来访问这个类变量时也将获得这个被修改过的值。

例 4.14　编写程序，定义一个 Account 类。

```
public class Account{
    //定义一个实例变量
    public String name;
    //定义一个类变量，用于表示开户银行
    public static String bankName;
}
```

编写 TestAccount 类来创建 Account 类的实例，分别通过类名和实例名来访问类变量和实例变量。

```
public class TestAccount{
    public static void main(String[] args){
        //创建两个学生对象
        Account a1 = new Account();
        Account a2 = new Account();
        a1.name = "张三";
        a2.name = "李四";
        //为静态变量赋值
        Account.bankName = "中国银行";
        //分别输出两个学生对象的信息
        System.out.println("a1.name="+a1.name+",a1.bankName="+a1.bankName);
        System.out.println("a2.name="+a2.name+",a2.bankName="+a2.bankName);
        //通过 a1 对象改变类变量 bankName 的值
        a1.bankName = "建设银行";
        //通过 a2 访问的 bankName 类变量的值是修改后的"建设银行"
        System.out.println("a2.bankName" + a2.bankName);
    }
}
```

从上面程序来看，Account 类中定义了一个类变量 bankName，用于表示开户银行，它被所有的实例对象所共享。bankName 是类变量，可以通过类名访问，也可以通过实例名访问。

成员变量无须显式初始化，只要为一个类定义了类变量或实例变量，则系统会在这个类的准备阶段或创建这个类的实例时进行默认初始化。类变量的生命周期比实例变量的作用域更大——实例变量随实例的存在而存在，而类变量则随类的存在而存在。实例也可访问类变量，同一个类的所有实例访问类变量时，实际上访问的是同一个类变量，因为它们实际上都是访问到该类的类变量。

局部变量根据定义形式的不同，又可以被分为如下 3 种。

➥　形参：在定义方法签名时定义的变量，其作用域在整个方法内有效，到方法结束时消失。

➤ 方法局部变量：在方法体内定义的局部变量，其作用域从定义该变量的地方生效，到该方法结束时消失。

➤ 代码块局部变量：在代码块中定义的局部变量，其作用域从定义该变量的地方生效，到该代码结束时失效。

与成员变量不同的是，局部变量除了形参之外，都必须显式初始化。也就是说，必须先给方法局部变量和代码块局部变量指定初始化值，否则不可以访问它们。

例 4.15　局部变量的初始化。

```
public class TestBlock{
    public static void main(String[] args) {
        {
            //定义代码块变量 x
            int x;
            //下面的代码将出现错误，因为 x 变量还未初始化
            //System.out.println("代码块局部变量 x 的值: " +x);
            //为 x 变量赋初始值，也就是进行初始化
            x =10;
            System.out.println("代码块局部变量 x 的值: " + x);
        }
        //下面的试图访问的 x 变量并不存在
        //System.out.println(x);
    }
}
```

从上面的代码中可以看出，只要离开了代码块局部变量所在的代码块，则这个局部变量将立即被销毁，变为不可用。对于方法局部变量，其作用域从定义该变量开始，直到该方法结束。

形参的作用域是整个方法体内有效，而且形参也无须显式初始化，形参的初始化在调用该方法时由系统完成。当通过类或对象调用某个方法时，系统会在该方法栈区内为所有形参分配内存空间，并将实参的值赋给对应的形参，这就完成了形参的初始化。

在同一个类里，成员变量的作用范围是整个类内有效，一个类里不能定义两个同名的成员变量，即使一个是类变量，一个是实例变量也不行；一个方法里也不能定义两个同名的局部变量。

Java 允许局部变量和成员变量同名，如果方法里的局部变量和成员变量同名，局部变量会覆盖成员变量，如果需要在这个方法里引用被覆盖的成员变量，则可使用 this（对于实例变量）或类名（对于类变量）作为调用者来限定访问成员变量。

4.4　隐藏和封装

在前面程序中经常出现通过某个对象直接访问其属性的情形，这可能引起一些潜在的问题，如将 Student 类的 age 的值设为-10，这在语法上没有任何问题，但显然违背了现实。

因此，Java 程序推荐将类和对象的属性进行封装。

4.4.1 理解封装

封装（Encapsulation）是面向对象三大特征之一（另外两个是继承和多态），它指的是将对象的状态信息隐藏在内部，不允许外部程序直接访问对象内部信息，而是通过该类所提供的方法来实现对内部信息的操作和访问。

封装是面向对象编程语言对客观世界的模拟，客观世界里的属性都是被隐藏在对象内部的，外界无法直接操作和修改。就像电视机中的元器件，通常被外壳包装起来，操作只是通过遥控器或者按钮来完成。对一个类或对象实现良好的封装，可以实现以下目的：

- 隐藏类的实现细节。
- 让使用者只能通过事先预定的方法来访问数据，从而可以在该方法里加入控制逻辑，限制对属性的不合理访问。
- 可进行数据检查，从而有利于保证对象信息的完整性。
- 便于修改，提高代码的可维护性。

为了实现良好的封装，需要从两个方面考虑：

- 将对象的属性和实现细节隐藏起来，不允许外部直接访问。
- 把方法暴露出来，让方法来操作或访问这些属性。

因此，封装实际上有两个方面的含义：把该隐藏的隐藏起来，该暴露的暴露出来。这两个方面都需要通过使用 Java 提供的访问控制符来实现。

4.4.2 使用访问控制符

Java 提供了 3 个访问控制符，即 private、protected 和 public，分别代表了 3 个访问控制级别，另外还有一个不加任何控制符的访问控制级别，共 4 个访问控制级别。Java 的访问控制级别由小到大依次是 private→default→protected→public。

其中，default 并没有对应的访问控制符，当不使用任何控制符来修饰类或类成员时，系统默认使用该访问控制级别。下面详细介绍这 4 个访问控制级别。

- private 访问控制级别：如果类里的一个成员（包括属性和方法）使用 private 访问控制符来修饰，则这个成员只能在该类的内部被访问。很显然，这个访问控制符用于修饰属性最合适，可以把属性隐藏在类的内部。
- default 访问控制级别（包访问权限）：如果类里的一个成员（包括属性和方法）或者一个顶级类不使用任何访问控制符修饰，就称它是默认访问控制。default 访问控制的成员或顶级类可以被相同包下其他类访问。关于包的介绍参见 4.4.3 节。
- protected 访问控制级别（子类访问权限）：如果一个成员（包括属性和方法）使用 protected 访问控制符修饰，那么这个成员就可以被同一个包中的其他类访问，也可以被不同包中的子类访问。通常情况下，如果使用 protected 来修饰一个方法，通常是希望其子类重写这个方法。关于父类、子类的介绍请参见 5.1 节。
- public 访问控制级别（公共访问权限）：这是一个最宽松的访问控制级别，如果一个成员（包括属性和方法）或者一个顶级类使用了 public 修饰，这个成员或顶级类就可以被所有类访问，不管访问类和被访问类是否处于同一包中，是否具有父子继承关系。

通过上面关于访问控制符的介绍不难发现，访问控制符用于控制一个类的成员是否可以被其他类访问。对于局部变量而言，其作用域就是它所在的方法，不可能被其他类来访问，因此不能使用访问控制符来修饰。

对于类而言，也可以使用访问控制符修饰，但类只能有两种访问控制级别——public 和 default，不能使用 private 和 protected 修饰，因为类不处于任何类的内部，也就没有其外部类的子类了，因此 private 和 protected 访问控制符对类没有意义。

类可以使用 public 和默认访问控制级别，使用 public 修饰的类可以被所有类使用，如声明变量；不使用任何访问控制符修饰的类只能被同一个包中的所有类访问。

需要注意的是，如果一个 Java 源文件里定义的所有类都没有使用 public 修饰，则这个 Java 源文件的文件名可以是一切合法的文件名。但如果一个 Java 源文件里定义了一个 public 修饰的类，则这个源文件的文件名必须与 public 类的类名相同。

例 4.16　定义 Employee 类，实现良好的封装。

```java
public class Employee{
    private String name;
    private double salary;
    public void setName(String name) {
        //要求雇员姓名必须在 2～6 位
        if (name.length() > 6 || name.length() < 2){
            System.out.println("您设置的人名不符合要求");
        }else{
            this.name = name;
        }
    }
    public String getName(){
        return this.name;
    }
    public void setSalary(double salary){
        //要求雇员工资不能为负数
        if ( salary< 0){
            System.out.println("您设置的工资不合法");
        }else{
            this.salary= salary;
        }
    }
    public double getSalary(){
        return this.salary;
    }
}
```

定义了上面的 Employee 类之后，该类的 name 和 salary 属性只能在 Employee 类内才可以操作和访问，而在 Employee 类之外只能通过各自对应的 setter 和 getter 方法来操作和访问它们。

Java 类里属性的 setter 和 getter 方法有非常重要的意义，例如某个类里包含一个名为 abc 的属性，则其对应的 setter 和 getter 方法名应为 setAbc 和 getAbc（即将原属性名的首字母大写，并在前面分别增加 set 和 get 动词，就变成了 setter 和 getter 方法名）。如果一个 Java 类的每个属性都被使用 private 修饰，并为每个属性都提供了 public 修饰的 setter 和 getter 方法，这个类就是一个符合 JavaBean 规范的类。因此，JavaBean 总是一个封装良好的类。

例 4.17 编写程序，在 main()方法中创建一个 Employee 对象，并尝试操作和访问该对象的 name 和 salary 属性。

```
public class TestEmployee{
    public static void main(String[] args)    {
        Employee emp = new Employee();
        //因为 name 属性已被隐藏，所以下面的语句将出现编译错误
        //emp.name = "张三";
        //不能直接操作 emp 的 name 属性，只能通过其对应的 setter 方法
        //因为"张三"字符串长度满足 2~6，所以可以成功设置
        emp.setName("张三");
        //下面的语句编译时不会出现错误，但运行时将提示输入的 salary 属性不合法
        emp.setSalary(-1000);
        //成功修改 emp 的 salary 属性
        emp.setSalary(3000);
        System.out.println("成功设置 name 属性后：" + emp.getName());
        System.out.println("成功设置 salary 属性后：" + emp.getSalary());
    }
}
```

正如上面程序中注释的，TestEmployee 类的 main()方法不可再直接修改 Employee 对象的 name 和 salary 属性，只能通过各自对应的 setter 方法来操作这两个属性值。因为使用 setter 方法来操作 name 和 salary 属性，就允许程序员在 setter 方法中增加自己的控制逻辑，从而保证 Employee 对象的 name 和 salary 属性不会出现与实际不符的情形。

关于访问控制符的使用，存在如下几条基本原则：

➥ 类里的绝大部分属性都应该使用 private 修饰，除了一些 static 修饰的、类似全局变量的属性，才可能考虑使用 public 修饰。除此之外，有些方法只是用于辅助实现该类的其他方法，这些方法被称为工具方法，工具方法也应该使用 private 修饰。

➥ 如果某个类主要用作其他类的父类，该类里包含的大部分方法可能仅希望被其子类重写，而不想被外界直接调用，则应该使用 protected 修饰这些方法。

➥ 希望暴露出来给其他类自由调用的方法应该使用 public 修饰。例如，类的构造方法通过使用 public 修饰，暴露给其他类中创建该类的对象；顶级类通常都希望被其他类自由使用，所以大部分顶级类都使用 public 修饰。

4.4.3 package 和 import

前面提到了"包"的概念，那么什么是包呢？其实包的作用和 Windows 操作系统中的文

件夹类似，计算机中的文件成千上万，有时文件的名称还会出现一模一样的情况，那么怎样在系统中共存呢？Windows 操作系统的做法是：可以根据类型和功能划分不同的文件夹来存放文件，使文件存放更具条理性，并且在不同的文件夹中也可以存放名字相同的文件。

同样，Sun 公司的 JDK、各种系统软件厂商、众多的软件开发商，他们会提供成千上万、具有各种用途的类，程序员在开发过程中也要提供大量的类，这些类怎样组织起来更有条理？怎样避免重名带来的问题呢？Java 引入了包（package）机制，提供了类的多层命名空间，用于解决类的命名冲突、类文件管理等问题。Java 允许将一组功能相关的类放在同一个包下，从而组成逻辑上的类库单元，如果希望把一个类放在指定的包下，应该在 Java 源程序的第一个非注释行输入如下格式的代码：

```
package packageName;
```

一旦在 Java 源文件中使用了这个 package 语句，则意味着该源文件里定义的所有类都属于这个包。位于包中的每一个类的完整类名都应该是包名和类名的组合，如果其他人需要使用该包下的类，也应该使用包名和类名的组合。

例 4.18　编写程序，定义一个 hbsi 包，并在该包下定义一个简单的 Java 类。

```java
package hbsi;
public class HelloWorld{
    public static void main(String[] args) {
        System.out.println("Hello World!");
    }
}
```

上面程序表明把 HelloWorld 类放在 hbsi 包空间下。把上面源文件保存在任意位置，使用如下命令来编译这个 Java 文件：

```
javac -d . HelloWorld.java
```

-d 选项用于设置编译生成.class 文件的保存位置，这里指定将生成的.class 文件放在当前路径（.就代表当前路径）。使用该命令编译文件后，发现当前路径下并没有 HelloWorld.class 文件，而是在当前路径下出现了一个名为 hbsi 的文件夹，该文件夹下则有一个 HelloWorld.class 文件。

这是怎么回事呢？这与 Java 的设计有关，假设某个应用中包含两个 HelloWorld 类，Java 通过引用包机制来区分不同的 HelloWorld 类。不仅如此，这两个 HelloWorld 类还对应两个 HelloWorld.class 文件，它们在文件系统中也必须分开存放才不会引起冲突。所以 Java 规定：位于包中的类，在文件系统中也必须有与包名层次相同的目录结构。

因此，上面的 HelloWorld.class 必须放在 hbsi 文件夹下才有效，当使用-d 选项的 javac 命令来编译 Java 源文件时，该命令会自动建立对应的文件结构来存放相应的.class 文件。

如果直接使用 javac HelloWorld.java 命令来编译这个文件，将会在当前路径生成一个 HelloWorld.class 文件而不会生成相应的文件夹。也就是说，如果编译 Java 文件时不使用-d 选项，编译器不会为 Java 源文件生成相应的文件结构。进入编译器生成的 hbsi 文件夹所在路径，执行如下命令：

```
java hbsi.HelloWorld
```

此时可以看到上面程序正常输出。

如果进入 hbsi 路径下，使用 java HelloWorld 命令来运行，系统将提示错误，正如前面讲的：HelloWorld 类处于 hbsi 包下，因为必须把 HelloWorld.class 文件放在 hbsi 路径下。

Java 语法只要求包名是有效的标识符即可，但从可读性规范角度来看，包名应该全部由小写字母组成。当系统越来越大时，是否会发生包名、类名同时重复的情形呢？这个可能性不大，但实际开发中，我们还是应该选择合适的包名，用以更好地组织系统中的类库。为了避免不同公司之间类名的重复，Sun 建议使用单位 Internet 域名倒写来作为包名，例如单位的 Internet 域名是 hbsi.edu.cn，则该单位的所有类都建议放在 cn.edu.hbsi 包及其子包下。

package 语句必须作为源文件的第一句非注释性语句，一个源文件只能指定一个包，即只能包含一条 package 语句，该源文件中可以定义多个类，则这些类将全部位于该包下。

如果没有显式指定 package 语句，则处于无名包下。实际企业开发中，通常不会把类定义在无名包下。

包的另外一个作用就是作为访问控制用途，同一个包的类和不同包的类之间访问权限还是有区别的。同一个包下的类可以自由访问。

例 4.19　编写 TestHello 类，如果把它放在 hbsi 包下，则这个 TestHello 类可以直接访问 HelloWorld 类，无须添加包前缀。

```
package hbsi;
public class TestHello{
    public static void main(String[] args)    {
        //直接访问相同包下的另一个类，无须使用包前缀
        HelloWorld h = new HelloWorld();
    }
}
```

如果再定义一个类，并将其放在 hr 包下，代码如下：

```
package hr;
public class HelloJava{}
```

则 hbsi.TestHello 类和 hr.HelloJava 类处于不同包下，因此在 TestHello 类中使用 HelloJava 时就需要使用该类的全名（即包名加类名），即必须使用 hr.HelloJava 写法来使用该类。

为了简化编程，Java 引入了 import 关键字，import 可以向某个 Java 文件中导入指定包层次下某个类或全部类，import 语句应该出现在 package 语句（如果有的话）之后、类定义之前。一个 Java 源文件只能包含一个 package 语句，但可以包含多个 import 语句，用于导入多个包层次下的类。

使用 import 语句导入单个类的语法格式如下：

```
import package.subpackage…ClassName;
```

例如，导入前面提到的 hr.HelloJava 类，应该使用下面的代码：

```
import hr.HelloJava;
```

使用 import 语句来导入指定包下全部类的语法格式如下：

```
import package.subpackage…*;
```

其中，星号（*）只能代表类，不能代表包。因此使用 "import hbsi.*;" 语句，表明导入 hbsi 包下的所有类，即 Hello 和 TestHello 类，而 hbsi 包下其他的子包内的类则不会被导入。

一旦在 Java 源文件中使用 import 语句来导入指定类，在该文件中使用这些类时可以省略包前缀，不再需要使用类全名。

例 4.20　import 语句的使用。

```
package hbsi;
import java.util.*;                    //该程序用到了该包下的 Date 类
public class TestDate{
    public static void main(String[] args){
        Date d=new Date();
        //如果没有 import 语句，应该写成如下语句
        //java.util.Date d=new java.util.Date();
    }
}
```

正如上面代码中看到的，通过使用 import 语句可以简化编程。但 import 语句并不是必需的，只要坚持在类里使用其他类的全名，则可以无须使用 import 语句。

在有些情况下，只能在源文件中使用类全名，例如需要在程序中使用 java.sql 包下的类，也需要使用 java.util 包下的类，但这两个包中都有同样类名的类 Date，这时即使有如下两句代码，如果接下来在程序中需要使用 Date 类，也会出现编译错误。

```
import java.util.*;
import java.sql.*;
```

在这种情况下，如果需要指定包下的 Date 类，则只能使用该类的全名。因此为了让引用更加明确，即使使用了 import 语句，必要时还是需要使用类的全名。

4.5　本　章　小　结

本章结合具体的实例，介绍了类的概念及类和对象的使用，成员变量的访问和成员方法的调用，并对成员的访问权限进行了重点介绍；此外，还介绍了包的概念和使用。

4.6　知　识　考　核

第5章

面向对象编程进阶

继承和多态是 Java 语言面向对象程序设计的两个特征，本章将着重讲述继承和多态的概念和用法，以及 final、static 关键字的使用等。

本章学习要点如下：

- ➤ 继承的概念和使用
- ➤ 多态
- ➤ 初始化块
- ➤ final 关键字的使用
- ➤ 抽象类和接口

5.1 类 的 继 承

继承（Inheritance）是面向对象三大特征之一，也是实现软件复用的重要手段。Java 的继承具有单继承的特点，即每个子类只能有一个直接父类。

5.1.1 继承的特点

Java 的继承通过 extends 关键字来实现。实现继承的类称为子类（派生类），被继承的类称为父类（基类或超类）。父类和子类的关系，是一种一般和特殊的关系。例如，狗是动物的一种，也可以说是狗继承了动物的特性，或者说狗是动物的子类。子类继承父类的语法格式如下：

```
[修饰符] class 子类名 extends 父类名{
    //子类代码部分
}
```

Java 使用 extends 作为继承的关键字。extends 在英文中是扩展的意思，而不是继承。但这个关键字很好地体现了子类和父类的关系，即子类是父类的扩展，是一种特殊的父类。从这个意义上来看，用扩展更准确。当然，把 extends 翻译为继承也是有其理由的：子类扩展了父类，将可以获得父类的全部属性和方法，这与汉语中的继承（子女从父辈那里获得一笔财富称为继承）具有很好的类似性。需要注意的是，Java 的子类不能直接调用父类的构造方法。

例 5.1　编写程序示范子类继承父类的特点。

首先定义父类 Animal，代码如下：

```
public class Animal{
    public double weight;
    public void eat(){
        System.out.println("动物在吃东西");
    }
}
```

接下来定义 Animal 类的子类 Dog，代码如下：

```
public class Dog extends Animal{
    public void say(){
        System.out.pringln("狗叫：汪汪汪");
    }
    public static void main(String[] args) {
        //创建 Dog 类的对象
        Dog d= new Dog();
        //Dog 对象本身没有 weight 属性，但父类有，因此也可以访问
        d.weight = 150;
        //调用父类的 eat()方法
        d.eat();
        d.say();//调用子类中新增加的 say()方法
    }
}
```

在 main()方法中，Dog 类的对象 d 访问了父类 Animal 的 weight 属性，并调用了父类中的 eat()方法，这表明 Dog 对象也具有 weight 属性和 eat()方法，这就是继承的作用。除此之外，在 Dog 类中还可以新增属性和方法。

Java 语言摒弃了 C++中难以理解的多继承特征，即每个类最多只有一个直接父类。因此下面的代码将会引起编译错误：

```
class 子类 extends 父类 1,父类 2,父类 3{…}
```

📖 **注意**：这里不是说 Java 类只能有一个父类，而是说 Java 类只能有一个直接父类。实际上，Java 类可以有无限多个间接父类。例如，动物的父类是生物，狗的父类是动物，那么动物和生物可以说都是狗的父类，而狗的直接父类只有一个，那就是动物。

如果定义一个 Java 类时并未显式指定这个类的直接父类，则这个类默认继承于 java.lang.Object 类。因此，java.lang.Object 类是所有类的父类，要么是其直接父类，要么是其间接父类。因此，所有 Java 对象都可调用 java.lang.Object 类所定义的实例方法。

5.1.2　重写父类的方法

一般情况下，子类总是以父类为基础，额外增加新的属性和方法。但有一种情况例外，即子类需要重写父类的方法。例如，鸟类都包含了飞翔的方法，其中鸵鸟是鸟的子类，将从鸟类获得飞翔方法，但它是一种特殊的鸟类，原父类的飞翔方法明显不适合鸵鸟，因此鸵鸟需要重写鸟类的方法。

例 5.2　子类重写父类的方法。

首先定义 Bird 类，并创建 Bird 类的 fly()方法。

```
//定义 Bird 类
public class Bird{
    //Bird 类的 fly()方法
    public void fly(){
        System.out.println("我在飞");
    }
}
```

再定义一个 Ostrich 类，这个类继承了 Bird 类，并重写了 Bird 类的 fly()方法。

```
public class Ostrich extends Bird{
    //重写 Bird 类的 fly()方法
    public void fly(){
        System.out.println("我只能在地上奔跑");
    }

    public static void main(String[] args){
        //创建 Ostrich 对象
        Ostrich os = new Ostrich();
        //执行 Ostrich 对象的 fly()方法，将输出"我只能在地上奔跑..."
        os.fly();
    }
}
```

执行上面的程序，将看到执行 os.fly()时执行的不再是 Bird 类的 fly()方法，而是执行 Ostrich 类的 fly()的方法。这种子类包含与父类同名方法的现象被称为方法重写，也称为方法覆盖（Override）。可以说子类重写了父类的方法，也可以说子类覆盖了父类的方法。

方法的重写要遵循"三同一小一大"规则："三同"即方法名相同，形参列表相同，返回值类型相同；"一小"指的是子类方法声明抛出的异常类应比父类方法声明抛出的异常类更小或相等；"一大"指的是子类方法的访问权限应比父类方法更大或相等，尤其需要指出的是，覆盖方法和被覆盖方法要么都是类方法，要么都是实例方法，不能一个是类方法，一个是实例方法。因此，下面的代码将会引发编译错误：

```
class BaseClass{
    public static void test(){…}
}
```

```
class SubClass extends BaseClass{
    public void test(){…}
}
```

当子类覆盖了父类方法后，子类的对象将无法访问父类中被覆盖的方法，但仍可以在子类方法中调用父类中被覆盖的方法。如果需要在子类方法中调用父类中被覆盖方法，可以使用 super 或者父类类名作为调用（参见 5.1.3 节）。

如果父类方法具有 private 访问权限，则该方法对其子类是隐藏的，因此其子类无法访问该方法，也就无法重写该方法。如果子类中定义了一个与父类 private 方法具有相同方法名、相同形参列表、相同返回值类型的方法，依然不是重写，只是在子类中重新定义了一个新方法。下面的代码段是完全正确的：

```
class Baseclass{
    //test()方法是 private 访问权限，子类不可访问该方法
    private void test(){…}
}
class SubClass extends BaseClass{
    //此处不是方法重写，所以可以增加 static 关键字
    public static void test(){…}
}
```

5.1.3　父类实例的 super 引用

如果需要在子类方法中调用父类被覆盖的实例方法，可以使用 super 作为调用者进行调用。下面为例 5.2 中的 Ostrich 类添加一个方法，在其中调用 Bird 中被覆盖的 fly()方法。

```
public class Ostrich extends Bird{
    //重写 Bird 类的 fly()方法
    public void fly(){
        System.out.println("我只能在地上奔跑");
    }
    //增加一个 callOverridedMethod()方法
    public void callOverridedMethod(){
        //在子类方法中通过 super 显式调用父类被覆盖的实例方法
        super.fly();
    }
    public static void main(String[] args){
        //创建 Ostrich 对象
        Ostrich os = new Ostrich();
        //执行 Ostrich 对象的 fly()方法，将输出"我只能在地上奔跑..."
        os.fly();
        os.callOverridedMethod();//借助该方法调用被覆盖的 fly()方法，输出"我在飞"
    }
}
```

通过子类对象 os 调用 fly()方法时，调用的是在子类 Ostrich 中的覆盖方法；而通过 callOverridedMethod()方法的帮助，也可以调用 Bird 类中被覆盖的 fly()方法。

super 是 Java 提供的一个关键字，它是直接父类对象的默认引用。例如，上面 Bird 类中定义的 fly()方法是一个实例方法，需要通过 Bird 对象来调用该方法，而 callOverridedMethod()方法通过 super 就可以调用 fly()方法，可见 super 引用了一个 Bird 对象。正如 this 不能出现在 static 修饰的方法中一样，super 也不能出现在 static 修饰的方法中。

如果子类定义了和父类同名的属性，也会发生子类属性覆盖父类属性的情形。正常情况下，子类中定义的方法直接访问该属性时只会访问到覆盖属性，无法访问父类被覆盖的属性。但在子类定义的实例方法中可以通过 super 来访问父类被覆盖的属性。

例 5.3 子类属性覆盖父类属性的实例。

```java
public class BaseClass{
    public int a = 5;
}
public class SubClass extends BaseClass{
    public int a = 7;
    public void accessOwner(){
        System.out.println(a);              //访问覆盖属性 a，输出 7
    }
    public void accessBase()      {
        //super 是对该方法调用者对应的父类对象的引用
        System.out.println(super.a);        //访问父类被覆盖的属性 a，输出 5
    }
    public static void main(String[] args){
        SubClass sc = new SubClass();
        System.out.println(sc.a);           //直接访问 SubClass 对象的 a 属性，将会输出 7
        sc.accessOwner();                   //输出 7
        sc.accessBase();                    //输出 5

    }
}
```

上面程序的 BaseClass 和 Subclass 中都定义了名为 a 的实例属性，则 SubClass 的 a 实例属性将会覆盖 BaseClass 的实例属性。当系统创建了 Subclass 对象时，该对象的 a 属性为 7，从父类 BaseClass 继承的被覆盖的 a 属性为 5，只是 5 这个数值只有在 SubClass 类定义的实例方法中使用 super 作为所有者时才可以访问到。

如果被覆盖的是类属性，在子类的方法中则可以通过父类名调用访问被覆盖的类属性。如果子类里没有包含和父类同名的属性，则子类将直接继承到父类属性。如果在子类实例方法中访问该属性时，则无须显式使用 super 或父类名作为调用者。因此，如果我们在某个方法中访问名为 a 的属性，但没有显式指定调用者，则系统查找 a 的顺序如下：

- ↳ 查找该方法中是否有名为 a 的局部变量。
- ↳ 查找当前类中是否包含名为 a 的属性。
- ↳ 查找 a 的直接父类中是否包含名为 a 的属性，依次上溯 a 的父类，直到 java.lang. Object 类，如果最终不能找到名为 a 的属性，则系统出现编译错误。

5.1.4　调用父类构造方法

子类不会获得父类的构造方法，但有些时候子类构造方法却需要调用父类构造方法的初始化代码，就如前面所介绍的一个构造方法需要调用另一个重载的构造方法一样。

在一个构造方法中调用另一个重载的构造方法，一般使用 this 调用来实现；在子类构造方法中调用父类构造方法，一般使用 super 调用来实现。

例 5.4　编写程序，定义 Base 类和 Sub 类，其中 Sub 类是 Base 类的子类，程序在 Sub 类的构造方法中使用 super 来调用 Base 类中的构造方法。

```java
class Base{
    public double size;
    public String name;
    public Base(double size, String name)    {
            this.size = size;
            this.name = name;
    }
}
public class Sub extends Base{
    public String color;
    public Sub(double size, String name, String color)    {
            //通过 super 调用来调用父类构造方法的初始化过程
            super(size, name);
            this.color = color;
    }
    public static void main(String[] args)    {
            Sub s = new Sub(5.6, "测试对象", "红色");
            //输出 Sub 对象的 3 个属性
            System.out.println(s.size + "--" + s.name + "--" + s.color);
    }
}
```

从例 5.4 中不难看出，使用 super 调用和 this 调用非常类似，区别在于 super 调用的是其父类的构造方法，而 this 调用的是同一个类中重载的构造方法。因此，使用 super 调用父类构造方法时必须出现在子类构造方法执行体的第一行，所以 this 调用和 super 调用不会同时出现。

不管我们是否使用 super 调用来执行父类构造方法的初始化代码，子类构造方法总会调用父类的构造方法一次。子类构造方法调用父类构造方法分为以下几种情况：

- 子类构造方法执行体的第一行代码使用 super 显式调用父类构造方法，系统将根据 super 调用里传入的实参列表调用父类对应的构造方法。
- 子类构造方法执行体的第一行代码使用 this 显式调用本类中重载的构造方法，系统将根据 this 调用里传入的实参列表调用本类另一个构造方法。执行本类中另一个构造方法时即会调用父类的构造方法。
- 子类构造方法执行体中既没有 super 调用，也没有 this 调用，系统将会在执行子类构造方法之前，隐式调用父类无参数的构造方法。

不管上面哪种情况，当调用子类构造方法来初始化子类对象时，父类构造方法总会在子类构造方法之前执行。不仅如此，执行父类构造方法时，系统会再次上溯执行其父类的构造方法……以此类推，创建任何 Java 对象，最先执行的总是 java.lang.Object 类的构造方法。

例 5.5 编写程序，定义 3 个类，它们之间有严格的继承关系，通过这种继承关系演示构造方法之间的调用关系。

```java
class Creature{
    public Creature() {
        System.out.println("Creature 无参数的构造方法");
    }
}
class Animal extends Creature{
    public Animal(String name){
        System.out.println("Animal 带一个参数的构造方法，该动物的 name 为" + name);
    }
    public Animal(String name, int age){
        //使用 this 调用同一个重载的构造方法
        this(name);
        System.out.println("Animal 带 2 个参数的构造方法，其 age 为" + age);
    }
}
public class Wolf extends Animal{
    public Wolf(){                          //显式调用父类带 2 个参数的构造方法
        super("土狼", 3);
        System.out.println("Wolf 无参数的构造方法");
    }
    public static void main(String[] args){
        new Wolf();
    }
}
```

main()方法只创建了一个 Wolf 对象，但系统在底层完成了复杂的操作。程序运行结果如图 5-1 所示。

图 5-1　例 5.5 程序运行的结果

从图 5-1 所示的运行结果可以看出，创建对象时总是从该类所在继承树最顶层类的构造方法开始执行，然后依次向下执行，最后才执行本类的构造方法。如果某个父类通过 this

调用了同类中重载的构造方法，就会依次执行此父类的多个构造方法。

<h1 style="text-align:center">5.2　多　　态</h1>

多态是指同一操作作用于不同的对象，可以有不同的解释，产生不同的执行结果。它是面向对象程序设计（OOP）的一个重要特征。

5.2.1　对象类型的转换

在 Java 中，为了实现多态，允许使用一个父类的变量来引用一个子类的对象。根据被引用子类对象特征的不同，得到不同的运行结果。

例 5.6　对象类型的转换。

```java
class Animal{
    public void shout(){
        System.out.println("动物要叫");
    }
}
class Dog extends Animal{
    public void shout(){
        System.out.println("汪汪汪…");
    }
}
class Cat extends Animal{
    public void shout(){
        System.out.println("喵喵喵…");
    }
}
```

因为继承，子类具有父类类型所有的特征，因此任何一个子类的对象都可以被当作父类的对象来使用。但是反过来则不成立，因为子类除了继承父类的所有特征外，可能会增加新的特征。因此，声明 Animal 类型的引用变量 an1 既可以引用 Animal 类型的对象，也可以引用 Animal 的子类的对象，即：

```java
Animal an1=new Animal();
an1=new Dog();
an1=new Cat();
```

这时将 Dog 类型的对象及 Cat 类型的对象当作父类对象来使用，此种情况在 Java 的语言环境中称为"向上转型"。但是父类对象不能当作子类对象来使用。

```java
Dog d1=new Dog();                    //正确的
d1=new Animal();                     //错误的
```

5.2.2 多态演示

当 Animal 类型的引用变量引用了 Animal 类型的对象时，通过该引用变量调用 shout()，调用的是 Animal 类型中定义的 shout()方法，即：

```
Animal an1=new Animal();
an1.shout();                              //输出"动物在叫"
```

而当 Animal 类型的引用变量引用了 Animal 子类的对象时，通过该引用变量调用 shout()方法，则调用的是子类中定义的 shout()方法。

```
Animal an1=new Dog();
an1.shout();                              //输出"汪汪汪…"
an1=new Cat();
an1.shout();                              //输出"喵喵喵…"
```

同样是通过 an1 来调用 shout()方法，却可以有不同的解释，产生不同的执行结果，这就是多态。多态不仅解决了方法同名的问题，而且还使程序变得更加灵活，从而有效地提高了程序的可扩展性和可维护性。

例 5.7 在例 5.5 基础上演示多态性。

```java
public class TestPoly{
    public static void main(String[] args){
        Animal an1=new Animal();
        func(an1);
        an1=new Dog();
        func(an1);
        an1=new Cat();
        func(an1);
    }
    public static void func(Animal an){
        an.shout();
    }
}
```

程序运行结果如图 5-2 所示。

图 5-2　例 5.7 程序运行的结果

TestPoly 类中静态方法 func()的形参为 Animal 类型的对象，则调用方法时，实参可以是 Animal 类型的对象，也可以是 Animal 子类的对象。因此，当调用 func()方法时，将父类引用的两个不同子类对象分别传入，结果打印出了"汪汪汪…"和"喵喵喵…"。

5.2.3　向下转型

在子类 Dog 中新增一个方法 sleep()，这时能通过 Animal 类型的引用变量来调用 sleep()方法吗？

```java
class Animal{
    public void shout(){
        System.out.println("动物要叫");
    }
}
class Dog extends Animal{
    public void shout(){
        System.out.println("汪汪汪…");
    }
    public void sleep(){
        System.out.println("狗狗要睡觉...");
    }
}
class Cat extends Animal{
    public void shout(){
        System.out.println("喵喵喵…");
    }
}
public class TestPoly{
    public static void main(String[] args){
        Animal an1=new Dog();
        an1.sleep();                          //报错
    }
    public static void func(Animal an){
        an.shout();
    }
}
```

程序编译时报错，如图 5-3 所示。

图 5-3　编译时报错

这是因为此时我们把子类的对象当成父类的对象去看待，当编译器检查到"an1.sleep();"时，发现 Animal 类中并没有定义 sleep()方法，则报错。但该对象的本质是子类类型，这时如果恢复子类对象的身份，则可以调用 sleep()方法，即：

```
Animal an1=new Dog();
a1.sleep();                        //报错的
Dog d=(Dog)an1;
d.sleep();
```

这实际上是将父类当作子类使用的情况，在 Java 语言环境中被称为"向下转型"。需要注意的是，这种向下转型也可能出现错误。例如：

```
Animal an1=new Cat();
Dog d=(Dog)an1;                    //报错的
```

因为 an1 实际引用的是 Cat 类型的对象，但是现在要向下转型成为 Dog 类型，这是不可能实现的。因此在向下转型前需要判定指定对象是否为某个类型的实例或者子类的实例，可以使用 instanceof 关键字来实现。修改 TestPoly 类，如下所示：

```
public class TestPoly{
    public static void main(String[] args){
        Animal an1=new Dog();
        func(an1);
        an1=new Cat();
        func(an1);
    }
    public static void func(Animal an){
        an.shout();
        if(an instanceof Dog){
            Dog d=(Dog)an;
            d.sleep();
        }
    }
}
```

在 func()方法中，可以使用 instanceof 关键字判断方法中传入的对象是否为 Dog 类型，如果是 Dog 类就进行强制类型转换，然后再调用子类中定义的 sleep()方法。程序运行结果如图 5-4 所示。

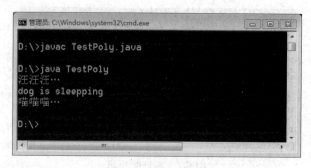

图 5-4　向上转型

5.3　静态初始化块

Java 中使用构造方法来对单个对象进行初始化操作。与之非常类似的是初始化块，它也可以对对象进行初始化操作。

5.3.1　使用初始化块

初始化块是 Java 类里可以出现的第 4 种成员（前面 3 种依次是属性、方法和构造方法），一个类里可以有多个初始化块，相同类型的初始化块之间，前面定义的初始化块先执行，后面定义的初始化块后执行。初始化块的语法格式如下：

```
[修饰符] {
        //初始化块的可执行性代码
}
```

初始化块的修饰符只能是 static，被称为静态初始化块。其中的代码可以包含任何可执行性语句，如定义局部变量、调用其他对象的方法，以及使用分支、循环语句等。

例 5.8　编写程序，定义一个 Person 类，它既包含构造方法，又包含两个初始化块。

```java
public class Person{
    //定义第一个初始化块
    {
        int a = 6;
        //在初始化块中
        if (a > 4){
            System.out.println("Person 初始化块：局部变量 a 的值大于 4");
        }
        System.out.println("Person 的初始化块");
    }
    //定义第二个初始化块
    {
        System.out.println("Person 的第二个初始化块");
    }
    //定义无参的构造方法
    public Person(){
        System.out.println("Person 类的无参数构造方法");
    }
    public static void main(String[] args){
        new Person();
    }
}
```

程序的 main()方法只创建了一个 Person 对象，程序运行结果如图 5-5 所示。

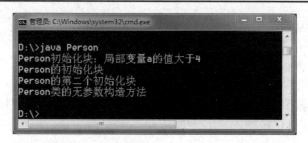

图 5-5　初始化块和构造方法的执行顺序

从图 5-5 所示的输出结果中可以看出，当创建 Java 对象时，系统总是先调用该类里定义的初始化块。如果一个类里定义了两个初始化块，则前面定义的初始化块先执行，后面定义的初始化块后执行。

初始化块虽然也是 Java 类里的一个成员，但它没有名称，也就没有标识，因此无法通过类和对象来调用。初始化块只能在创建对象时自动执行而且在执行构造方法之前执行。

> 📖 **注意**：初始块和声明实例属性时所指定的初始值都是该实例的初始化代码，其执行顺序与源程序中的排列顺序相同。

例 5.9　编写程序，使用初始化块。

```
public class TestInstanceInit{
    //先执行初始化块，将属性 a 赋值为 6
    {
        a = 6;
    }
    //再将属性 a 赋值为 9
    int a = 9;
    public static void main(String[] args){
        //下面的代码将输出 9
        System.out.println(new TestInstanceInit().a);
    }
}
```

在类 TestInstanceInit 中，首先定义一个初始化块，将属性 a 赋值为 6，而属性 a 的声明和为其指定默认初始值 9 都在初始化块的后面，程序执行结果是属性 a 的值为 9，这表明"int a=9;"这行代码在初始化块后执行。

初始化块和构造方法的作用非常相似，它们都用于对 Java 对象执行指定的初始化操作，但两者之间仍然存在着差异。具体差异在于：初始化块是一段固定的执行代码，它不能接收任何参数，因此初始化块对同一个类内的属性所进行的初始化处理完全相同。基于这个原因，不难发现初始化块的用法，如果多个构造方法里有相同的初始化代码，这些初始化代码无须接收参数，那么就可以把它们放在初始化块中定义。通过把多个构造方法中相同的代码提取到初始化块中定义，能更好地提高初始化块的复用性，提高整个应用的可维护性。

与构造方法类似，创建一个 Java 对象时，不仅会执行该类的初始化块和构造方法，系统还会一直追溯到 java.lang.Object 类，先执行 java.lang.Object 类的初始化块和构造方法，然后依次向下执行父类的初始化块和构造方法，最后才执行该类的初始化块和构造方法，返回该类的对象。

5.3.2　使用静态初始化块

如果定义初始化块时使用了 static 修饰符，则这个初始化块就变成了静态初始化块。静态初始化块是类相关的，系统将在类初始化阶段执行静态初始化块，而不是在创建对象时才执行，因此静态初始块总是比普通初始化块先执行。

静态初始化块通常用于对整个类进行初始化处理，它可对类属性执行初始化，但不能对实例属性进行初始化。静态初始块也被称为类初始化块，属于类的静态成员，同样需要遵循静态成员不能访问非静态成员的规则，因此静态初始块不能访问实例属性和实例方法。

与普通初始化块类似的是，系统在类初始化阶段执行静态初始化时，不仅会执行本类的静态初始化块，还会一直上溯到 java.lang.Object 类（如果它包含静态初始化块），先执行 java.lang.Object 类的静态初始化块，然后执行其父类的静态初始化块，经过这个过程，才完成了对类的初始化过程。只有当类初始化完成后，才可以在系统中使用这个类，包括访问这个类的方法、类属性，或者用这个类来创建实例。

例 5.10　编写程序，创建 Root、Mid 和 Leaf 这 3 个类，这 3 个类都提供了静态初始化块和普通初始化块，并且 Mid 类里还使用 this 调用重载的构造方法，而 Leaf 使用了 super 显式调用父类指定的构造方法。

```java
class Root{
    static{
        System.out.println("Root 的静态初始化块");
    }
    {
        System.out.println("Root 的普通初始化块");
    }
    public Root(){
        System.out.println("Root 的无参数的构造方法");
    }
}
class Mid extends Root{
    static{
        System.out.println("Mid 的静态初始化块");
    }
    {
        System.out.println("Mid 的普通初始化块");
    }
    public Mid(){
        System.out.println("Mid 的无参数的构造方法");
    }
    public Mid(String msg){
        //通过 this 调用同一类中重载的构造方法
        this();
```

```
                System.out.println("Mid 的带参数构造方法，其参数值：" + msg);
        }
}
class Leaf extends Mid{
        static{
                System.out.println("Leaf 的静态初始化块");
        }
        {
                System.out.println("Leaf 的普通初始化块");
        }
        public Leaf(){
                //通过 super 调用父类中有一个字符串参数的构造方法
                super("Struts2 权威指南");
                System.out.println("执行 Leaf 的构造方法");
        }
}
public class Test{
        public static void main(String[] args) {
                new Leaf();
                new Leaf();
        }
}
```

在 main()方法中执行两次"new Leaf();"代码，创建两个 Leaf 对象，将看到如图 5-6 所示的输出。

图 5-6　静态初始化块、普通初始化块及构造方法的调用顺序

从图 5-6 来看，第一次创建一个 Leaf 对象时，因为系统中还不存在 Leaf 类，因此需要先加载并初始化，初始化 Leaf 类时先执行顶层父类的静态初始化块，然后执行其直接父类的静态初始化块，最后才执行 Leaf 本身的静态初始化块。

一旦 Leaf 类初始化成功后，Leaf 类在该虚拟机里一直存在，因此当第二次创建 Leaf
实例时无须再次对 Leaf 类进行初始化。Java 系统加载并初始化某个类时，总是保证该类所
有父类（包括直接父类和间接父类）已全部加载并初始化完毕。

> 📖 **注意**：静态初始化块和声明静态属性时所指定的初始值都是该类的初始化代码，其执行顺序与
> 源程序中的排列顺序相同。

例 5.11　静态初始化块示例。

```
public class TestStaticInit{
    //先执行静态初始化块，将属性 a 赋值为 6
    static{
        a = 6;
    }
    //再将静态属性 a 赋值为 9
    static int a = 9;
    public static void main(String[] args){
        //下面的代码将输出 9
        System.out.println(TestStaticInit.a);
    }
}
```

类 TestStaticInit 中定义了静态属性 a 并指定默认初始值为 9，而静态初始化块中对属性
a 赋初值为 6，但静态初始化块在前，而声明静态属性 a 并为其指定默认初始值的语句在后，
因此执行结果：属性 a 的值为 9，这表明 "static int a =9;" 这行代码在静态初始块后执行。

5.4　final 修饰符

final 关键字可用于修饰类、变量和方法，被其修饰的类、变量和方法将无法发生改变。

5.4.1　final 变量

final 修饰变量时，表示该变量一旦获得了初始值就不会再被改变。final 既可以修饰成
员变量（包括类变量和实例变量），也可以修饰局部变量、形参。final 修饰成员变量和修
饰局部变量时有一些不同。

1. final 修饰成员变量

成员变量是随类初始化或对象初始化而初始化的。当类初始化时，系统会为该类的类
属性分配内存，并赋默认值；当创建对象时，系统会为该对象的实例属性分配内存，并赋
默认值。也就是说，当执行静态初始化块时可以对类属性赋初值，当执行普通初始块、
构造方法时可对实例属性赋初值。因此，成员变量的初始值可以在定义该变量时指定，
或在初始化块、构造方法中指定；否则，成员变量的初始值将由系统自动分配。

对于 final 修饰的成员变量而言，一旦有了初始值就不能被重新赋值，因此不可以在普通方法中对成员变量重新赋值。成员变量只能在定义该成员变量时指定默认值，或者在静态初始化块、普通初始化块和构造方法中为成员变量指定初始值。如果既没有在定义成员变量时指定默认值，也没有在初始化块、构造方法中为成员变量指定初始值，那么这些成员变量的值一直是 0、'\u000'、false 或 null，它们也就失去了存在的意义。

因此当使用 final 修饰成员变量时，要么在定义成员变量时指定其初始值，要么在初始化块、构造方法中为成员变量赋初始值。如果在定义该成员变量时指定了默认值，则不能在初始化块、构造方法中为该属性重新赋值。归纳起来，final 修饰的类属性、实例属性能指定初始值的地方如下。

➥ 类属性：可在静态初始化块中或声明该属性时指定初始值。

➥ 实例属性：可在非静态初始化块中或声明该属性时或构造方法中指定初始值。

📖 **注意**：final 修饰的实例属性，要么在定义该属性时指定初始值，要么在普通初始化块或构造方法中为该属性指定初始值。例如，在普通初始化块中已经为某个实例属性指定了初始值，则不能再在构造方法中为该实例属性指定初始值了。final 修饰的类属性，要么在定义该属性时指定初始值，要么在静态初始化块中为该属性指定初始值。实例属性不能在静态初始化块中指定初始值，因为静态初始化块是静态成员，不可访问实例属性——非静态成员。类属性不能在普通初始化块中指定初始值，因为类属性在类初始化阶段已经被初始化了，普通初始化块不能对其重新赋值。

例 5.12 编写程序，演示 final 修饰成员变量的用法。

```
public class TestFinalVariable{
    //定义成员变量时指定默认值，合法
    final int a = 6;
    final String str;
    final int c;
    final static double d;
    //既没有指定默认值，也没有在初始化块、构造方法中指定初始值，因此 ch 不合法
    //final char ch;
    //初始化块，可对没有指定默认值的实例属性指定初始值
    {
        //在初始化块中为实例属性指定初始值，合法
        str = "Hello";
        //定义 a 属性时已经指定了默认值，不能为 a 重新赋值，因此下面的语句不合法
        //a = 9;
    }
    //静态初始化块，可对没有指定默认值的类属性指定初始值
    static{
        //在静态初始化块中为类属性指定初始值，合法
        d = 5.6;
    }
    //构造方法，可对没有指定默认值且没有在初始化块中初始化的实例属性赋初值
    public TestFinalVariable(){
        //初始化块中已经对 str 指定了初始值，则构造方法中不能再对 final 变量赋值，不合法
```

```
            //str = "java";
            c = 5;
        }
    public void changeFinal(){
        //普通方法不能为 final 修饰的成员变量赋值
        //d = 1.2;
        //不能在普通方法中为 final 成员变量指定初始值
        //ch = 'a';
    }
    public static void main(String[] args) {
        TestFinalVariable tf = new TestFinalVariable();
        System.out.println(tf.a);
        System.out.println(tf.c);
        System.out.println(tf.d);
    }
}
```

　　例 5.12 详细示范了初始化 final 成员变量时的各种情形,读者参考程序中的注释可以很清楚地看出 final 修饰成员变量的用法。

　　与普通成员变量不同的是,final 成员变量(包括实例属性和类属性)必须由程序员进行显式初始化,即系统不会对 final 成员进行隐式初始化。所以,如果打算在构造方法、初始化块中对 final 成员变量进行初始化,则不能在初始化之前访问它,否则会出错。

例 5.13　final 成员的使用示例。由于在 final 成员初始化之前访问了它,因此该程序将会引起错误。

```
public class Test{
    final int age;
    {
        //系统不会对 final 成员进行默认初始化,所以此处代码将引起错误
        System.out.println(age);
        age=6;
        System.out.println(age);
    }
    public static void main(String[] args){
        new Test();
    }
}
```

　　上面程序中定义了一个 final 成员变量——age,进行了隐式初始化,所以初始化块中粗体字标识的代码将引起错误,因为它试图访问一个未初始化的变量。只要把定义 age 属性时的 final 修饰符去掉,上面的程序就正确了。

2. final 修饰局部变量

　　由于系统不会对局部变量进行初始化,所以局部变量必须由程序员手动赋值。因此使用 final 修饰局部变量时既可以在定义时指定默认值,也可以不指定默认值。如果 final 修饰的局部变量在定义时没有指定默认值,则可以在后面代码中对该 final 变量赋初始值,但

只能一次，不能重复赋值；如果 final 修饰的局部变量在定义时已经指定默认值，则后面代码中不能再对该变量赋值。

例 5.14 编写程序，演示 final 修饰局部变量、形参的情形。

```java
public class TestFinalLocalVariable{
    public void test(final int a){
        //不能对 final 修饰的形参赋值，下面语句不合法
        //a = 5;
    }
    public static void main(String[] args){
        //定义 final 局部变量时指定默认值，则 str 变量无法重新赋值
        final String str = "hello";
        //下面赋值语句不合法
        //str = "Java";
        //定义 final 局部变量时没有指定默认值，则变量 d 可被赋值一次
        final double d;
        //第一次赋初始值，成功
        d = 5.6;
        //对 final 变量重复赋值，下面语句不合法
        //d = 3.4;
    }
}
```

在例 5.14 中还示范了 final 修饰形参的情形。因为形参在调用该方法时，由系统根据传入的参数来完成初始化，因此使用 final 修饰的形参不能被赋值。

3. final 修饰基本类型和引用类型变量的区别

当使用 final 修饰基本类型变量时，不能对基本类型变量重新赋值，因此基本类型变量不能被改变。但引用类型的变量保存的仅仅是一个引用，当使用 final 修饰时，只保证这个引用所引用的地址不会改变，即一直引用同一个对象，但对象本身的内容却完全可以发生改变。

例 5.15 编写程序，演示 final 修饰 Person 对象的情形。

```java
class Person{
    private int age;
    public Person(){}
    public Person(int age){
        this.age = age;
    }
    public void setAge(int age){
        this.age = age;
    }
    public int getAge(){
        return this.age;
    }
}
```

```
public class TestFinalReference{
    public static void main(String[] args){
        //final 修饰 Person 变量，p 是一个引用变量
        final Person p = new Person(45);
        //改变 Person 对象的 age 属性，合法
        p.setAge(23);
        System.out.println(p.getAge());
        //下面语句对 p 重新赋值，不合法
        //p = null;
    }
}
```

从上面程序中可以看出，使用 final 修饰的引用类型变量不能被重新赋值，但引用型变量所引用的对象内容却可以改变。例如，p 变量使用了 final 修饰，表明 p 变量不能被重新赋值，但 p 变量所引用 Person 对象的属性 age 却是可以被改变的。

📖 **注意**：如果 final 修饰的变量为基本数据类型，且在编译时就可以确定该变量的值，则可以把该变量当成常量处理。根据 Java 的可读性命名规范，常量名由多个有意义的单词组合而成，每个单词的所有字母全部大写，单词与单词之间以下画线来分隔，如 MAX_TAX_RATE=20。反之，如果 final 修饰的变量是引用数据类型，final 变量无法在编译时获得值，而必须在运行时才能得到值，例如 "final Aclass aInstance=new Aclass();"，编译时系统不会创建一个 Aclass 对象来赋给 aInstance 变量，所以 aInstance 变量无须使用变量命名规则。

5.4.2　final 方法

final 修饰的方法不能被重写，因此如果出于某些原因不希望子类重写父类的某个方法时，可以使用 final 修饰该方法。

Java 提供的 Object 类里就有一个 final 方法：getClass()，因为 Java 不希望任何类重写这个方法，所以使用 final 把这个方法密封起来。但对于该类提供的 toString()和 equals()方法，都允许子类重写，因此没有使用 final 来修饰。

例 5.16　下面程序试图重写 final 方法时将会引发编译错误。

```
public class TestFinalMethod{
    public final void test(){}
}
class Sub extends TestFinalMethod{
    //下面的方法定义将出现编译错误，不能重写 final 方法
    public void test(){}
}
```

上面程序中的父类是 TestFinalMethod，该类里定义的 test()方法是一个 final 方法，如果其子类试图重写该方法，将会引发编译错误。

final 修饰的方法仅仅是不能被重写，并不是不能被重载。因此，在 TestFinalMethod 类中添加和 test()互为重载的方法是合法的，即：

```
public class TestFinalMethod{
    //final 修饰的方法只是不能被重写，完全可以被重载
    public final void test(){}
    public final void test(String arg){}
}
```

5.4.3 final 类

final 修饰的类没有子类，例如 java.lang.Math 类就是一个 final 类，它不会有子类。

子类继承父类时将可以访问到父类内部数据，并可通过重写父类方法来改变父类方法的实现细节，从而导致一些不安全的因素。因此，当需要保证某个类无法被继承时，可以使用 final 修饰这个类。

例 5.17 编写程序，演示 final 修饰的类不可被继承。

```
public final class FinalClass{}
//下面的类定义将出现编译错误
class Sub extends FinalClass{}
```

因为 FinalClass 类是一个 final 类，而 Sub 试图继承 FinalClass 类，将会引起编译错误。

5.5 抽 象 类

在面向对象的概念中，所有的对象都是通过类来描述的，但并不是所有的类都是用来描述对象的。如果一个类中没有包含足够的信息来描绘一个具体的对象时，这样的类就是抽象类。抽象类往往用来描述我们在对问题进行分析、设计中得出的抽象概念，是对一系列看上去不同但本质上相同的具体概念的抽象。例如，如果对一个图形进行描述，就会发现存在着圆、矩形这样一些具体概念，它们是不同的，但是它们又都属于形状这样一个概念，形状就是一个抽象概念。正因为是抽象的概念，所以用以表示抽象概念的抽象类是不能够实例化的。例如定义一个 Shape 类，这个类应该提供一个计算面积的方法 calcArea()，但不同的 Shape 子类计算面积的方法是不一样的，即 Shape 类无法准确知道其子类计算面积的方法。如何既能让 Shape 类里包含 calcArea()方法，但又不提供其方法实现呢？解决这个问题就可以使用抽象方法这个概念。抽象方法是只有方法签名，没有方法实现的部分。

Java 中用关键字 abstract 修饰的类称为抽象类，它拥有所有子类的共同属性和方法。用关键字 abstract 修饰的方法称为抽象方法，该方法只有方法签名，没有方法体，方法签名后面以分号（;）结束。抽象方法必须定义在抽象类中，但抽象类中的方法不一定都是抽象方法，也可包含实现了的具体方法。抽象类不能被实例化，只能被子类继承，子类继承抽象类时，如果子类不再是抽象类，必须实现从抽象类继承来的所有抽象方法。子类在实现从抽象父类继承来的抽象方法时，其返回值类型、方法名、参数列表必须和父类相同。但不同的是子类有方法体，且不同的子类可以有不同的方法体。

5.5.1　抽象方法和抽象类

抽象方法和抽象类必须使用 abstract 修饰符进行定义,有抽象方法的类只能被定义成抽象类,抽象类里可以没有抽象方法。抽象方法和抽象类的定义规则如下:

- 抽象类必须使用 abstract 修饰符来修饰,抽象方法也必须使用 abstract 修饰符来修饰,抽象方法不能有方法体。
- 抽象类不能被实例化,无法使用 new 关键字来调用抽象类的构造方法创建抽象类的实例。即使抽象类里不包含抽象方法,这个抽象类也不能创建实例。
- 抽象类可以包含属性、方法(普通方法和抽象方法都可以)、构造方法、初始化块、内部类和枚举类 6 种成分。抽象类的构造方法不能用于创建实例,主要是用于被其子类调用。
- 含有抽象方法的类(包括 3 种情况:直接定义了一个抽象方法;继承了一个抽象父类,但没有完全实现父类包含的抽象方法;实现了一个接口,但没有完全实现接口包含的抽象方法)只能被定义成抽象类。

根据上面的定义规则不难发现:抽象类同样能包含和普通类相同的成员,但不能用于创建实例;普通类不能包含抽象方法,而抽象类可以包含抽象方法。定义抽象方法只需在普通方法前增加 abstract 修饰符,将其方法体(也就是方法后花括号括起来的部分)全部去掉,并在方法后增加分号即可。

抽象方法和空方法体的方法不是同一个概念,例如“public abstract void test();”是一个抽象方法,它根本没有方法体,即方法定义后面没有一对花括号;但“public void test(){}”方法是一个普通方法,它已经定义了方法体,只是方法体为空,即它的方法体什么也不做,因此这个方法不可以使用 abstract 来修饰。定义抽象类只需在普通类上增加 abstract 修饰符即可。抽象类中可以包含抽象方法,也可以没有抽象方法。

例 5.18　抽象类示例。

```
public abstract class Shape{
    //定义一个计算面积的抽象方法
    public abstract double calcArea();
    //抽象类中的构造方法不用于创建 Shape 类对象,而是用于被子类调用
    public Shape(){}
    public Shape(String name){
        System.out.println(name+ " Shape Created");
    }
    public String toString(){
        return "this is Shape!";
    }
}
```

Shape 类里包含了一个抽象方法 calcArea(),所以该类只能被定义成抽象类。抽象类不能用于创建实例,只能被当作父类被其他子类继承。因此,下面增加一个圆形类 Circle,

继承父类 Shape。该类被定义成普通类，因此必须实现 Shape 类里的所有抽象方法。

```java
public class Circle extends Shape{
    public float r;
    private final float PI=3.14f;
    public Circle(String name,float r){
        super(name);
        this.r=r;
    }
    //重写 Shape 类的计算面积的抽象方法
    public double calcArea(){
        return PI*r*r;
    }
}
```

Circle 类继承了 Shape 抽象类，并实现了 Shape 类中的抽象方法，是一个普通类，因此可以创建 Circle 类的实例，可以让一个 Shape 类型的引用变量指向 Circle 对象。下面再定义一个矩形类 Rectangle，它也是 Shape 类的一个子类。

```java
public class Rectangle extends Shape{
    private float width;
    private float height;
    public Rectangle(String name, float width,float height){
        super(name);
        this.width=width;
        this.height=height;
    }
    //重写 Shape 类的抽象方法
    public double calcArea(){
        return width*height;
    }
    public static void main(String[] args){
        Shape s1 = new Circle("圆形", 32.5f);
        Shape s2 = new Rectangle("矩形", 3,5);
        System.out.println(s1. calcArea());
        System.out.println(s2. calcArea());
    }
}
```

在 main()方法中定义了两个 Shape 类型的引用变量 s1 和 s2，它们分别指向 Circle 和 Rectangle 对象，由于在 Shape 类中定义了 calcArea()方法，所以程序可以直接调用 s1 变量和 s2 变量的 calcArea()方法，而不需要强制类型转换为其子类类型。这就是抽象类和抽象方法的优势之一，如果在 Shape 类中没有定义计算面积的抽象方法 calcArea()，那么即使得到 Shape 对象 s1 和 s2，在计算面积时也不能直接调用它们，必须将其强制转换为相应的子类类型后才能调用子类中定义的 calcArea()方法。这也是面向对象的特征之一——多态性的体现。

利用抽象类和抽象方法的优势，可以让程序更加灵活，但需要注意以下几个方面：

- 当 abstract 修饰类时，表明这个类只能被继承；当 abstract 修饰方法时，表明这个方法必须由子类提供实现（即重写）。而 final 修饰的类不能被继承，final 修饰的方法不能被重写。因此，final 和 abstract 永远不能同时使用。

- abstract 不能用于修饰属性，不能用于修饰局部变量，即没有抽象变量、抽象属性等说法；abstract 也不能用于修饰构造方法，即没有抽象构造方法的概念，抽象类里定义的构造方法只能是普通构造方法。

- 当使用 static 来修饰一个方法时，表明这个方法属于当前类，即该方法可以通过类来调用，如果该方法被定义成抽象方法，则将导致通过该类来调用该方法时出现错误（调用了一个没有方法体的方法肯定会引起错误），因此 static 和 abstract 不能同时修饰某个方法，即没有所谓的类抽象方法。

- abstract 关键字修饰的方法必须被其子类重写才有意义，否则这个方法将永远不会有方法体，因此 abstract 方法不能定义为 private 访问权限，即 private 和 abstract 不能同时使用。

5.5.2 抽象类的作用

从前面的示例程序可以看出，抽象类不能创建实例，它只能当成父类来被继承。从语义的角度来看，抽象类是从多个具体类中抽象出来的具有共同特点的父类，是具有更高层次的抽象。从多个具有相同特征的类中抽象出一个抽象类，以这个抽象类作为其子类的模板，能有效避免子类设计的随意性。

抽象类体现的就是一种模板模式的设计，它作为多个子类的通用模板，子类可以在其基础上进行扩展、改造，但总体上会保留抽象类的行为方式。

如果编写一个抽象父类，父类提供了多个子类的通用方法，并把一个或多个方法留给其子类实现，这就是一种模板模式。模板模式也是最常见、最简单的设计模式之一。例如，前面介绍的 Shape、Circle 和 Rectangle 这 3 个类已经使用了模板模式。

模板模式在面向对象的软件中很常见，其原理简单，实现也很简单。使用模板模式的简单规则如下：

- 抽象父类可以只定义需要使用的某些方法，其余则留给其子类实现。

- 父类中可以包含已经实现的具体方法，通常这些方法只是定义了一个通用算法，其实现并不需要完全由自身实现，而可以借助于子类实现。

5.6 接 口

在 Java 中，类与类之间只能单继承，而不能多继承。多继承虽然能使子类同时拥有多个父类的特征，但是其缺点也是很显著的，主要体现在两个方面：一方面，如果在一个子类继承的多个父类中拥有相同名称的变量，子类在引用该变量时将产生歧义，无法判断应该使用哪个父类的变量；另一方面，如果在一个子类继承的多个父类中拥有相同方法，子类中又没有覆盖该方法，那么调用该方法时将产生歧义，无法判断应该调用哪个父类的方法。正因为有以上致命缺点，所以 Java 中禁止一个类继承多个父类，但是多继承也有其优点，因此 Java 提供了接口，通过接口的功能可以获得多继承的许多优点而又摒弃其缺点。

5.6.1　接口的概念

接口的概念可以借鉴计算机中的 USB 口来理解。很多人认为 USB 接口等同于主机板上的插口，这其实是一种错误的认识。当说到 USB 接口时，其实指的是主机板上哪个插口是遵守了 USB 规范的一个具体的实例。

对于不同型号的主机而言，它们各自的 USB 插口都需要遵守一个规范，遵守这个规范就可以保证插入该插口的 USB 设备正常通信。那么这个 USB 规范就是接口。它更抽象，没有任何实现部分，就是一个规约，只要按照这个规约实现的 USB 设备就可以进行通信。

也可以这样描述接口：抽象类是从多个类中抽象出来的模板，如果将这种抽象进行得更彻底，则可以提炼出一种更加特殊的"抽象类"——接口（interfacc）。接口里不能包含普通方法，而只有抽象方法。和抽象类一样，接口是从多个相似类中抽象出来的，和抽象类的区别是接口只是规范，不提供任何实现。接口也体现了规范和实现相分离的设计哲学。

让规范和实现分离正是接口的好处，让软件系统的各组件之间面向接口耦合，是一种耦合的设计，就像 USB 一样，只要遵守 USB 接口规范，就可以插入 USB 口，与计算机正常通信。至于这个设备是哪个厂家制造的、内部是如何实现的等，用户无须关心。

通常，软件系统的各模块之间也应该采用这种面向接口的耦合，从而尽量降低各模块之间的耦合，为系统提供更好的可扩展性和可维护性。

因此，接口定义的是多个类共同的行为规范，通常是一组公用方法。

5.6.2　接口的定义

和类定义不同，定义接口时不再使用 class 关键字，而是使用 interface 关键字。接口定义的基本语法格式如下：

```
[修饰符]　interface　接口名 extends 父接口 1,父接口 2...{
    零个或多个常量定义...
    零个或多个抽象方法定义...
}
```

- ➥　修饰符可以是 public，说明接口可以被任何其他接口或类访问。修饰符若是默认的，说明接口只能被同一个包中的其他接口或类访问。
- ➥　接口的名称可以是任意有效标识符。
- ➥　接口中的成员变量都是公有的、静态的、最终的常量。
- ➥　接口中的方法都是公有的、抽象的方法，仅有方法签名，没有方法体。
- ➥　接口可以继承，通过关键字 extends 描述继承关系，子接口可以继承父接口的属性和方法。Java 接口与类的继承不同，接口支持多继承，多个父接口之间用逗号分隔。

接口和抽象类都包括抽象方法，但两者存在很大的不同，主要表现在以下几个方面：

- ↳ 抽象类可以有实例变量，而接口不能有实例变量，而只能是静态（static）的常量（final）。
- ↳ 抽象类可以有非抽象方法，而接口只能有抽象方法。
- ↳ 抽象类只支持单继承，接口支持多继承。

对于接口里定义的常量属性而言，它们是接口相关的，而且它们只能是常量，因此系统会自动为这些属性增加 static 和 final 两个修饰符。也就是说，在接口中定义属性时，不管是否使用 public static final 修饰符，其结果都是一样的。而且，接口里没有构造方法和初始化块，因此这些常量属性只能在定义时指定默认值。例如，下面两行代码的结果是完全一样的。

```
//系统自动为接口里定义的属性增加 public static final 修饰符
int   MAX_SIZE = 50;
pubic static final int MAX_SIZE = 50;
```

对于接口里定义的方法而言，它们只能是抽象方法，因此系统会自动为其增加 abstract 修饰符；且接口里不允许定义静态方法，即不可使用 static 修饰接口中的方法。因此，不管接口中的方法是否使用 public abstract 修饰符，其效果都是一样的。

例 5.19　接口示例。

```java
//Figure.java
public interface Figure {
    final double PI=3.14;
    abstract void area();
}
//Circle.java
public class Circle implements Figure{
    double radius;
    public Circle(double r){
        radius=r;
    }
    public void area(){
        System.out.println("圆的面积="+pi*radius*radius);
    }
}
//Rectangle.java
public class Rectangle implements Figure{
    double width,height;
    public Rectangle(double w,double h){
        width=w;
        height=h;
    }
    public void area(){
        System.out.println("矩形的面积="+width*height);
    }
}
```

```
//Test.java
public class Test{
    public static void main(String args[]){
        Circle c=new Circle(10.0);
        c.area();                              //调用 Circl 类里的 area()方法
        Rectangle rect=new Rectangle(10.0,5.0);
        rect.area();                           //调用 Rectangle 类里的 area()方法
    }
}
```

从某种角度来看，接口可被当成一个特殊的类，因此一个 Java 源文件里最多只能有一个 public 接口。如果一个 Java 源文件里定义了一个 public 接口，则该源文件的主文件名必须与该接口名相同。

5.6.3 接口的继承

接口的继承和类继承不一样，接口完全支持多继承，即一个接口可以有多个直接父接口。和类继承相似，子接口扩展某个父接口，将会获得父接口里定义的所有抽象方法、常量属性、内部类和枚举类定义。

一个接口继承多个父接口时，多个父接口排在 extends 关键字之后，其间以英文逗号（,）隔开。

例 5.20　接口的继承示例。

```
interface iA{
    int PROP_A = 5;
    void testA();
}
interface iB{
    int PROP_B = 6;
    void testB();
}
interface iC extends iA, iB{
    int PROP_C = 7;
    void testC();
}
```

5.6.4 使用接口

接口不能用于创建实例，但接口可以用于声明引用类型的变量。当使用接口来声明引用类型的变量时，这个引用类型的变量必须引用到其实现类的对象。除此之外，接口的主要用途就是被实现类实现。

一个类可以使用 implements 关键字实现一个或多个接口，这也是 Java 为单继承灵活性不足所做的补充。类实现接口的语法格式如下：

```
[修饰符] class 类名 extends 父类 implements 接口 1,接口 2…{
    类体部分
}
```

实现接口与继承父类类似，一样可以获得所实现接口里常量属性、抽象方法、内部类和枚举类定义。类实现接口需要在类定义后增加 implements 部分，当需要实现多个接口时，多个接口之间以英文逗号（,）隔开。一个类可以继承一个父类，并同时实现多个接口，implements 部分必须放在 extends 部分之后。

一个类实现了一个或多个接口之后，这个类必须完全实现这些接口里定义的全部抽象方法（也就是重写这些抽象方法）；否则，该类将保留从父接口那里继承到的抽象方法，该类也必须定义成抽象类。

例 5.21　接口的实现示例。

```java
interface Output{
    final int MAX_CACHE_LINE=10;
    void out();
    void getData(Sring msg);
}
interface Product{
    int getProduceTime();
}
//让 Printer 类实现 Output 和 Product 接口
public class Printer implements Output, Product{
    private String[] printData = new String[MAX_CACHE_LINE];
    //用以记录当前需要打印的作业数
    private int dataNum = 0;
    public void out(){
        //只要还有作业，继续打印
        while(dataNum > 0){
            System.out.println("打印机打印：" + printData[0]);
            //把作业队列整体前移一位，并将剩下的作业数减 1
            System.arraycopy(printData, 1, printData, 0, --dataNum);
        }
    }
    public void getData(String msg){
        if (dataNum >= MAX_CACHE_LINE){
            System.out.println("输出队列已满，添加失败");
        }else{
            //把打印数据添加到队列里，已保存数据的数量加 1
            printData[dataNum++] = msg;
        }
    }
    public int getProduceTime(){
        return 45;
    }
    public static void main(String[] args){
        //创建一个 Printer 对象，当成 Output 使用
```

```
                  Output o = new Printer();
                  o.getData("轻量级 J2EE 企业应用实战");
                  o.getData("Struts2 权威指南");
                  o.out();
                  o.getData("基于 J2EE 的 Ajax 宝典");
                  o.getData("Ruby On Rails 敏捷开发最佳实践");
                  o.out();
                  //创建一个 Printer 对象，当成 Product 使用
                  Product p = new Printer();
                  System.out.println(p.getProduceTime());
                  //所有接口类型的引用变量都可直接赋给 java.lang.Object 类型的变量
                  Object obj = p;
              }
          }
```

从例 5.21 可以看出，Printer 类实现了 Output 接口和 Product 接口，因此 Printer 对象既可直接赋给 Output 变量，也可直接赋给 Product 变量。就好像 Printer 类既是 Output 类的子类，也是 Product 类的子类，这就是 Java 提供的模拟多继承。

> 📖 **注意：** 实现接口方法时，必须使用 public 访问控制修饰符，因为接口里的方法都是 public 的，而子类（相当于实现类）重写父类方法时访问权限只能更大或者相等，所以实现类实现接口里的方法时只能使用 public 访问控制权限。

接口不能显式继承任何类，但所有接口类型的引用变量都可以直接赋给 Object 类型的引用变量。所以在上面 main()方法的最后可以把 Product 类型变量直接赋给 Object 类型的变量（这是利用向上转型来实现），因为编译器知道任何 Java 对象都必须是 Object 或其子类的实例，Product 类型的对象也不例外（它必须是 Product 接口实现类的对象，该实现类肯定是 Product 的显式或隐式子类）。

5.6.5 接口和抽象类

接口和抽象类很像，它们都具有如下特征：
- ❯ 接口和抽象类都不能被实例化，它们都位于继承树的顶端，用于被其他类实现和继承。
- ❯ 接口和抽象类都可以包含抽象方法，实现接口或继承抽象类的普通子类都必须实现这些抽象方法。

但接口和抽象类之间的差别非常大，这种差别主要体现在两者的设计目的上。

作为系统与外界交互的窗口，接口体现的是一种规范。对于接口的实现者而言，接口规定了实现者必须对外提供哪些服务（以方法的形式来提供）；对于接口的调用者而言，接口规定了调用者可以调用哪些服务，以及如何调用这些服务（就是如何来调用方法）。当在一个程序中使用接口时，接口是多个模块间的耦合标准；当在多个应用程序之间使用接口时，接口是多个程序之间的通信标准。

从某种程度上来看，接口类似于整个系统的"总纲"，它制定了系统各模块应该遵循的标准，因此一个系统中的接口不应该经常改变。一旦接口被改变，对整个系统甚至其他系统的影响将会非常大，会导致系统中大部分类都需要改写。

抽象类则不一样，作为系统中多个子类的共同父类，它所体现的是一种模板式设计。抽象类作为多个子类的抽象父类，可以被当成系统实现过程中的中间产品，这个中间产品已经实现了系统的部分功能（那些已经提供实现的方法），但依然不是最终产品，必须有更进一步的完善。

除此之外，接口和抽象类在用法上也存在如下差别：

- 接口里只能包含抽象方法，不包含已经提供实现的方法；抽象类中则完全可以包含普通方法。
- 接口里不能定义静态方法；抽象类可以定义静态方法。
- 接口里只能定义静态常量属性，不能定义普通属性；而抽象类里则既可以定义普通属性，也可以定义静态常量属性。
- 接口不包含构造方法；抽象类里可以包含构造方法，但并不是用于创建对象，而是让其子类调用这些构造方法来完成属于抽象类的初始化操作。
- 接口里不能包含初始化块；但抽象类则完全可以包含初始化块。
- 一个类最多只能有一个直接父类，包括抽象类；但一个类可以直接实现多个接口，通过这些接口弥补 Java 单继承方面的不足。

5.7　内　部　类

大部分时候，我们把类定义成一个独立的程序单元。但在某些情况下，也会将一个类放在另一个类的内部定义，这个定义在其他类内部的类被称为内部类（有时也称为嵌套类），包含内部类的类则称为外部类（有时也称为宿主类）。Java 从 JDK1.1 开始引入内部类，其作用如下：

- 内部类提供了更好的封装，可以把内部类隐藏在外部类之内，不允许同一个包中的其他类访问该类。假设需要创建 Cow 这个类，Cow 类需要组合一个 CowLeg 属性，CowLeg 属性只有在 Cow 类里才有效，离开了 Cow 类之后没有任何意义。这种情况下，就可以把 CowLeg 定义成 Cow 的内部类，不允许其他类访问 CowLeg。
- 内部类成员可以直接访问外部类的私有数据，因为内部类被当成其外部类成员，同一个类的成员间可以互相访问。但外部类不能访问内部类的实现细节，例如内部类的属性。
- 没有名字的内部类称为匿名内部类，适用于创建那些仅需要使用一次的内部类。在图形用户界面的事件处理中经常使用匿名内部类。
- 内部类可以声明为 static 或非 static，也可以使用 private、protected、public 及默认的各种访问控制修饰符。使用 static 修饰的内部类称为静态内部类，而没有使用

static 修饰的内部类简称内部类。

➥ 和普通的外部类不同，内部类是其所在的外部类的一个成员，内部类对象不能单独存在，它必须依赖一个外部类对象。

例 5.22　内部类使用示例。

```
//OuterClass.java
public class OuterClass {
    private int x=10;
    class InnerClass{
        int y=20;
    }
    public static void main(String[] args){
        OuterClass oc=new OuterClass();
        OuterClass.InnerClass ic=oc.new InnerClass();
        System.out.println("Outer:x="+oc.x);
        System.out.println("InnerClass:y="+ic.y);
    }
}
```

程序运行结果如图 5-7 所示。

使用内部类时应注意以下方面：

➥ 一个内部类的对象能够访问创建它的外部类对象的所有属性及方法（包括私有部分）。

➥ 对于同一个包中的其他类来说，内部类能够隐藏起来（将内部类用 private 修饰即可）。

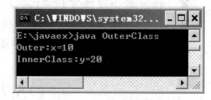

图 5-7　内部类的使用

➥ 内部类也可定义在方法或语句块中，称为局部内部类，局部内部类与成员类的基本特性相同，例如局部内部类实例必属于其外部类的一个实例，可通过 OuterClass.this 引用其外部类实例等，但它只能使用方法或语句块中的 final 常量。

➥ 内部类可以被定义为抽象类或接口，但必须被其他的内部类继承或实现。

➥ 非静态内部类不能声明 static 成员，只有静态的内部类可以声明 static 成员。

例 5.23　局部内部类示例。

```
class A{
    public void show(){
        final int a=10;
        class B{
            B(){
                System.out.println(a);
            }
        }
    }
}
```

例 5.24　静态内部类和静态成员实例。

```
class A{
    static class B{
        //如果这里不是一个 static 类，是不可以声明这个 show()方法的
        static void show(){
            System.out.println("class B");
        }
    }
}
public class C{
    public static void main(String args[]){
        A.B b= new A.B();
        b.show();
    }
}
```

5.8　匿　名　类

匿名类就是没有名称的内部类，它将类和类的方法定义在一个表达式中。

例 5.25　匿名类的使用。

```
//WindowTest.java
import javax.swing.*;
import java.awt.event.*;
public class WindowTest extends JFrame {
    public WindowTest(){
        this.addWindowListener(new WindowAdapter(){
            public void windowClosing(WindowEvent e){
                System.exit(0);
            }
        });
        /*等同于如下代码
        this.addWindowListener(new A());
        */
        this.setSize(300,300);
        this.setVisible(true);
    }
    /*可以用内部类实现，不用匿名类
    class A extends WindowAdapter{
        public void windowClosing(WindowEvent e){
            System.exit(0);
        }
    }
    */
    public static void main(String[] args){
        new WindowTest();
```

```
        }
}
```

例 5.25 中的黑体部分就是一个匿名类。如果没有该类，默认情况下，当单击窗体的关闭按钮时，窗体消失，但应用程序没有结束。而使用匿名类监听事件处理后，当单击窗体的关闭按钮时，窗体消失，应用程序同时结束。有关图形用户界面的设计及事件处理的详细内容参见第 10 章。

正如例 5.25 中看到的，定义匿名类无须使用 class 关键字，而是在定义匿名类时直接生成该匿名类的对象。上面黑体部分的代码就是匿名类的类体部分。

由于匿名类不能是抽象类，所以匿名类必须实现其抽象父类或者接口里包含的所有抽象方法。匿名类适合创建那种只需要使用一次并且类中的代码比较少（通常少于 5 行）的类。匿名类的语法有点奇怪，创建匿名类时会立即创建一个该类的实例，并且这个类定义立即消失。匿名类定义和使用的语法格式如下：

```
new 父类构造方法名([实参列表])| 实现的接口名(){
    //匿名类的类体部分
}
```

从上面的定义中可以看出，匿名类必须继承一个父类，或实现一个接口，但最多只能继承一个父类，或实现一个接口。

关于匿名类，还有如下两条规则：

- 匿名类不能是抽象类，因为系统在创建匿名类时，会立即创建匿名类的对象。因此不允许将匿名类定义成抽象类。
- 匿名类不能定义构造方法（因为匿名类没有类名，所以无法定义构造方法），但它可以定义实例初始化块，通过实例初始化块来完成构造方法需要完成的事情。

5.9　本章小结

本章首先讲解了 Java 继承的实现；接着介绍了 super 关键字，并对 super 调用父类的构造方法、super 访问父类的成员变量和方法进行了重点介绍；然后讲解了子类对象和父类对象的转换，讲解了什么是多态；最后对 final 关键字的使用、初始化块的用法、抽象类和接口及内部类等概念进行了重点讲解。

5.10　知 识 考 核

第6章

Java API

Java 应用程序编程接口（Application Programming Interface，API）是 Sun 公司开发的 Java 程序类库，为 Java 程序员开发程序提供了便捷、易用的平台和工具。利用这些类库中的类和接口可以方便地实现程序中的各种功能。

本章学习要点如下：

- ↘ Java API 的概念
- ↘ 常用类的使用方法
- ↘ 封装类的使用
- ↘ 数学相关类型的使用

6.1 Java API 的概念

Java 的类库是 Java 语言提供的已经实现的标准类和接口的集合，是 Java 应用程序编程的接口（API），它可以帮助开发者方便、快捷地开发 Java 程序。这些类和接口按照功能的不同，可以划分为不同的集合，每个集合组成一个包。Java 中丰富的类库资源也是 Java 的特色之一。

Java 类库中常用的包有如下几种。

- ↘ java.lang 包：主要包含与语言、数据类型相关的类。由于该包由解释程序自动加载，因此不需要显式地说明。也就是说，不用 import 语句导入即可使用该包中的类。java.lang 包中定义了 Java 中的大多数基础类，如 Object、String、Boolean、Byte、Integer、Math 等，这些类支持数据类型的转换和字符串的操作等。
- ↘ java.io 包：主要包含与输入和输出操作相关的类，这些类提供了对不同的输入和输出设备（如键盘、显示器、打印机、磁盘文件等）读写数据的支持。
- ↘ java.util 包：主要包括具有特定功能的类，如日期、向量、哈希表、堆栈等。

➥ java.awt 包和 javax.swing 包：提供了创建图形界面元素（如窗口、对话框、按钮、文本框、菜单等）的类，通过这些类，可以控制应用程序的外观界面。

➥ java.sql 包：包含了 Java 进行 JDBC 数据库编程的相关类/接口，如 Connection、Statement、ResultSet 等。

➥ java.net 包：提供了与网络操作相关的类，如 Sockets、URL 等。

此外，还有 java.beans 包、java.rmi 包、java.text 包等，它们都为 Java 语言增添了许多不同的功能。

尽管 Sun 公司提供的 Java API 规模庞大，但是对于实际的应用开发而言，真正常用的 Java 类不过数十个而已，本章将对其中最基本、也是最常用的 Java 类分别进行介绍，以便读者能尽快掌握和熟练运用。

6.2 java.lang.Object 类——Java 类的共同父类

java.lang.Object 类是所有 Java 类的最高层次父类，如果一个类没有在声明中包含 extends 关键字来指明父类，则该类直接继承了 Object 类。该类中没有定义任何属性，方法也只有几个，但正是这几个方法使其被所有类继承，成为所有 Java 类的共有方法。因此这些方法肯定是"重量级的"方法，下面分别介绍。

1．toString()方法

Object 类中原始 toString()方法的定义如下：

```
public String toString(){
    return getClass().getName()+"@"+Integer.toHexString(hashCode());
}
```

其功能是以字符串形式返回当前对象的有关信息。从其定义中可以看出，所返回的是对象所属的类型名称及对象自身的哈希码。

例 6.1　测试 Object 类的 toString()方法。

源文件：TestObject.java

```
class TestObject{
    public static void main(String[] args){
        Object o=new Object();
        System.out.println(o.toString());
    }
}
```

程序运行结果如图 6-1 所示。

程序执行后输出结果为：java.lang.Object@1db9742。其中 1db9742 为该对象的哈希码。

📖 **注意：** 当使用 System.out.println()方法直接打印输出引用类型变量时，println()方法会先调用引用变量的 toString()方法，再将所返回的字符串输出到屏幕上，也就是说上面的代码 System.out.println(o.toString())等价于 System.out.println(o)。

由于 Java 语言中允许子类对从父类继承下来的方法进行重写，以改变其实现细节，因此用户可以根据需要在自己定义的 Java 类中重写其 toString()方法，以提供更适用的说明信息。

例 6.2　重写 toString()方法。

源文件：Dog.java

```java
public class Dog{
    String name;
    String color;
    public String toString() {
        return "狗的名字： " + name+"，颜色： " +color;
    }
}
```

源文件：TestDog.java

```java
public class TestDog{
    public static void main(String[] args) {
        Dog dog = new Dog();
        dog.name = "泰迪";
        dog.color = "棕色";
        System.out.println(dog);
        System.out.println(dog.toString());
    }
}
```

程序运行结果如图 6-2 所示。

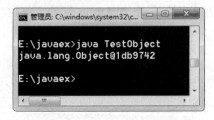

图 6-1　例 6.1 程序运行结果　　　　图 6-2　例 6.2 程序运行结果

通常子类都会重写 toString()方法，以便输出一个更有意义的字符说明。

2．equals()方法

equals()方法返回的是一个 boolean 类型的值，用来比较两个对象是否等价。对于非空引用值来说，只有当这两个引用变量是对同一个对象的引用时，该方法才返回 true。

关系运算符中有一个"=="运算符，该运算符不但可以对简单数据类型的值进行比较，也可以对引用类型的数据进行比较。对于引用类型数据的比较来说，看起来使用"=="运算符与 equals()方法效果相同，而前者还能够判断基本的数据类型的等价性。那么 equals() 方法就显得多余了吗？其实不然，equals()方法在比较一些特定的引用类型（如 java.lang. String、java.io.File、java.util.Data 及封装类等）数据时，允许改变先前严格的等价性标准——只要两个对象等价即返回 true，而"=="判断则不存在任何"变通"的可能，只是比较是否是同一个对象。

例 6.3   "=="和 equals()方法使用举例。

源文件：TestEquals.java

```java
public class TestEquals{
    public static void main(String [] args){
        String s1 = new String("abc");
        String s2 = new String("abc");
        System.out.println(s1==s2);
        System.out.println(s1.equals(s2));
        s2 = s1;
        System.out.println(s1==s2);
        System.out.println(s1.equals(s2));
    }
}
```

程序运行结果如图 6-3 所示。

之所以这样处理，是因为实际应用开发中，人们更关心的常常是两个字符串的内容是否相同，如身份验证时输入的用户名和密码等是否与数据库中读取出来的注册信息相匹配，而不在乎是否是同一对象，而文件的名称、存储路径及时间等信息的性质也是如此，因此在判断字符串数据是否相等时，

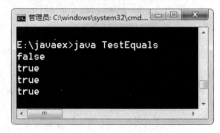

图 6-3   例 6.3 程序运行结果

通常更适合使用 equals()方法进行判断。需要特别说明的是，如果 String 变量赋值内容相同，在内存中将只保存一份。例如下述代码：

```java
String s1="abc";
String s2="abc";
//此时 s1 和 s2 指向同一对象
//等同于后面的语句：String s1="abc";String s2=s1;
System.out.println(s1==s2);
```

运行后输出结果为 true。

3．hashCode()方法

hashCode()方法的语法格式如下：

```java
public int hashCode();
```

其功能是返回当前对象的哈希码（HashCode）数值。哈希码可以理解为系统为每个 Java

对象自动创建的整型编号。任何两个不同的 Java 对象的哈希码一定不同，而在 Java 应用程序的一次执行期间，在同一对象上多次调用 hashCode()方法时，必须一致返回相同的整数，这样哈希码就可以起到识别对象的功能。引用类型变量所记录的对象句柄实际上就包含了该对象的哈希码信息。

例 6.4　hashCode()方法的使用。

源文件：TestHashCode.java

```java
public class TestHashCode{
    public static void main(String[] args) {
        Dog d1 = new Dog();
        d1.name = "金毛";
        d1.color = "棕色";
        Dog d2 = new Dog();
        d2.name = d1.name;
        d2.color = d1.color;
        System.out.println(d1.hashCode());
        System.out.println(d2.hashCode());
    }
}
```

程序运行结果如图 6-4 所示。

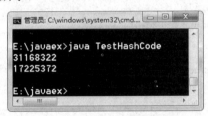

图 6-4　例 6.4 程序运行结果

程序中，变量 d1 和 d2 所引用的两个 Dog 类型对象虽然内容相同（属性的值相同），但其哈希码不同。

6.3　字符串相关类型

6.3.1　java.lang.String 类

Java 语言中，java.lang.String 类表示的是 16 位 Unicode 编码字符组成的字符串，用于记录和操作文本信息。String 类中定义了多个方法，分别提供操作单个字符、字符串内容比较、字符串搜索、提取字符串、字符串复制、转换大小写等功能，其中大多数方法都极为常用。

String 类的对象一经创建，其内容不可改变，下文中提到的有关方法均会创建并返回一个新的 String 对象。

1. 构造方法

String 类的构造方法有多个，下面介绍常用的 5 个。

➦ public String(): 初始化一个新创建的 String 对象，它表示一个空的字符序列（""），也称空串。

➦ public String(byte[] bytes): 该方法是使用当前平台的默认字符集（所在操作系统中文件系统的默认字符集）解码指定的字节数组，并将其解析出来的字符按照原来的顺序构造一个新的 String 对象。

➦ public String(char[] value): 复制字符数组 value 的内容来构造新的 String 对象，创建后对字符数组的修改不会影响新创建的字符串。

➦ public String(String original): 用已有的 String 对象 original 初始化一个新的 String 对象，实现了 String 对象的复制功能。

➦ public String(StringBuffer stringBuffer): 使用对象 stringBuffer 的内容来构造新的 String 对象，创建后对 stringBuffer 对象的修改不会影响新创建的字符串。

例 6.5　String 类构造方法举例。

源文件：TestString1.java

```java
public class TestString1{
    public static void main(String[] args){
        byte[] b ={ 65, 66, 67};
        System.out.println(new String(b));
        char[] c ={ 'a', 'b', 'c' };
        System.out.println(new String(c));
        System.out.println(new String("软件技术"));
        System.out.println(new StringBuffer("abc"));
    }
}
```

程序运行结果如图 6-5 所示。

2. 常用成员方法

String 类中的成员方法有很多，下面按功能分类进行常用成员方法的介绍。

（1）提供字符串连接、转换和截断功能。

下面介绍提供字符串连接、转换和截断功能的常用方法。

图 6-5　例 6.5 程序运行结果

➦ public String concat(String str): 实现字符串连接功能，相当于运算符 "+" 的连接效果。

➦ public String replace(char oldChar,char newChar): 实现字符串内容替换功能。

➦ public String substring(int beginIndex)和 public String substring(int beginIndex,int endIndex): 实现在字符串中提取子串的功能。

➦ public String toLowerCase(): 将字符串内容全部转换为小写,组成一个新的字符串。

➦ public String toUpperCase(): 将字符串内容全部转换为大写,组成一个新的字符串。

➥ public String trim()：过滤掉字符串开头和尾部的空格。

例 6.6 编写程序，演示 String 类常用方法的使用。

源文件：TestString2. java

```
public class TestString2{
    public static void main(String[] args) {
        String str1="JAVA      ";
        String str2=" programming";
        System.out.println(str1.trim().concat(str2));
        System.out.println(str1.replace('A','a'));
        System.out.println(str2.trim().toUpperCase());
        System.out.println(str1.toLowerCase());
        System.out.println(str2.substring(5,8));
    }
}
```

程序运行结果如图 6-6 所示。

（2）检索和查找功能。

下面介绍提供字符串检索和查找功能的常用方法。

图 6-6　例 6.6 的运行结果

➥ public char charAt(int index)：返回指定索引位
置的字符。

➥ public boolean endsWith(String suffix)：判断当
前字符串是否以指定的子串结尾。

➥ public boolean startsWith(String prefix)：判断当前字符串是否以指定的子串开头。

➥ public int indexOf(int ch)和 public int indexOf(String str)：查找指定的字符或字符串
在当前字符串中出现的索引位置（下标）。

➥ public int lastIndexOf(int ch)和 public int lastIndexOf(String str)：查找指定的字符或
字符串在当前字符串中最后一次出现的索引位置（下标）。

➥ public int length()：返回字符串长度，即其所包含的字符个数。

例 6.7 编写程序，演示 String 类中常用方法的使用。

源文件：TestString3.java

```
public class TestString3{
    public static void main(String[] args) {
        String s="Java programming";
        System.out.println("字符串的长度：" + s.length());
        System.out.println("字符串中第一个字符"+s.charAt(0));
        System.out.println("字符 a 第一次出现的位置"+s.indexOf('a'));
        System.out.println("字符 a 最后一次出现的位置"+s.lastIndexOf('a'));
        System.out.println("子字符串 Java 第一次出现的位置"+s.indexOf("Java"));
        System.out.println("判断字符串是否以 ing 结尾"+s.endsWith("ing"));
        System.out.println("判断字符串是否以 Java 开头"+s.startsWith("Java"));
    }
}
```

程序运行结果如图 6-7 所示。

（3）内容比较功能。

下面介绍提供字符串内容比较功能的常用方法。

➥ public boolean equals(Object anObject)：比较当前字符串与指定对象的等价性。

➥ public boolean equalsIgnoreCase(String anotherString)：比较两个字符串的内容是否相同，忽略大小写。

➥ public int compareTo(String anotherString)：按字典顺序比较两个字符串的大小。

例 6.8 编写程序，演示 String 类常用方法的使用。

源文件：TestString4.java

```java
public class TestString4{
    public static void main(String[] args){
        String s1="Student";
        String s2="student";
        System.out.println("s1.equals(s2)="+s1.equals(s2));
        System.out.println("s1.equalsIgnoreCase(s2)="+s1.equalsIgnoreCase(s2));
        System.out.println("s1.compareTo(s2)="+s1.compareTo(s2));
    }
}
```

程序运行结果如图 6-8 所示。

图 6-7 例 6.7 的运行结果

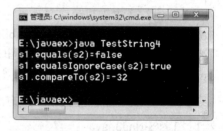

图 6-8 例 6.8 的运行结果

（4）拆分字符串。

常用的拆分字符串的方法是 public String[] split(String regex)，该方法根据给定表达式的匹配拆分字符串。

例 6.9 使用 String 类中的 split()方法拆分字符串。

源文件：TestStringSplit.java

```java
public class TestStringSplit{
    public static void main(String[] args){
        String citys = "北京,上海,广州,深圳";
        String[] results = citys.split(",");
```

```
            for(String city: results){
                System.out.println(city);
            }
        }
}
```

程序运行结果如图 6-9 所示。

6.3.2　java.lang.StringBuffer 类

在实际开发中，我们经常需要对字符串的内容
进行修改，使用 String 类型不是不可以，但效率不
高（因其对象一经创建内容便不可改变，只能不断
地创建新的对象并销毁旧的对象）。这种情况下使用 java.lang.StringBuffer 类就比较适合了，
该类表示的是内容可修改的 Unicode 编码字符序列，其对象创建后，所保存的字符串内容
和长度均可修改。实际上每个 StringBuffer 对象都拥有一个可变容量的字符串缓冲区，该缓
冲区的容量（缓冲区占用的内存空间大小，或者说可以容纳字符的数量）可以随着内容的
增加自动扩充，也可以直接设定。

图 6-9　例 6.9 的运行结果

1．构造方法

下面介绍常用的 StringBuffer 类的构造方法。

- ↳ public StringBuffer(): 构造一个不带字符的字符串缓冲区，初始容量为 16 个字符。
- ↳ public StringBuffer(int capacity): 构造一个不带字符，但具有指定初始容量的字符串缓冲区。
- ↳ public StringBuffer(String str): 构造一个字符串缓冲区，并将其内容初始化为指定的字符串内容。

2．常用方法

下面介绍 StringBuffer 类中常用的方法。

- ↳ append(): 向字符串缓冲区追加信息。该方法有多种重载形式，可将任何类型的参数的值转换成 String 类型，然后追加到缓冲区中原有字符序列的尾部。
- ↳ insert(): 将参数的值转换成 String 形式插入当前字符序列中的指定位置。与 append() 方法类似，该方法也有多种重载形式。
- ↳ public StringBuffer reverse(): 将当前的字符序列进行反转（逆序）处理。
- ↳ public void setCharAt(int index,char ch): 设置字符序列中指定索引处的字符。

例 6.10　StringBuffer 用法举例。

```
public class TestStringBuffer{
    public static void main(String[] args){
        StringBuffer stringBuffer = new StringBuffer("abc");
        stringBuffer.append("def");
```

```
        System.out.println("append 后的结果： "+stringBuffer);
        stringBuffer.insert(3,"Q");
        System.out.println("insert 后的结果： "+stringBuffer);
        stringBuffer.reverse();
        System.out.println("reverse 后的结果： "+stringBuffer);
    }
}
```

程序运行结果如图 6-10 所示。

图 6-10　StringBuffer 类的使用

6.4　java.lang.System 类与 java.lang.Runtime 类

6.4.1　System 类

　　Java 不支持全局函数和全局变量，其设计者将一些与系统相关的重要函数和变量收集到 System 类中，该类中所有成员都是静态的，当要引用这些变量和方法时，直接以 System 名字做前缀即可使用，如 System.in、System.out 等。

　　该类中常用的静态方法有如下 3 种。

➤　exit(int x)：终止当前正在运行的 Java 虚拟机，参数表示状态码。根据惯例，非 0 的数字表示异常终止。

➤　currentTimeMillis()：该方法获得一个毫秒数，这个毫秒数是自 1970 年 1 月 1 日 0 时起至今的毫秒数。可以利用该方法获得程序的执行时间。

➤　arraycopy(Object src,int srcPos,Object dest,int destPos,int length)：从指定源数组中复制一个数组，复制从指定的位置开始，到目标数组的指定位置结束。其中，src 表示源数组；srcPos 表示源数组中的起始位置；dest 表示目标数组；destPos 表示目标数组中的起始位置；length 表示要复制的数组元素的数量。

例 6.11　编写程序，演示 System 类中静态方法 currentTimeMilis() 的使用。

```
public class TestSystem{
    public static void main(String[] args) {
        long stratTime=System.currentTimeMillis();
        long sum=0;
        for(long i=0;i<10000000;i++){
            sum+=i;
        }
        long endTime=System.currentTimeMillis();
```

```
            System.out.println("运行时间是："+(endTime-stratTime));
        }
}
```

程序运行结果如图 6-11 所示。

例 6.12　编写程序，演示 System 类中静态方法 arraycopy()的使用。

```
public class TestArraycopy{
    public static void main(String[] args) {
        char[] srcArray = {'a','b','c','d','e'};            //源数组
        char[] destArray = {'w','x','y','z'};              //目标数组
        System.arraycopy(srcArray,1,destArray,0,3);        //复制数组元素
        //遍历目标数组元素
        for(int i = 0;i<destArray.length; i++){
            System.out.println(destArray[i]);
        }
    }
}
```

程序运行结果如图 6-12 所示。

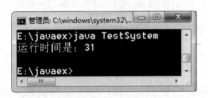

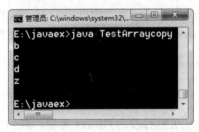

图 6-11　例 6.11 的运行结果　　　　　图 6-12　例 6.12 的运行结果

6.4.2　Runtime 类

　　Runtime 类封装了 Java 命令本身所启动的实例进程信息，也就是封装了 Java 虚拟机进程。一个 Java 虚拟机对应一个 Runtime 实例对象。Runtime 类中的许多方法和 System 类中的方法重复。不能直接创建该类的对象，只能通过 Runtime.getRuntime()方法来获得该对象的实例。Java 虚拟机本身就是操作系统的一个进程，这个进程可以启动其他程序，通过这种方式启动的进程称为子进程。可以通过 Runtime 对象的 exec()方法启动子进程，其返回值为代表子进程的 Process 对象。

例 6.13　编写程序，演示通过 Runtime 类中的 exec()方法运行外部程序。

```
import java.io.*;
public class TestRuntime{
    public static void main(String[] args){
        try {
            Runtime rt= Runtime.getRuntime();
            Process p=rt.exec("Notepad.exe");
        }catch(IOException ex) {
```

```
                    System.out.println(ex.toString());
            }
        }
}
```

6.5 封 装 类

我们知道，Java 数据类型可以分为基本数据类型和引用数据类型两大类，两者有各自不同的特征和用法。其中，基本数据类型只能保存单一的值（即真正的信息），不允许调用任何方法，不能封装成员变量，因而也就不适合保存复杂格式的信息，即不具备面向对象的特性。

当然，基本数据类型还是有存在的必要。首先，它们迎合了人们早已根深蒂固的行为习惯，例如"int total=3+5;"，在表达和处理简单信息（如数值和字符信息）方面非常有效。很难想象为了记录整型信息（例如一个人的年龄）而定义一个 Java 类，再创建其对象、调用其成员方法进行算术加法运算，也没有任何编程语言为追求面向对象的"纯正性"而取消对基本数据类型的支持。其次，基本类型数据无须使用 new 创建对象，也不需要额外的引用空间保存辅助信息，因此运行开销较小。

由于基本类型数据不是对象，所以在有些场合其使用是受到限制的。例如：

```
public void test(Object o){
        System.out.println(o.toString());
}
```

test()方法的形参为 Object 类型，任何引用类型的数据均可作为实参传进来，或者说该方法能够处理任何引用类型的数据，但不能处理基本类型数据，因为它们不能调用对象才拥有的 toString()方法，这里不考虑空指针异常问题。

为弥补基本数据类型在面向对象方面的欠缺，Java 语言中引入了封装类（Wrapper Classes）——针对各种基本数据类型均提供了相应的引用数据类型，它们在 JDK API 的 java.lang 包中定义。基本数据类型和封装类的对应关系如表 6-1 所示。

表 6-1　基本数据类型和封装类的对应关系

基本数据类型	封 装 类	基本数据类型	封 装 类
int	Integer	float	Float
short	Short	double	Double
long	Long	char	Character
byte	Byte	boolean	Boolean

下面以 Integer 类为例介绍封装类的性质和用法。每个 Integer 类的对象可以封装一个 int 型的整数值。该类中还提供了多个用于处理 int 型数据的功能方法，下面选择其中比较重要且常用的几个方法进行介绍。

1. 构造方法

下面介绍 Integer 类中常用的构造方法。

➥ public Integer(int value)：创建一个新的 Integer 对象，表示封装参数 value 指定的 int 型数值。

➥ public Integer(String s)throws NumberFormatEcception：创建一个新的 Integer 对象，表示 String 类型参数 s 所指定的 int 值，s 必须由 0～9 的数字组成（如"786"），否则方法运行时将出错，抛出数据格式异常（NumberFormatException）。

2. 常用方法

下面介绍 Integer 类中常用的方法。

➥ public int intValue()：返回当前对象封装的 int 型值。

➥ public boolean equals(Object obj)：重写父类方法，用于比较当前对象与参数 obj 所指定对象的等价性，如果 obj 所引用对象也是 Integer 类型且两者所封装的 int 型值相等，则返回 true（即使是两个不同的对象也判定为等价），否则返回 false。

➥ public String toString()：将当前对象所封装的 int 型数值（带符号的十进制表示法）以字符串的形式（转换为 String 类型）返回。

➥ public static String toString(int i)：将参数 i 指定的 int 型数值（带符号的十进制表示法）以字符串的形式返回。

➥ public static String toBinaryString(int i)：将参数 i 指定的 int 型数值的二进制无符号整数表示以字符串的形式返回。

➥ public static String toOctalString(int i)：将参数 i 指定的 int 型数值的八进制无符号整数表示以字符串的形式返回。

➥ public static String toHexString(int i)：将参数 i 指定的 int 型数值的十六进制无符号整数表示以字符串的形式返回。

➥ public static int parseInt(String s) throws NumberFormatException：将参数 s 指定的字符串解析为有符号的十进制整数，并返回解析所得的整数值。其参数 s 除第一个字符可以是用来表示负值的"-"之外，其余的字符都必须是十进制数字。

例 6.14　封装类用法举例。

```java
public class TestWrapper{
    public static void main(String[] args){
        Integer integer1 = new Integer(123);
        Integer integer2 = new Integer("123");
        int i = integer1.intValue();
        System.out.println(i);
            System.out.println(integer1==integer2);
        System.out.println(integer1.equals(integer2));
        String str = "888";
        i = Integer.parseInt(str);
        System.out.println(i);
    }
}
```

程序运行结果如图 6-13 所示。

其中，parseInt()方法在实际应用开发中尤为常用，这里要特别强调一下，如果该方法所解析的参数字符串中含有非法字符（0～9 以外的字符），或者其值为 null，或为空字符串，会出错，抛出数据格式异常（NumberFormatException）。此外，String 类中的静态方法 valueOf(int i)可以实现和 Integer 类的静态方法 toString(int i)同样的功能，前者在 String 类中还被重载了多次，可以将任何基本类型和引用的数据转换为 String 类型并返回，例如：

```
String s = String.valueOf(314);          //s="314"
s = String.valueOf(3.14);                //s="3.14"
Person p = new Person();
s = String.valueOf(p);                   //等价于 "s=p.toString();"
```

封装类均被定义为 final，因此不能被继承。封装类的对象一经创建，其内容不能改变，即其所封装的基本类型数值为只读的（该值在创建对象时由构造方法的参数指定，其后不可改变，直至对象被销毁）。

综上所述，封装类起到了包装相应基本类型数据的作用并提供了相关的处理功能，这也是其名称的由来。其他封装类的性质和用法与 Integer 类似，也是封装和处理各自相应的基本类型数据，例如 Double 类中提供了 double 类型与 String 类型相互转换的功能方法：

```
public static double parseDouble(String s)
public static String toString(double d)
```

封装类和基本数据类型在进行转换时，引入了自动封装/拆封（Autoboxing/Unboxing），也称自动装包/拆包，即基本数据类型和相应的封装类型之间可以由系统进行自动转换，而不必再显式调用封装类的构造方法或者相应的解析方法，具体如例 6.15。

例 6.15　自动封装/拆封举例。

源文件：TestAutoBoxing.java

```java
public class TestAutoBoxing{
    public static void main(String[] args){
        //定义一个基本数据类型
        int n =50;
        //自动封装
        Integer obj = n;
        System.out.println(obj);
        //自动拆封
        int a = obj;
        System.out.println(a);
    }
}
```

程序运行结果如图 6-14 所示。

实际上，自动封装/拆封过程中系统是隐含地调用了有关封装类的构造方法和解析方法，例如上述代码中的语句：

```
Integer obj = n;
```

在实际编译过程中已被自动转换为：

```
Integer obj = new Integer(n);
```

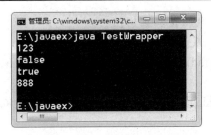

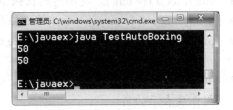

图 6-13　例 6.14 的运行结果　　　　图 6-14　例 6.15 的运行结果

运行时还是隐含地创建了一个新的 Integer 对象,可见自动封装/拆封只是隐含的方法调用,而不同于先前数据值的自动或强制类型转换。为便于掌握和使用,可以简单地记作"任何需要封装类型数据的场合,均可使用相应的基本类型数据替代,反之亦然"。

6.6　数学相关类型

java.lang.Math 类提供了常用的数学运算功能和数学常量,其中的属性和方法均被定义为 public 和 static 的,因此不需要创建 Math 类的实例即可直接调用。实际上,Math 类的构造方法被定义为 private 的,也不允许被继承,这是为了防止在子类中重写其方法以篡改通用的数学操作逻辑。

下面按照功能分类对 Math 类中的常用成员进行介绍。

1. 数据截断操作

下面介绍 Math 类中常用的提供数据截断功能的方法。

➥ public static double ceil(double a): 向上取整,返回最小的 double 值,该值大于或等于参数,并等于某个整数。
➥ public static double floor(double a): 向下取整,返回最大的 double 值,该值小于或等于参数,并等于某个整数。
➥ public static long round(double a)和 public static int round(float a): 四舍五入。

2. 取最大、最小及绝对值操作

下面介绍 Math 类中常用的取最大、最小及绝对值操作的方法。

➥ public static int max(int a,int b)、public static float max(float a,float b)、public static long max(long a,long b)和 public static double max(double a,double b): 返回两个数中的最大值。
➥ public static int min(int a,int b)、public static float min(float a,float b)、public static long min(long a,long b)和 public static double min(double a,double b): 返回两个数中的最小值。
➥ public static int abs(int a)、public static float abs(float a)、public static long abs(long a)和 public static double abs(double a): 返回参数 a 的绝对值。

3. 三角函数

下面介绍 Math 类中常用的求三角函数的方法。

- sin()、cos()和 tan()：返回角的正弦值、余弦值和正切值。
- asin()、acos()和 atan()：返回反正弦值、反余弦值和反正切值。
- public static double toDegrees(double angrad)：将用弧度表示的角转换为近似相等的用角度表示的角。
- public static double toRadians(double angdeg)：将用角度表示的角转换为近似相等的用弧度表示的角。

4. 幂运算和对数运算

下面介绍 Math 类中常用的求幂运算和对数运算的方法。

- public static double pow(double a,double b)：幂运算，返回 a^b。
- public static double exp(double a)：对欧拉数 e 进行指定次数的幂运算。
- public static double sqrt(double a)：返回参数 a 的正平方根。
- public static double log(double a)：自然对数运算。
- public static double log10(double)：以 10 为底的对数运算。

5. 其他操作

Math 类中还有一个比较常用的方法 public static double random()，用于生成 double 型随机数，其取值区间为[0.0, 1.0)。

6. 常量

下面介绍 Math 类中提供的常用的常量。

- public static double PI：圆周率常量。
- public static double E：欧拉数常量（自然对数的底数）。

其中 random()方法比较有用，可以使用该方法生成一个随机数并转换到所需的取值区间，例如下述代码：

```
int i=(int)(Math.random()*100);      //可以生成一个取值范围在[0,99]内的随机整数
```

6.7 本 章 小 结

本章首先介绍了什么是 Java 应用程序编程接口（API），然后结合具体的实例，对 API 中常用的类进行了详细介绍，包括 Object 类、System 类、Runtime 类、封装类、数学相关类型。

6.8 知 识 考 核

第 **7** 章

Java 的异常处理

我们将程序在运行时发生的错误或不正常的状况称为异常，在不支持异常处理的计算机语言中，这些状况需要由程序员进行检测和处理。Java 中引入了异常处理机制，把异常作为一种特殊的类进行处理，该类封装了各种可以识别和分析异常的数据与方法。本章首先讲解异常的概念及标准的异常类；然后讨论 Java 的异常处理机制，并结合具体实例讲解 Java 怎样用 try-catch-finally 语句实现这种异常处理机制，从而使编写的 Java 程序具有更好的稳定性和可靠性；最后讨论如何创建自己的异常类。

本章学习要点如下：

➥ 异常处理机制

➥ 自定义异常类

7.1 异常处理的基础知识

在日常的工作、生活中，人们总是希望自己事事顺心，却会遇到各种状况，例如工作时停电、没挤上公交车等。同样，程序运行时也会出现一些非正常的现象，如除数为 0、文件不存在、文件不能打开、网络连接中断、内存不够用等，这些非正常现象被称为运行错误。根据错误性质可以将运行错误分为两类：致命性的错误和非致命性的异常。

➥ 致命性的错误：如程序进入了死循环或递归无法结束或内存溢出，这些运行错误是致命性的（为描述方便，以后章节简称为错误）。致命性的错误只能在编程阶段解决，运行时程序本身无法解决，只能依靠其他程序干预，否则会一直处于非正常状态。

➥ 非致命性的异常：如运算时除数为 0，或操作数超出数据范围，或打开一个文件时发现文件并不存在，或欲装入的类文件丢失，或网络连接中断等，这类现象称为非致命性的异常（为描述方便，以后章节简称为异常）。Java 通过在源程序中加入异常处理代码，当程序运行中出现异常时，由异常处理代码调整程序运行方向，使程序仍可继续运行直至正常结束。

由于异常是可以检测和处理的，所以产生了相应的异常处理机制。目前，大多数面向对象的语言都提供了异常处理机制，而错误处理一般由系统承担，语言本身不提供错误处理机制。

7.1.1　异常处理的类层次

Java 通过错误类（Error）和异常类（Exception）来处理错误和异常，而它们都是 Throwable 类的子类。Throwable 类的继承体系如图 7-1 所示。

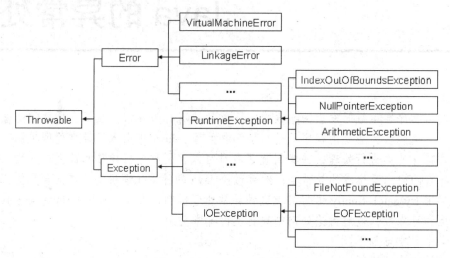

图 7-1　Throwable 类的继承体系架构图

其中，错误类 Error，定义了在通常情况下不希望被用户程序捕捉到的"错误"。Error 类的对象是由 Java 虚拟机生成并抛出给系统，包括内存溢出错误、栈溢出错误、动态链接错误等。通常，Java 程序不对错误进行处理。而异常类 Exception，则是用户程序能够捕捉到的"异常"情况。Exception 类的对象是由 Java 程序抛出和处理的。它有各种不同的子类分别对应于不同类型的异常，如除数为 0 的算术异常 ArithmeticException、数组下标越界异常 IndexOutOfBoundsException、空指针异常 NullPointerException 等，并且 Exception 类也是用来创建用户自定义异常类的基础。

7.1.2　未捕获"异常"

"异常"对象是 Java 运行时对某些"异常"情况做出反应而产生的。在学习处理异常之前，先来看一看如果不处理它们会有什么样的情况发生。

例 7.1　未捕获"异常"。

```
public class TestException1{
    static void subroutine(){
```

```
        int d=0;
        int a=10/d;
        System.out.println("end......");
    }
    public static void main(String args[]){
        TestException1.subroutine();
    }
}
```

程序运行结果如图 7-2 所示。

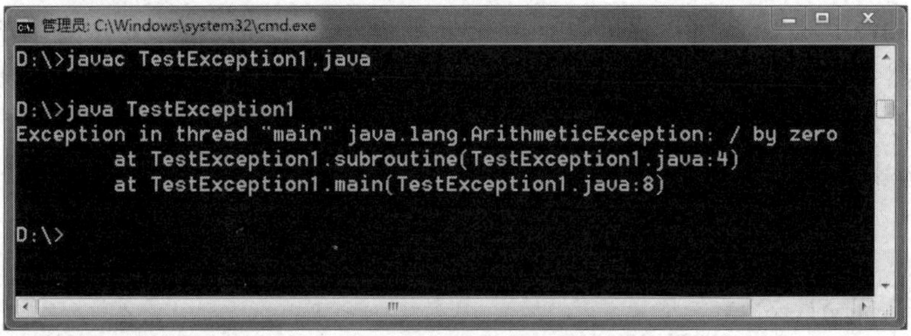

图 7-2　未捕获异常

从图 7-2 所示的运行结果可以看出，程序发生了算术异常 ArithmeticException，这个异常是由于程序的第 8 行代码调用了 subroutine()方法，而在 subroutine()方法中，运算 a=10/d 时出现了被 0 除的情况。

当 Java 执行该程序时，系统检查到除数为 0，它就会构造一个"异常"对象来引发异常。一旦一个异常被引发，它必须被一个异常处理程序捕获并处理。而在例 7.1 的程序中没有提供任何处理异常的代码。所以异常被 Java 运行时系统的默认处理程序捕获。任何不是被用户程序捕获的异常最终都会被该默认处理程序处理。默认处理程序显示一个描述异常的字符串，打印异常发生处的堆栈轨迹并且终止程序。堆栈轨迹将显示导致异常或错误产生的方法调用序列，通过堆栈轨迹我们可以查明导致异常或错误的精确步骤，这对调试程序来说是非常重要的。

7.2　异常处理机制

在例 7.1 中，由于发生了异常导致程序立即终止，所以无法继续向下执行了。为了解决这样的问题，Java 提供了一种对异常进行处理的方式——异常捕获，通过面向对象的方法来处理异常，从而使编写的 Java 程序具有更好的稳定性和可靠性。

1. 抛出异常

当程序发生异常时，产生一个异常事件，生成一个异常对象，并把它提交给运行时系统，这个过程称为抛出异常。一个异常对象可以由 Java 虚拟机生成，也可以由运行的方法生成。异常对象中包含了异常事件类型、程序运行状态等必要的信息。

2．捕获异常

异常抛出后，运行时系统从生成异常对象的代码开始，沿方法的调用栈逐层回溯查找，直到找到相应的代码来处理异常，这个过程称为捕获异常。

简单地说，发生异常的代码可以"抛出"一个异常，运行时系统"捕获"该异常，交由程序员编写的相应代码进行异常处理。

7.2.1　使用 try-catch-finally 语句捕获和处理异常

尽管由 Java 运行时系统提供的默认异常处理程序对于调试程序是很有用的，但多数情况下用户仍然希望能自己处理异常。这样做有两个好处：第一，用户能自行修正错误；第二，能有效防止程序的自动终止。Java 的"异常"处理是通过 try-catch-finally 语句来实现的，具体语法格式如下：

```
try{
    //程序代码块
}catch(ExceptionType1 e){
    //对 ExceptionType1 类型的异常进行处理
}catch(ExceptionType2 e){
    //对 ExceptionType2 类型的异常进行处理
}[finally{
    //无论是否发生异常都要执行的程序代码块
}]
```

其中，在 try 代码块中编写可能发生异常的代码；catch 代码块中编写针对异常进行处理的代码。当 try 代码块中的程序发生了异常，系统会将这个异常的相关信息封装成一个异常对象，并将这个异常对象传递给 catch 代码块。catch 代码块需要一个参数，指明它所能够接收的异常类型。而 finally 代码块则是可选的，其中编写无论程序是否发生异常都要执行的代码。例如，修改例 7.1，增加 try-catch 语句捕获异常。

```
public class TestException1{
    static void subroutine(){
        try{
            int d=0;
            int a=10/d;
            System.out.println("a="+a);
        }catch(ArithmeticException ex){
            System.out.println("被 0 除！");
        }
        System.out.println("end......");
    }
    public static void main(String args[]){
        TestException1.subroutine();
    }
}
```

这时程序的运行结果如图 7-3 所示。

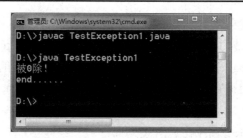

图 7-3　增加 try-catch 语句捕获异常的运行结果

　　程序中对可能引发异常的代码用 try-catch 语句进行了处理。在 try 代码块中发生被 0 除异常时，程序会转而执行 catch 代码块，输出字符串"被 0 除！"。catch 代码块对异常处理完毕后，程序仍会继续向下执行，输出字符串"end……"，而不会异常终止。因此 catch 代码块的目标是解决"异常"情况，并像没有出错一样继续运行。

例 7.2　编写程序，演示 try-catch 语句的使用。

```java
import java.util.Random;
public class TestException2{
    public static void main (String args[]){
        int a = 0,b = 0,c = 0;
        Random r=new Random();
        for (int i = 0; i < 5; i++){
            try{
                b = r.nextInt();
                c = r.nextInt();
                a = 12345 / ( b / c );
            }catch(ArithmeticException e){
                a = 0;
                System.out.print("有被 0 除异常");
            }
            System.out.println("a:" + a);}
    }
}
```

　　在例 7.2 的 for 循环中，通过 java.util.Random 类的对象调用方法 nextInt() 得到两个随机整数，存入变量 b 和 c 中，然后计算表达式 12345/(b/c) 的值，将结果存入变量 a 中。如果某一次循环的一个除法操作导致被 0 除异常，它将被捕获，在对应的 catch 块中将 a 的值设为 0，程序继续运行，执行其后的输出操作。程序运行结果如图 7-4 所示。

图 7-4　例 7.2 程序运行结果

某些情况下，单个代码段可能引起多种异常。这时可以放置多个 catch 代码块，每个 catch 代码块捕获一种类型的异常。当异常被引发时，每一个 catch 代码块被依次检查，第一个匹配异常类型的 catch 代码块会被执行。这里的类型匹配指的是 catch 所处理的异常类型与生成的异常对象的类型完全一致或者是它的父类。当一个 catch 代码块被执行以后，其他的 catch 代码块被跳过，从 try-catch 语句以后的代码继续执行。

例 7.3　多个 catch 代码块的示例。

```java
public class TestException3{
    public static void main(String args[]){
        try{
            int a=args.length;
            System.out.println("a=" + a);
            int b=42/a;
            int c[]={1};
            c[42]=99;
        }catch(ArithmeticException e){
            System.out.println("div by 0:" + e);
        }catch(ArrayIndexOutOfBoundsException e){
            System.out.println("array index out-of-bounds:" + e);
        }
    }
}
```

该程序在没有命令行参数的起始条件下运行将导致被 0 除异常，因为 a 的值为 0。如果我们提供一个命令行参数，将不会产生这个被 0 除异常，因为 a 的值大于 0；但会引起一个 ArrayIndexOutOfBoundexception 的异常，因为整型数组 c 的长度是 1，却要访问数组 c 中的第 42 个元素。程序运行结果如图 7-5 所示。

图 7-5　多个 catch 代码块

在使用多个 catch 代码块时，需要特别注意 catch 代码块的排列顺序，应是先特殊后一般，也就是子类在父类前面。如果子类在父类后面，子类将永远不会到达。

例 7.4　catch 代码块排列顺序。

```java
public class TestException4 {
    public static void main(String args[]){
        try{
```

```
        int a=0;
        int b=42/a;
    }catch(Exception e){
        System.out.println("Generic Exception catch");
    }catch(ArithmeticException e){
        System.out.println("This is never reached");
    }
    }
}
```

如果试着编译该程序，会收到一个错误信息，如图 7-6 所示。

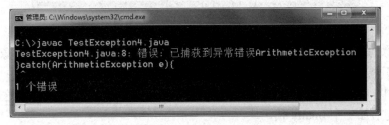

图 7-6　例 7.4 的编译结果

该错误消息说明第二个 catch 代码块不会到达。这是因为第二个 catch 代码块捕获的异常 ArithmeticException 是 Exception 的子类，第一个 catch 代码块将处理所有面向 Exception 的异常，包括 ArithmeticException，因此第二个 catch 代码块永远不会执行。只需颠倒两个 catch 代码块的顺序，便能改正错误。

从 Java SE7.0 开始，一个 catch 代码块可以捕获多种类型的异常。使用一个 catch 代码块捕获多种类型的异常时多种异常类型之间需用竖线（|）隔开。

例 7.5　一个 catch 代码块捕获多种类型的异常。

```
public class TestException5 {
    public static void main(String[] args) {
        try {
            int a = Integer.parseInt(args[0]);
            int b = Integer.parseInt(args[1]);
            int c = a / b;
            System.out.println("两个数相除的结果是：" + c);
        } catch (IndexOutOfBoundsException | NumberFormatException
                | ArithmeticException ie) {
            System.out.println("发生了数组下标越界、数字格式异常、算数异常之一");
        } catch (Exception e) {
            System.out.println("未知异常");
        }
    }
}
```

程序中第一个 catch 代码块可以捕获 3 种类型的异常，包括 IndexOutOfBoundsException、NumberFormatException 和 ArithmeticException。程序运行结果如图 7-7 所示。

图 7-7　一个 catch 代码块捕获多种类型的异常

　　需要注意的是，当一个 catch 代码块捕获多种类型的异常时，由于异常对象隐式的 final 修饰，因此不能对异常对象进行重新赋值。

　　在程序中，有时会希望有些语句无论程序是否发生异常都要执行，这时就可以在 try-catch 语句后加一个 finally 代码块。

例 7.6　finally 代码块。

```java
public class TestException6{
    public static void main(String[] args){
        try{
            int a=Integer.parseInt(args[0]);
            int b=Integer.parseInt(args[1]);
            int result=div(a,b);
        }catch(ArithmeticException e){
            System.out.println("被 0 除！ ");
            return;
        }finally{
            System.out.println("finally 代码块");
        }
        System.out.println("end...");
    }
    public static int div(int x,int y){
        int r=x/y;
        return r;
    }
}
```

　　程序运行结果如图 7-8 所示。

　　在程序的 catch 代码块中增加了 return 语句，用于结束 main()方法。当程序发生被 0 除的算术异常时，由 catch 代码块捕获处理，这时 main()中的最后一条语句"System.out. println("end...");"就不会执行了，而 finally 中的代码仍会执行，并不会被 return 语句影响。即不论程序是否发生异常还是使用 return 语句结束，finally 代码块都会被执行。因此，在程序设计时，经常将必须做的事情，如释放系统资源等代码放在 finally 代码块中。

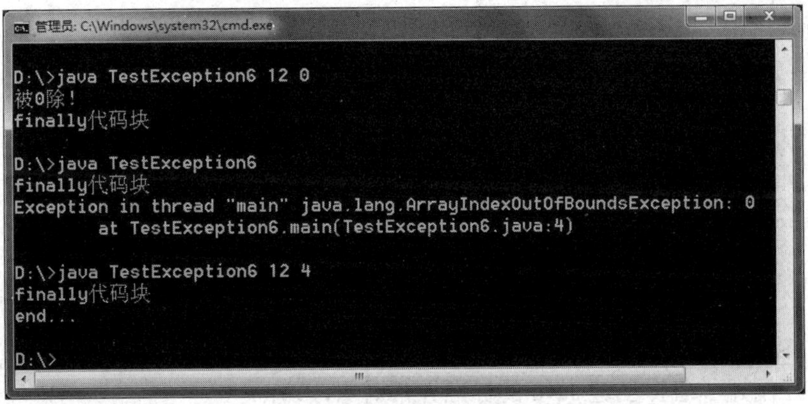

图 7-8　finally 代码块

7.2.2　throw 语句

异常不仅可以被 Java 运行时系统引发，也可以在程序中使用 throw 语句来引发。throw
语句的格式如下：

throw 异常对象;

异常对象一定是 Throwable 类或 Throwable 子类的对象。简单类型（如 int 或 char）及
非 Throwable 类（如 String 或 Object）不能用在 throw 语句中。程序执行 throw 语句后立即
终止，后面的语句不再被执行，然后在包含它的 try 代码块中从里向外寻找含有与其类型匹
配的 catch 代码块。

例 7.7　throw 语句的使用。

```java
public class TestException7{
    static void demoproc(){
        try{
            throw new NullPointerException("空指针异常");
        }catch(NullPointerException e){
            System.out.println("demoproc 方法中的 catch 代码块");
            throw e;
        }
    }
    public static void main(String args[]){
        try{
            demoproc();
        }catch(NullPointerException e){
            System.out.println("main 方法中的 catch 代码块:" + e);
        }
    }
}
```

该程序中有两处地方处理相同的异常：首先，main()调用 demoproc()方法的过程中捕获
并处理空指针异常；然后在 demoproc()方法中也进行了相同的异常处理，并在捕获到该异

常后继续将其抛出。程序运行结果如图 7-9 所示。

图 7-9　利用 throw 语句抛出异常

该程序还阐述了怎样创建 Java 的标准异常对象，即：

```
throw new NullPointerException("空指针异常");
```

该语句中用 new 构造了一个 NullPointerException 实例。所有的 Java 内置的运行时异常有两个构造方法：一个没有参数，一个带有一个字符串参数。当用到第二种形式时，参数指定用来描述异常的字符串。如果异常对象用作 print()或 println()的参数时，该字符串被显示。

7.2.3　throws 语句

如果一个方法可以导致一个异常但不准备处理这个异常时，就必须指定某种行为以使方法的调用者可以处理它们。要做到这点，必须在方法声明中包含一个 throws 子句。throws 子句列举了一个方法可能引发的所有异常类型。这对于除 Error、RuntimeException 及其子类之外的所有其他异常都是很有必要的。这些其他类型的异常必须在 throws 子句中声明，如果不这样做，将会导致编译错误。

下面是包含一个 throws 子句的方法声明的通用格式：

```
类型　方法名([形参表]) throws exception-list{
    //body of method
}
```

这里，exception-list 是该方法可以引发的、以逗号分隔的异常列表。

例 7.8　throws 子句的使用。

```
public class TestException8{
    static void procedure()　{
        System.out.println("inside procedure");
        throw new IllegalAccessException("demo");
    }
    public static void main(String args[])　{
        procedure();
    }
}
```

在 procedure()方法中抛出了 IllegalAccessException 异常，但没有捕获处理该异常，这在编译时将会报错，如图 7-10 所示。

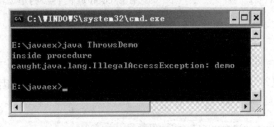

图 7-10　未使用 throws 子句

　　为了能够正确编译该程序，需要改变两个地方：第一，在 procedure()方法的首部用 throws
声明可能引发 IllegalAccessException 异常；第二，在调用 procedure()方法时使用 try-catch
语句来捕获该异常。修改后的代码如下：

```
public class TestException8{
    static void procedure()throws IllegalAccessException{
        System.out.println("inside procedure");
        throw new IllegalAccessException("demo");
    }
    public static void main(String args[])    {
        try{
            procedure();
        }catch(IllegalAccessException e){
            System.out.println("异常："+e);
        }
    }
}
```

这时程序可以正常编译，运行结果如图 7-11 所示。

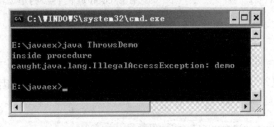

图 7-11　使用 throws 子句

7.3　自定义异常类

　　虽然 JDK 中定义了大量的异常类，可以描述编程时出现的大部分异常情况，但在程序
开发中，程序员仍需建立自己的异常类型来描述程序中特有的异常情况。自定义的异常类
必须继承自 Exception 或其子类。

查阅 JDK API 可发现，Exception 类中有 4 个构造方法，其他方法均继承自 Throwable 类和 Object 类，如图 7-12 所示。

构造方法摘要

Exception()   　　构造详细消息为 null 的新异常。
Exception(String message)   　　构造带指定详细消息的新异常。
Exception(String message, Throwable cause)   　　构造带指定详细消息和原因的新异常。
Exception(Throwable cause)   　　根据指定的原因和 (cause==null ? null : cause.toString()) 的详细消息构造新异常（它通常包含 cause 的类和详细消息）。

方法摘要

从类 java.lang.Throwable 继承的方法
fillInStackTrace, getCause, getLocalizedMessage, getMessage, getStackTrace, initCause, printStackTrace, printStackTrace, printStackTrace, setStackTrace, toString

从类 java.lang.Object 继承的方法
clone, equals, finalize, getClass, hashCode, notify, notifyAll, wait, wait, wait

图 7-12　Exception 类

在实际开发中，如果没有特殊要求，自定义的异常类只需继承 Excpetion 类，在构造方法中使用 super()语句调用父类的构造方法即可。

例 7.9　自定义异常类。

```java
public class OverflowException extends Exception {
    public OverflowException(){
        super("Overflow Exception");        //调用 Exception 类无参的构造方法
    }
    public OverflowException(String message){
        super(message);                     //调用 Exception 类有参构造方法，设置描述异常的信息
    }
}
```

OverflowException 即为自定义的异常类，它是 Exception 类的子类。那么该如何使用 OverflowException 类呢？这时就需要用到 throw 关键字，在方法中抛出自定义异常类的实例。

```java
public class Tryself {
    public void calc(byte k) throws OverflowException{
        byte y=1,i=1;
        System.out.print(k+"!=");
        for(i=1;i<=k;i++){
            if(y>Byte.MAX_VALUE/i){
                throw new OverflowException();//抛出自定义异常类的实例对象
            }else{
                y=(byte)(y*i);
            }
        }
        System.out.println(y);
```

```
    }
    public static void main(String args[]){
        Tryself t=new Tryself();
        for(byte i=1;i<10;i++){
            try{
                    t.calc(i);
                }catch(OverflowException e){
                    System.out.println("异常："+e.getMessage());
                }
            }
        }
}
```

程序运行结果如图 7-13 所示。

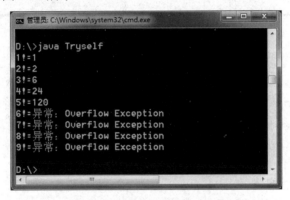

图 7-13　自定义异常的抛出与捕获

7.4　本章小结

　　本章对 Java 的异常处理机制进行了详细介绍，包括什么是异常、Java 中异常处理机制的基本体系结构，并结合具体实例分析了 Java 中异常机制的使用及自定义异常类。在后面的程序开发中几乎离不开异常处理的知识，希望读者通过本章的学习能够掌握异常处理的知识，在实践中多练习，加深对 Java 异常机制的理解。

7.5　知识考核

第 **8** 章

Java 中的集合类及泛型

本章通过讲解 Java 集合类的具体语法和使用方式，学习 Java 在数据结构方面强大的编程功能。泛型（Generics）是自 JDK5.0 开始引入的一种 Java 语言新特性，其实质是将运行时期出现的问题转移到编译时期，避免了强制类型转换的麻烦。使用泛型可以提高 Java 应用程序的类型安全性、可维护性和可靠性。

本章学习要点如下：

- ➥ 集合类和数据容器
- ➥ Collection 接口和 Map 接口
- ➥ 列表（List）接口及其实现类
- ➥ 集（Set）及其实现类
- ➥ 枚举器与数据操作
- ➥ 集合类泛型的使用方法

8.1 集合类与数据容器

Java 用集合类来容纳不同种类的数据，这种容纳是建立在未知的基础上，即 Java 要用有限种类的集合类来容纳无限种类的数据对象。用生活里的场景来对应的话，即 Java 的集合类需要设计成"能容纳液态、气态和固态等不同类型物质"的容器。要设计这样的"万能容器"确实很困难，但 Java 的设计者们通过借鉴面向对象思想里的"多态"，实现了这个需求。

8.1.1 在项目中自定义数据类型的难处

如果在项目运行前，事先为项目代码准备好所有类型的数据对象，并根据这些数据对象的不同类型，为它们在内存里分配好空间，这是非常理想的，但事实上，做不到这点。

例如，在关于天气预报的项目里，需要一个对象来保存描述温度的信息，这个问题看上去很好解决，定义一个变量就行了。但问题远远没有那么简单，譬如描述温度信息的格式有多种，有用数字型的格式（例如多少度），也有用字符型的格式（例如"寒冷"），并且程序员只有在接收到这个信息时才能明确地知道信息的格式，这样一来事情就比较麻烦。为了保证能容纳所有类型的数据，不得不用 Java 语言所有对象的公共父类——Object 类型数据来接收这个温度信息。但是，如果问题变得再复杂点呢？如果在代码里需要用一个（或一组）对象来描述一天里不同地区（数量还未知）的温度表示，并且各个地区的温度表示格式各不相同。这样，除非这段代码被运行，否则不知道是何种类和数量，这给编程带来了很大的困难，因为不知道代码所需要的对象的数目及种类，所以在代码里，要求能够在任何时候、任何地点创建任意数量的任何类型对象。这对代码的要求似乎高了些，但是在编程中这种情况经常出现。

幸运的是，Java 的集合类提供了很好的解决方案。

8.1.2　Java 中集合类

归纳起来讲，Java 的集合类可以分为 3 类：集、列表和映射。

1. 集

这里的"集（Set）"和数学上的"集合"概念非常类似，是最简单的一种集合。Set 集合的特性如下：

- Set 集合中不区分元素的顺序，因此也就不记录元素的加入顺序。
- Set 集合中不包含重复元素，即任意的两个元素 e1 和 e2 都有 e1.equals(e2)=false，并且最多有一个 null 元素。

2. 列表

列表（List）中的元素以线性方式存储，以数组、向量、链表等为代表，和数据结构中的"线性表"相对应。List 列表区分元素的顺序，即 List 列表能够精确地控制每个元素插入的位置，用户能够使用索引（元素在 List 中的位置）来访问 List 中的元素。和 Set 集合不同，List 允许包含重复元素。

3. 映射

映射（Map）中保存的是"键-值"对信息，即 Map 中存储的每个元素都包括起标识作用的"键"和该元素的"值"两部分，查找数据时必须提供相应的"键"，才能查找到该"键"所映射的"值"。因此，Map 集合中不能包含重复的"键"，并且每个"键"最多只能映射一个值。

8.2　Collection 接口和 Map 接口

JDK 中集合框架常用 API 的关系结构如图 8-1 所示。

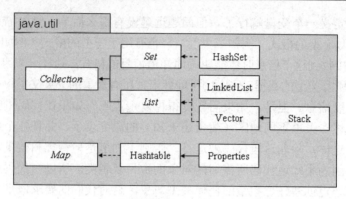

图 8-1　集合框架常用 API 的关系结构

图 8-1 中采用斜体字所标识的是接口，其他为 Java 类，实线箭头表示"继承"关系，虚线箭头表示"实现"关系。

java.util.Collection 接口是最基本的集合接口，是描述集合 Set 和列表 List 类型的根接口。Collection 接口中定义了集合操作的普遍性方法，下面分别进行介绍。

- public boolean add(E e)：向集合中添加一个元素，加入成功返回 true，否则返回 false。在其子接口中此方法发生了分化，例如 Set 接口中添加重复元素时会被拒绝并返回 false，而 List 接口则会接收重复元素并返回 true。
- public boolean remove(Object o)：从集合中删除指定的元素，如果删除操作成功则返回 true，否则返回 false。
- public void clear()：删除集合中所有的元素。
- public boolean contains(Object o)：判断集合中是否包含指定的元素。
- public Object[] toArray()：返回包含当前集合中所有元素的数组。
- public boolean isEmpty()：判断集合是否为空。
- public int size()：返回集合中元素的个数。

不论 Collection 的实际类型如何，它都支持 public Iterator iterator()方法，该方法返回一个枚举器对象，使用该对象即可遍历 Collection 中每一个元素。典型的用法如下：

```
Iterator it = c.iterator();              //c 为集合对象，iterator()方法获得一个枚举器对象 it
while(it.hasNext()) {                     //haisNext()方法判断是否还有下一个元素
    Object obj = it.next();               //获取下一个元素
}
```

📖 注意：

- Java SDK 不提供直接继承自 Collection 的类，Java SDK 提供的类都是继承自 Collection 的"子接口"。
- Collection 接口有多个子接口，其中最重要的两个是 java.util.Set 和 java.util.List，分别描述集 Set 和列表 List。

java.util.Map 接口描述了映射结构，即 Map 结构中保存的每个元素都包含"键""值"两部分及两者间的对应关系。一个 Map 中不能包含相同的"键"，每个"键"只能映射一

个 "值"。注意，Map 接口没有继承 Collection 接口，其相关方法如下。

- ➡ V put(K key,V value)：向当前映射中加入一组新的 "键-值" 对，并返回新加入的元素的 "值"。如果此映射中已包含一个该键的对应关系，则新 "值" 替换旧 "值"。
- ➡ V get(Object key)：返回 key 对应的 "值"，如果此映射中没有该键的对应关系，则返回 null。
- ➡ boolean containsKey(Object key)：如果在此映射中不存在 key 这个 "键"，返回 false，反之返回 true。
- ➡ boolean containsValue(Object value)：如果在此映射中不存在 value 这个 "值"，返回 false，反之返回 true。
- ➡ V remove(Object key)：删除由 key 标识的 "键-值" 对，并返回由 key 对应的 "值"。
- ➡ int size()：返回此映射中 "键-值" 对的个数。
- ➡ void clear()：清空此映射中的所有元素，清空后此映射的长度被重置成 0。

8.3　列　　表

java.util.List 接口描述的是列表结构，允许程序员对列表元素的插入位置进行精确控制，并增加了根据元素索引来访问元素、搜索元素等功能。在继承父接口 Collection 的基础上，List 接口新增了相应方法，具体介绍如下。

- ➡ void add(int index, E element)：在索引号 index 后插入 element 对象。
- ➡ boolean add(E e)：把对象 e 插入链表的最后。
- ➡ E remove(int index)：删除链表里指定索引号的元素。
- ➡ boolean remove(Object o)：删除链表里第一个指定内容的元素。
- ➡ E get(int index)：得到链表里指定索引号的元素。如果没有用到泛型，那么这个方法的返回值类型是 Object，所以在这种情况下要根据实际情况，把这个返回对象强制转换成它原来的类型。
- ➡ int size()：返回链表中的元素个数，主要用在遍历链表的过程中。
- ➡ int indexOf(Object obj)：如果在链表里找到了 obj 元素，则返回这个元素的索引值，反之如果没有找到，返回–1。
- ➡ List<E> subList(int fromIndex, int toIndex)：得到链表里的从 fromIndex 开始、到 toIndex 结束的子链表。
- ➡ void clear()：把链表里存储的元素全部清除掉，该方法一般在链表使用完成后调用。

List 接口的实现类有多个，本节将介绍其中最常用的几种。

8.3.1　Vector 类

接口本身只是封装功能的载体，它是通过具体实现类来体现价值的，Vector 类实现了 List 接口，具有 List 的特性。它对应数据结构中的 "向量"。

与数组对象相比，Vector 对象除了能很好地实现元素的插入和删除功能外，也具有动态增长的特性。下面通过学习 Vector 对象的常用方法来体会该对象的使用方法和用途（为了使用 Vector 类对象，需要引入 java.util.*包）。

1．Vector 类的构造方法

下面介绍 Vector 类的构造方法。

- Vector()：构造一个空的向量，并设置其初始容量为 10，标准容量增量为 0。
- Vector(int initialCapacity)：使用指定的初始容量和等于 0 的容量增量构造一个空的向量。
- Vector(int initialCapacity,int capacityIncrement)：使用知道的初始容量和容量增量构造一个空的向量。在实际的项目使用中，此构造方法最实用。
- Vector(<E> c)：该构造方法体现了 Java 的新特性——泛型（Generic Type）。只有当在使用 Vector 前，明确知道其中容纳对象的类型，才可以使用这种类型的构造方法。

2．其他方法

下面介绍 Vector 类的其他方法。

- addElement(E obj)：向 Vector 中添加元素，这个方法同样体现了泛型特性。
- insertElementAt(E obj, int index)：在指定索引处添加元素。通过这个方法，可以把 obj 对象添加到参数指定的 index 索引处，此后的 Vector 对象里的所有内容自动向后移动 1 个单位。
- setElementAt(E obj, int index)：替换指定索引处元素。这个方法与上面提到的 insertElementAt()方法很相似，只不过该方法是替换指定索引处的原来元素，而不是添加。
- boolean removeElement(Object obj)：删除 Vector 对象里指定的元素。通过这个方法，程序员可以删除 Vector 中的第一个 obj 内容的对象。这个方法返回一个布尔类型的值，用来表示是否在 Vector 里找到并删除了指定对象。
- void removeElementAt(int index)：删除指定索引的元素。
- void removeAllElements()：删除 Vector 里所有的元素。通过这个方法，可以删除 Vector 中的所有对象，操作完成后，Vector 对象的 size 重置为 0。
- int size()：获得 Vector 当前的长度。通过这个方法，可以统计出当前 Vector 中含有多少个元素，这个方法返回一个 int 类型的变量，通常用在遍历 Vector 的场合下。
- E elementAt(int index)：依次访问 Vector 中各元素。可以通过这个方法，将 Vector 对象里索引号为 i 的元素以泛型或 Object 类型返回。

📖 **注意：** 如果在构造 Vector 对象时没有用到泛型，Vector 对象由于事先不知道何种类型的对象将会放入其中，所以它会用 Object 类型来容纳对象。这样一来，通过 elementAt()方法得到其中元素时，得到的一律是 Object 类型的对象，也就是说，放入 Vector 中的对象会丢失其原始类型，在得到其中的对象后必须用强制类型转换的方式，把该对象还原成它放入 Vector 前的类型。

学习 Java 集合类，首先要了解它所包含的方法及这些方法有什么作用，其次要学会如何在程序中综合使用这些类，并要在这个基础上，学会如何通过这些类，更好地实现实际中的需求。下面通过一些实例来学习 Vector 的具体操作。

例 8.1　Vector 类的综合应用。

```
import java.util.Vector;
public class TestVector{
    public static void main(String args[]){
        //定义一个 Vector
        Vector v=new Vector();
        //使用 addElement()方法，向 Vector 中插入元素
        v.addElement("one ");
        v.addElement("two ");
        v.addElement("three ");
        //在第 0 个索引处插入"zero"
        v.insertElementAt("zero",0);
        v.insertElementAt(new Integer(100),3);
        //替换索引为 4 的元素
        v.setElementAt("four ",4);
        //输出集合元素个数
        System.out.println("Vector 集合中的元素个数为："+v.size());
        //清空集合元素
        v.removeAllElements();
        System.out.println("删除元素后 Vector 集合中的元素个数为："+v.size());
    }
}
```

在这段代码里，实现了初始化 Vector 对象 v、向 v 中添加若干元素、在指定位置插入元素、替换指定位置上的元素及清空 v 对象中所有元素的操作。从中可以看到 Vector 的灵活性，如 Vector 可以容纳 Object 类型的对象，所以可以把不同类型的对象放入同一个 Vector 中，并且 Vector 的大小是可以变化的，内容也可以很方便地修改和查找。程序运行结果如下：

```
Vector 集合中的元素个数为：5
删除元素后 Vector 集合中的元素个数为：0
```

8.3.2　先进后出的 Stack 类

java.util.Stack 类继承了 Vector 类，但和 Vector 不同的是，它对应了数据结构中的以"后进先出"（Last In First Out）的方式存储和操作数据的对象栈，对于该对象来说，最后一个被"压（push）"进堆栈中的对象，会被第一个"弹（pop）"出来。

可以从货车装卸货物的过程中，看到"堆栈"的原型，装入货车的货物是被依次叠放的，其卸载过程刚好与装载过程相反，先装载的货物放在了货车的最底下，后装载的货物放在了最上面，而当卸载时先卸载的肯定是最上面的货物，因此最先卸载的是最后装载的，

而最后卸载的是最先装载的货物。

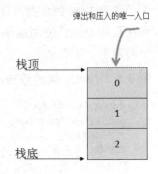

图 8-2　堆栈示意图

堆栈的压入和弹出原理如图 8-2 所示，从中可以看到，只可以从堆栈的顶端，执行从堆栈里弹出元素和压入元素的动作。

Stack "后进先出" 的访问方式可以看成是 Vector 访问数据方式的特例。因此，Java 类库的设计者们根据面向对象思想，把 Stack 设计成了 Vector 的子类，即 Stack 重用了 Vector 的存储对象的空间和访问线性表的方法，并在此基础上扩展了以"后进先出"方式访问数据的方法。

正是由于 Stack 是 Vector 类的子类，已经继承了 Vector 类中大量的操作方法，所以它封装的方法不是很多。

1．构造方法

Stack 类中常用的构造方法为 Stack()，该方法不带参数，用于创建可支持"后进先出"访问方式的对象。同样，可以使用泛型的方式来创建 Stack 对象，如通过 "Stack <String> st = new Stack<String>();" 创建的 Stack 对象 st，在其中只能容纳 String 类型的对象。

2．其他方法

下面介绍 Stack 类中其他的方法。

➥ E peek()：返回栈顶元素的对象，但没有弹出栈顶元素的动作。

➥ E pop()：弹出栈顶元素，并返回其中的对象。

📖 提示：peek() 和 pop() 方法的返回值是泛型类的对象——返回由泛型指定的对象或者 Object 类型的对象。

➥ E push(E item)：向堆栈顶端压入 item 对象，同时将 item 对象返回。

➥ boolean empty()：判断堆栈是否为空，如果该堆栈为空，返回 true，反之返回 false。

📖 提示：push() 和 pop() 方法是 Stack 类中最重要的两个方法，反映了堆栈"后进先出"的重要特性。

例 8.2　Stack 类的综合应用。

```
import java.util.Stack;
public class TestStack{
    public static void main(String[] args) {
        //定义一个堆栈
        Stack st = new Stack();
        //往堆栈里压入元素
        st.push("First Element");
        st.push("second Element");
        st.push("third Element");
        //通过 pop() 方法，依次弹出堆栈里的内容
        while(st.empty() != true){
            System.out.println(st.pop().toString());
            //以下做法会导致死循环
```

```
            //System.out.println(st.peek().toString());
        }
        //不好的用法，把堆栈当成 Vector 使用
        int i = 0;
        st.addElement("bad usage1");
        st.addElement("bad usage2");
        st.addElement("bad usage3");
        //破坏了堆栈的特性
        for(i=0;i<st.size();i++){
            System.out.println(st.elementAt(i));
        }
    }
}
```

这段代码里，首先通过构造方法初始化了名为 st 的 Stack 类对象。构造完成后，通过对象的 push()方法向堆栈中压入了 3 个 String 类型的对象。完成 push 动作后，在代码里通过一个 while 循环，调用堆栈的 pop()方法，依次弹出栈顶元素。这里可以看到，正是因为执行 pop 动作后，栈顶元素会弹出，所以当栈内元素被全部弹出后，while 循环的 st.empty()条件将会为 true，这个 while 循环将会被终止。如果执行被注释掉的"System.out.println (st.peek().toString());"语句，由于 peek()方法不会弹出栈顶元素，所以会导致死循环。程序的运行结果为：

```
third Element
second Element
First Element
```

这里的输出次序很好地体现了堆栈"后进先出"的特性，通过 pop()方法得到的对象是 Object 类型的，因此要用 toString()方法，把 pop 后的结果还原成 String 类型。而在后续的代码里，把 Stack 对象当作了 Vector 处理，由于 Stack 继承了 Vector 类，所以从语法上来讲，不会有问题。它输出的结果是：

```
bad usage1
bad usage2
bad usage3
```

需要指出的是，for 循环里的 st.elementAt(i)方法返回的是一个 Object 类型对象，而不是想象中的 String 类型。不过，System.out.println()方法如果发现其参数不是 String 类型，会让它的参数自动调用 toString()方法，也就是说，这里的语句其实等价于"System.out.println (st.elementAt(i).toString());"，所以看到依然是字符串输出的效果。但是这种做法相当不好，是顺序访问了 Stack 对象，从而破坏了堆栈"后进先出"的特性，所以不推荐这种用法。

8.3.3　LinkedList 类

LinkedList 类具有 List 提供的向链表里插入和删除元素、统计元素个数和清空链表等

方法，除此以外，它还具有其他重要方法，下面分别进行介绍。

1. 构造方法

LinkedList 类提供的其他常用构造方法有以下 3 个：

- ➥ LinkedList()
- ➥ LinkedList(Collection c)
- ➥ LinkedList(<E> c)

除了常规的不带参数的构造方法外，在第二种形式的构造方法里，它携带一个 Collection 类型的参数，Collection 是 Java 里的线性表类集合的基类，所以通过第二类形式的构造方法，可以把 Collection 内各元素装载到 LinkedList 对象里。同样，在其构造方法里可以使用泛型，用来指定 LinkedList 里可以容纳对象的类型。

2. 其他方法

下面介绍 LinkedList 类提供的其他常用方法。

- ➥ 添加元素的 void addFirst(E obj)和 void addLast(E obj)方法：在 List 的接口里，已经提供了 add()方法；在 LinkedList 这个实现类里，更提供了这两个能在链表头和链表尾添加元素的方法。
- ➥ 获取元素的 E getFirst()和 Object getLast()方法：LinkedList 类在 List 的 get()方法的基础上，添加了这两个方法，用来获取链表头和链表尾的元素。
- ➥ 删除元素的 E removeFirst()和 Object removeLast()方法：LinkedList 类也在 List 接口的基础上扩展了这两个删除头部和尾部元素的方法。

例 8.3 LinkedList 的应用。

```java
import java.util.LinkedList;
import java.util.List;
public class TestLinkedList{
    public static void main(String[] args){
        //使用 LinkedList()构造方法创建一个 List 接口对象
        List list = new LinkedList();
        //插入元素
        list.add("firstElement");
        list.add("secondElement");
        list.add("thirdElement");
        list.add(new Integer(10));
        //访问索引
        System.out.println("元素 firstElement 索引值为："  + list.indexOf("firstElement"));
        System.out.println("元素 fourElement 索引值为："  + list.indexOf("fourElement"));
        //删除元素
        list.remove("secondElement");
        System.out.println("元素 secondElement 索引值为：" +list.indexOf("secondElement"));
        //遍历
        System.out.println("遍历列表元素：");
        for(int i = 0;i<list.size();i++){
```

```
            System.out.println(list.get(i));
        }
        //清空链表
        list.clear();
        System.out.println("调用 clear 方法清除元素后列表中元素个数="+list.size());
    }
}
```

在这段代码里，首先通过"List list = new LinkedList();"语句创建了 list 对象。注意：是用实现类 LinkedList 来初始化接口 List 类型的变量，创建完 list 以后，通过 add()方法，向 LinkedList 里添加了 3 个类型为 String 的对象和一个 Integer 类型的对象。

完成元素的添加动作后，通过 indexOf()方法来获取指定元素在 LinkedList 里的索引。

代码执行到这里，会有如下输出结果：

```
元素 firstElement 索引值为: 0
元素 fourElement 索引值为: -1
元素 secondElement 索引值为: -1
```

正是因为 fourElement 不存在，secondElement 已经被删除掉，所以它们的索引值是–1，而 firstElement 的索引值是 0，因为在 LinkedList 里，索引值是从 0 开始的。之后，通过 for 循环，调用 get()方法，依次遍历了 list 里的对象。这时遍历打印的输出结果如下：

```
遍历列表元素:
firstElement
thirdElement
10
```

遍历后，通过 clear()方法来清空链表。清空后，链表的长度会被重置成 0，所以后继动作的输出结果如下：

```
调用 clear 方法清除元素后列表中元素个数=0
```

8.4　集及其实现类

在 8.3 节讲到的 Vector、Stack 及 LinkedList 等集合对象中，允许出现重复的元素。但是，在有些项目应用中，不允许把相同的元素插入同一个数据结构，例如在集合里存储一个班学生的学号，在一个班级里学生的学号肯定是不能重复的。虽然可以在插入前执行一段检验代码，如果没有检测到重复元素才允许插入，但这样做将会影响到代码的执行效率。

在 Java 集合类里专门给出了 Set 接口，这个接口中不仅封装了用线性表管理对象的方法，更封装了"不允许插入重复元素"的功能，所以使用 Set 可以以较高的效率来避免出现重复元素的情况。

8.4.1 集中的主要方法

集（Set）中的主要方法包括以下几种。

➡ boolean add(E o)：向 Set 对象中添加元素。这个方法同样用到了泛型，如果待插入的元素不存在于 Set 对象里，add 动作执行后会返回 true；反之，如果调用 add() 方法把已有的元素插入其中，那么这个待插入的元素不会被再次插入，并且 add() 方法将返回 false。

➡ boolean remove(Object o)：删除 Set 对象里指定的元素。如果这个方法成功地在 Set 对象里删除了指定元素，返回 true；反之，如果因为 Set 不存在指定元素而导致了删除失败，则返回 false。

➡ boolean isEmpty()：判断 Set 对象是否为空。如果 Set 对象里有元素，该方法返回 true；反之返回 false。

➡ int size()：返回 Set 对象中元素的个数。

与列表（List）情况类似，Java 中实现 Set 接口的类型也有多个，它们都实现了 java.util.Set 接口，并各自体现了 Set 的不同分化形式，其中 HashSet 类最常用。

8.4.2 HashSet 类

下面介绍 HashSet 类中的主要方法。

1. 构造方法

HashSet 类中常用的构造方法如下：

➡ HashSet()

➡ HashSet(<E> c)

除了常规的不带参数的构造方法外，在第二种构造方法里，可以通过输入泛型的类型，指定创建好的 HashSet 里可以容纳的对象。

2. 判断是否存在指定元素的方法

boolean contains(Object o)方法用于判断是否存在指定元素，如果在 HashSet 里存在 o 元素，则返回 true；否则返回 false。

例 8.4 HashSet 类的综合应用。

```java
import java.util.HashSet;
import java.util.Set;
import java.util.Vector;
public class TestHashSet{
    public static void main(String[] args){
        //使用 HashSet 创建 Set 接口对象
        Set set = new HashSet();
```

```
        set.add("One");
        //尝试插入相同的元素
        set.add("One");
        //查看集合中元素个数，输出结果是 1，而不是 2
        System.out.println(set.size());
        set.add("Two");
        set.add("Three");
        System.out.println(set.size());
        //查找指定元素
        boolean flag = set.contains("One");
        System.out.println("集合中是否包含元素 One：  " + flag);
    }
}
```

程序运行结果如下：

```
1
3
集合中是否包含元素 One：true
```

在这段代码里，首先创建了名为 set 的 HashSet 对象，随后，企图把两个重复的对象插入 set 里，不过 HashSet 不会把第二个"One"也插入 set 里，所以随后输出的 HashSet 的长度是 1 而不是 2，当再插入两个不重复的元素后，其长度会变为 3。插入完成后，通过 contains() 方法，判断 set 是否有指定的"One"元素，这里的输出是 true。

8.5　"键-值"对型的集合

8.5.1　Map 接口里的方法

如果 List 是封装了链表功能的接口，那么在 Map 接口里，则封装了以散列表方式存储和索引元素的方法。

下面介绍 Map 接口主要提供的管理"键-值"对的方法。

- V get(Object key)：返回 key 对应的值，key 参数指定了待索引"键-值"对里的"键"。
- boolean containsKey(Object key)：key 参数指定了待查找的"键"，如果在 Map 里不存在 key 这个"键"，返回 false；反之返回 true。
- boolean containsValue(Object value)：value 参数指定了待查找的"值"，如果在 Map 里不存在 value 这个"值"，返回 false；反之返回 true。
- V remove(Object key)：key 参数指定了待删除的"键-值"对里的"键"，用于删除由 key 标识的键值对，并返回由 key 对应的 value。
- int size()：返回 Map 的长度。
- void clear()：清空 Map 里的所有元素，清空后 Map 的长度被重置成 0。
- boolean equals(Object o)：比较指定的对象与此映射是否相等。

➥ int hashCode()：返回此映射的哈希码值。

➥ Set<Map.Entry<K,V>> entrySet()：返回此"键-值"对所包含的键和值的映射关系。

在这个 Map 接口里，还包含了一个不允许拥有重复元素的 Set 对象，所以在 Map 接口里，还拥有 Set<Map.Entry<K,V>> entrySet()形式的方法。该方法返回的是由存储在 Map 中所有 key 值组成的一个 Set 集合，知道 Set 集合中的元素是不允许有重复的，所以对于 Map 中的 key 值来说就需要满足这样的要求，即 key 值要唯一，要保证通过 key 值只能够找到一个与它对应的 value 值，这也是设计 Map 的初衷。

8.5.2　Hashtable 类

在 Java 的"键-值"对集合类里，事实上已经封装了用散列函数优化其中数据搜索效率及处理 Hash 表里数据冲突的实现细节，所以说，可以通过使用此类集合提供的方法，在不知道其中的内部实现细节的基础上，充分地享用由 Hash 表带来的数据检索和管理的高效性。下面以 Hashtable 为例，这个类是 Java 集合里"键-值"对类型的典范，介绍其常用的方法。

1.　构造方法

下面介绍 Hashtable 类中常用的构造方法。

➥ Hashtable()：创建一个有初始容量（11）和有默认装载因子（0.75）的 Hash 表。

➥ Hashtable(int initialCapacity)：创建一个指定初始化容量为 initialCapacity，装载因子默认值为 0.75 的 Hash 表。

➥ Hashtable(int initialCapacity, float loadFactor)：创建一个 Hash 表，通过参数 initialCapacity 指定 Hash 表的初始化容量，参数 loadFactor 指定装载因子。不过由于不必关心 Hash 表里诸如装载因子等实现细节，所以这种形式的构造方法使用频率并不高。

➥ Hashtable(<K,V> t)：该构造方法使用到了泛型来指定 Hash 表里键和值的类型。例如，通过"Hashtable <Integer,String> ht = new Hashtable<Integer,String>();"可以明确，在 Hashtable 里"键"必须用 Integer 类型的对象，而"值"必须用 String 类型的对象。

2.　其他方法

下面介绍 Hashtable 类中常用的其他方法。

➥ V put(K key, V value)：用于往 Hashtable 里插入"键-值"对。这里同样用到了泛型，即可以插入 K 类型的 key 和 V 类型的 value，并返回插入的"value 值"对象。注意，这里的泛型必须要和构造方法里的相一致。

➥ V get(Object key)：根据 key 这个"键"从 Hashtable 里检索到存储在 Hashtble 里的"值"。由于在这个方法里，封装了根据散列函数查找"值"的实现细节，所以可以保证较高的执行效率。

> boolean containsKey(Object key)：判断"键"是否存在于 Hashtable 中，该方法可用在元素检索的应用中。

> boolean containsValue(Object value)：判断"值"是否存在于 Hashtable 中，该方法可用在元素检索的应用中。

> public boolean contains(Object value)：判断"值"是否存在于 Hashtable 中。

> public void clear()：将此 Hashtable 清空，使其不包含任何键。

从上述给出的方法里，可以看到 Hashtable 里的"键-值"对管理数据存储的方式。下面通过 HashtableTest.java 这段代码来分析一下 Hashtable 类中各方法的使用方式，其中需要格外注意插入"键-值"对的 put()方法和得到"键-值"对的 get()方法。

例 8.5　Hashtable 类的使用。

```java
import java.util.Hashtable;
public class TestHashtable{
    public static void main(String[] args){
        Hashtable ht = new Hashtable();
        ht.put("1", "One");
        ht.put("2", "Two");
        ht.put("3", "Three");
        //根据键获取索引值
        System.out.println("键为'2'的值是： " + ht.get("2"));
        //重新设置
        ht.put("3", "The Third");
        System.out.println("修改后键'3'对应的值是： " + ht.get("3"));
        //检索键
        System.out.println("集合中是否包含键为'3'的元素： " +ht.containsKey("3"));
        //检索值
        boolean flag = ht.containsValue("Two");
        System.out.println("集合中是否包含值为'Two'的元素： " + flag);
        //检索值
        flag = ht.contains("One");
        System.out.println("集合中是否包含值为'One'的元素： " + flag);
        //清空后再判断 Hashtable 的长度
        ht.clear();
        System.out.println("调用 clear 方法清空集合后，元素个数为： " + ht.size());
    }
}
```

在这段代码里，首先通过泛型创建了名为 ht 的 Hashtable，随后向 ht 里插入了 3 个"键-值"对，完成插入后，调用了 get()方法，根据索引值"2"，查询对应的值并输出。这里得到的输出结果为：

```
键为'2'的值是：Two
```

此后，通过"ht.put("3", "The Third");"语句重新设置了"键"为"3"的值为"The Third"。如果针对同一个"键"设置了两次"值"，生效的是最后一次的动作，所以随后的输出结果为：

修改后键'3'对应的值是：The Third

接着，分别调用 contansKey()和 containsValue()方法，到 ht 里去查找集合是否包含"键"为"3"和"值"为"Two"的信息，得到如下结果：

集合中是否包含键为'3'的元素：true
集合中是否包含值为'Two'的元素：true

而 Hashtable 的 contains()方法用来判断其中是否存在指定的"值"，所以当用这个方法查找是否包含值"One"时，输出结果如下：

集合中是否包含值为'One'的元素：true

最后，当调用 Hashtable 的 clear()方法清空 ht 对象后，输出如下信息：

调用 clear 方法清空集合后，元素个数为：0

说明清空后，Hashtable 的长度会被重置成 0。

8.5.3 HashMap 类和 TreeMap 类

在 Java 的"键-值"对形式的集合里，有两个较为典型 Map 接口实现类，它们分别是 Hashtable 的变种类 HashMap，和以树结构为基础的管理"键-值"对的 TreeMap 类。

HashMap 类里的方法同 Hashtable 里的非常相似，而通过 TreeMap 类，可以得到一个已排好序的序列，即所有存放在 TreeMap 中的对象都是以树的结构进行存放的，这样才能在 Map 的基础上得到一组被排序的对象。正因为这一点，存放在 TreeMap 中的对象可以通过 subMap()方法得到一组介于某两个元素之间子序列，而且这个子序列也是排好序的。

下面通过例 8.6 来了解 HashMap 类与 TreeMap 类的特性。

例 8.6 HashMap 类和 TreeMap 类的使用。

```java
import java.util.HashMap;
import java.util.Map;
import java.util.Set;
import java.util.TreeMap;

public class TestMap {
    //打印 Map 集合里的对象
    static void print(Map map){
        //枚举器对象
        Set set=map.keySet();
        Object [] keys=set.toArray();
        for(int i=0;i<keys.length;i++){
            Object value=map.get(keys[i]);
            System.out.println("键=" + keys[i] + ",值=" + value);
        }
```

```
    }
    public static void main(String args[]){
        HashMap hm = new HashMap();
        TreeMap tm = new TreeMap();
        //开始打印
        System.out.println("HashMap 测试");
        hm.put("1","one");
        hm.put("2","two");
        hm.put("3","three");

        print(hm);
        System.out.println("TreeMap 测试");
        tm.put("1","one");
        tm.put("3","three");
        //改变了顺序
        tm.put("2","two");
        print(tm);
    }
}
```

在 TestMap 类中，定义了一个公共的打印方法 print()，这个方法接收所有的 Map 类型的对象，并且打印其中的元素。在该方法中，可以通过 keySet()方法得到所有的 key 值组成的 Set 对象，然后通过该集合的键访问 Map 中所有元素的值。程序的输出结果为：

```
HashMap 测试
键=1,值=one
键=2,值=two
键=3,值=three
TreeMap 测试
键=1,值=one
键=2,值=two
键=3,值=three
```

对于存放于 HashMap 里的数据来说，它们取出来的顺序是不规则的，有可能随着里面数据的变化它们之间的先后顺序也会发生变化，而存放于 TreeMap 里的数据无论以怎样的顺序来存放，它们最终保存在 TreeMap 里的先后顺序是不变的，这就使得 TreeMap 比 HashMap 多了一个有规则顺序的特性。

8.6　泛型和迭代器

8.6.1　泛型

通过前面的学习，我们知道集合可以存储任意类型的对象，但是把不同类型的对象添加到集合后，取出元素时，对象的类型都会被转换为 Object 类型，所以在程序中，我们无法确定一个元素实际的类型，所以操作对象时需要进行强制类型转换。先来看看如下例子。

例 8.7　编写程序，向 Vector 类对象中添加元素，并获取元素值。

```java
public class NoGeneric {
    public static void main(String[] args) {
        Vector v=new Vector();
        v.add(15);
        v.add(new Integer(10));
        v.add("name");
        for(int i=0;i<v.size();i++){
            Integer value=(Integer) v.get(i);
            System.out.println(value);
        }
    }
}
```

例 8.7 中粗体代码的强制类型转换有点烦人，程序员通常都知道一个特定的容器（Vector）里存放的是何种类型的数据，但却一定要进行类型转换。原因在于编译器只能保证容器返回的是一个对象但不知道是什么类型，如果要保证对变量的赋值类型安全，则必须进行类型转换。类型转换不但会引起程序的混乱，还可能会导致运行时错误，因为程序员难免会犯错误。

另一个问题是，在将对象放入容器时，如果放入的类型不同，程序是不提示错误的，但在取出数据时，会产生意想不到的错误后果。如例 8.7 中的注释行，如果该行没有被注释掉，程序在编译期间是不提示错误的，但在运行时就存在风险，也就是说在将数据从 Vector 中获得时，强制转换会发生错误。

从 JDK5.0 推出开始，Sun 公司对 Java 语言做了几个扩展，其中之一就是泛型。泛型允许对类型进行抽象。最常见的例子是集合类型，传统的集合类型为了提供广泛的适用性，会将所有加入其中的元素作为 Object 类型来处理。以 Vector 为例，从语法上讲，可以向其中添加任何类型的元素（基本数据类型会自动封装为封装类），但在实际应用中，必须将从中获得的元素值再强制转换为所期望的类型后才能使用。

例 8.8　使用泛型修改例 8.7 中的代码。

```java
public class UseGeneric {
    public static void main(String[] args) {
        Vector<Integer> c=new Vector<Integer> ();
        c.add(15);
        c.add(new Integer(10));
        //c.add("name");
        for(int i=0;i<c.size();i++){
            Integer value=c.get(i);
            System.out.println(value);
        }
    }
}
```

注意变量 c 的类型声明，它指明了该 Vector 对象不再是一个能够容纳任意类型数据的

容器，而是一个只能容纳 Integer 类的对象，即是一个 Integer 类型的容器，写作 Vector
<Integer>。这时可以说 Vector 是一个接收类型参数（在这个例子是 Integer）的泛化的容器，
在创建对象时，同时指定了一个类型参数。

　　另外要注意的是，在粗体行的类型转换已经不见了，这是因为编译器现在能够在编译
期间检测程序的类型正确性。当把 c 声明为类型 Vector<Integer>后，就意味着变量 c 在何
时何地的使用都是正确的，编译器保证了这一点。同样，此时的注释行在编译时，就会发
生编译错误，使错误信息提早发现。这样的结果是：程序（特别是大型的程序）的可读性
和健壮性得到了提高。

　　下面是 java.util 包里的 Vector 类的泛型声明：

```
public class Vector<E>{
    void add(E x);
    …
}
```

　　Vector<Integer>则为泛型声明的调用。在调用中（通常称为参数化类型），所有出现
规范类型参数（这里是 E）的地方全部都用实际的类型参数（这里是 Integer）代替。JDK5.0
推出后，集合类定义像 Vector 一样都进行了泛型化改造。此外，还有一些多参数的泛型化
例子，如 Map<K, V>就有两个类型参数，表示键-值映射等。

　　类型参数与用在方法里的普通参数类似，就像一个方法具有描述其运算所用到的值的
类型的规范值参一样，泛化声明具有规范类型参数。当一个方法被调用时，实际的参数将
会被规范参数所代替而对方法求值。当一个泛化声明被调用时，实际类型参数将会代替规
范类型参数。

例 8.9　编写程序，体会在 Vector 里泛型的一些使用方式。

```
import java.util.Vector;
public class TestVectorGenerics{
    public static void main(String[] args){
        Integer i = new Integer(10);
        Vector<String> v = new Vector<String>();
        //错误的代码，企图向 String 泛型里插入 Integer 类型的对象
        //v.addElement(i);
        //添加了两个 String 类型的对象
        v.addElement("Generics1");
        v.addElement("Generics2");
        v.insertElementAt("InsertedGenerics", 1);
        //遍历
        for (int index = 0; index < v.size(); index++){
            System.out.println(v.elementAt(index));
        }
    }
}
```

程序的输出结果为：

这段代码里，首先定义了一个 String 泛型的 Vector 对象，并通过 addElement()方法向其中插入了若干元素。不过要注意的是，不能把 String 以外类型的元素再插入 v 里，否则系统会报错。插入完成后，通过一个 for 循环实现了遍历动作。同样需要注意，由于指定了泛型，所以 elementAt()方法返回的是 String 类型的对象，不必再进行强制类型转换的动作。

综上论述，我们可以看出泛型允许编译器实施由开发者预先设定的类型约束，将类型检查由运行时挪到了编译时进行，这样类型错误就可以在编译时暴露出来，而不是在运行时才显现。这有助于早期发现错误并提高程序的可靠性。Java 中的集合类定义都做了泛型改造。

例 8.10　泛型参数集合示例。

```java
import java.util.Hashtable;
class Student{
    public int age;
        public String name;
        public String className;
        public Student(int age,String name,String className){
            this.age=age;this.name=name;this.className=className;
        }
}
public class TestHashtable{
    public static void main(String[] args){
        Hashtable<Integer,Student> ht=new Hashtable<Integer,Student>();
        ht.put(1,new Student(16,"悟空","高一(2)"));
        ht.put(2,new Student(17,"八戒","高一(2)"));
        ht.put(3,new Student(16,"沙师弟","高一(2)"));
        Student s=ht.get(2);
        System.out.println(s.name);
    }
}
```

和前面的例子一样，类型参数<Integer,Student>用于限定当前映射集合的元素只能以 Integer 和 Student 来作为键值和数据。

8.6.2　Iterator 接口

在使用集合进行开发的过程中，经常需要遍历集合中的元素，JDK 提供的 Iterator 接口可以方便地实现这种功能，Iterator 接口是对 collection 进行迭代的迭代器。

（1）在每一个集合类（如 Vector 或 Hashtable 等）里，都有一个 iterator()方法，各集合对象可以通过该方法把遍历本类的控制权交给 Iterator 接口。

（2）在 Iterator 的接口里，提供了 hasNext()方法，通过这个方法，可以判断出是否可以通过迭代器来得到集合对象中的下一个元素。如果用迭代器已经遍历到集合的最后一个元素，那么这个方法将返回 false，此时应当结束遍历。

（3）在 Iterator 的接口里，提供了 next()方法，用来获取集合对象里的下一个元素，它返回的是一个泛型对象。

例 8.11　枚举器的使用。

```java
import java.util.Iterator;
import java.util.Vector;

public class TestIterator {
    public static void main(String[] args){
        //定义使用泛型的 Vector 集合对象
        Vector <String> v = new Vector <String>();
        v.addElement("one");
        v.addElement("two");
        v.addElement("three");
        v.addElement("four");
        v.addElement("five");
        //定义迭代器
        Iterator<String> it = v.iterator();
        //通过迭代器遍历集合
        while(it.hasNext()){
            System.out.println(it.next());
        }
    }
}
```

例 8.11 演示了迭代器的一般使用流程：

（1）首先通过"Iterator it = v.iterator();"方法，将遍历 Vector 对象 v 的控制权交给 it。

（2）使用 while 循环，判断是否可以通过迭代器，遍历到下一个 Vector 对象 v 中的元素，如果无法遍历到，则 hasNext()方法会返回 false，退出 while 循环。

（3）如果通过步骤（2）里的 hasNext()方法得知可以遍历到下一个元素，则可通过迭代器里的 next()方法，访问下一个元素。

程序的输出结果为：

```
one
two
three
four
five
```

从例 8.11 中，可以看到迭代在访问集合对象方面的强大功能。迭代器看上去很"笨"，因为它只能通过有限的 hasNext()和 next()方法，用"探索——访问"的模式来依次遍历集合，但是这恰恰体现了迭代器在遍历集合对象上的强大功能：对于不同的集合对象，它都能以相同的方式来遍历，所以通过迭代器，可以用固定的方式，在无法预知将要处理的集合种类的情况下，来遍历任意种类的集合对象。

8.7 本 章 小 结

泛型是 JDK5.0 的新特性，泛型的本质是类型参数化，也就是说所操作的数据类型被指定为一个参数。在 JDK5.0 中，java.util 包中的集合类都已经被泛化了。

Java 的集合类型可以归纳为 3 种，即集（Set）、列表（List）和映射（Map）。集和列表的区别在于是否允许出现重复元素，而映射则保存成对的"键-值"信息，在检索数据时，可以根据相应的"键"，查找到其所对应的"值"。

Iterator 接口是对 collection 进行迭代的迭代器，可以方便地对集合元素进行遍历。

JDK 中提供了多种实用的集合 API，并形成了完备的集合框架，本章详细介绍了 Java 集合类的具体语法和使用方式，通过本章的学习读者可以了解 Java 在数据结构方面强大的编程功能。

8.8 知 识 考 核

第9章

Java 流与文件操作

所有程序都离不开信息的输入和输出。例如，从键盘读取数据、在网络上交换数据、打印报表、读写文件信息等，都要涉及数据输入/输出的处理。在面向对象的程序设计中，输入和输出都是通过数据流来实现的，而处理数据流的类主要被放在 java.io 包中。本章主要介绍数据流的概念及字节流和字符流的输入/输出。

本章学习要点如下：

↘ 数据流的基本概念和划分

↘ 字节流和字符流的应用

↘ 文件操作类等

9.1 数据流的基本概念

考虑到数据源的多样性，为了更有效地进行数据的输入、输出操作，Java 中把不同的数据源与程序间的数据传输都抽象表述为"流"（Stream），以实现相对统一和简单的输入/输出（Input/Output，I/O）操作方式。传输中的数据就像流水一样，也称为数据流。可以想象生活中的水流有多种情形——从容器（水源）到管道、从管道到容器、从管道到管道等。虽然容器（水源）的种类和性质可能五花八门，但一旦输水管道接通，我们就可以从管道中取水和向管道中注水，而不必再关心其来源和去向。程序中数据的传输与此极为类似，在 java.io 包中定义了多种类型的接口和类来实现数据的输入/输出功能，也称为 I/O 流类型，使用这些类型可以在程序和数据源之间建立数据传输通道，即 I/O 流，然后就可以使用基本统一而简洁的方式从流中读取或向流中写出数据，而不用再关心数据来自何方或去向何地。

9.1.1 输入流与输出流

数据流分为输入流（InputStream）和输出流（OutputStream）两大类。输入流只能读不能写，而输出流只能写不能读。通常程序中使用输入流读出数据，使用输出流写入数据，就好像数据流入程序并从程序中流出。输入流可从键盘或文件中获得数据，输出流可向显示器、打印机或文件中传输数据，如图 9-1 所示。

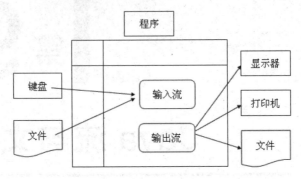

图 9-1　输入流和输出流

　　采用数据流的目的是，使程序的输入/输出操作独立于相关设备。因为每个设备的实现细节由系统执行完成，所以程序中不需要关心这些细节问题，使得一个程序能够用于多种输入/输出设备，不需要对源代码甚至目标代码做任何修改，从而增强程序的可移植性。

9.1.2　缓冲流

　　对数据流的每次操作都是以字节为单位进行，既可以向输出流写入一个字节，也可以从输入流中读取一个字节。显然这样的数据传输效率太低。为提高数据的传输效率，通常使用缓冲流（Buffered Stream），即为一个流配备一个缓冲区（Buffer），一个缓冲区就是专门用于传送数据的一块内存。

　　当向一个缓冲流写入数据时，系统将数据先发送到缓冲区，而不是直接发送到设备。缓冲区自动记录数据，当缓冲区满时，系统将数据全部发送到相应的设备。

　　当从一个缓冲流中读取数据时，系统实际是从缓冲区中读取数据。当缓冲区空时，系统就会从相应的设备自动读取数据，并读取尽可能多的数据填充缓冲区。

　　由此可见，缓冲流提高了内存与外部设备的数据传输效率。

9.2　Java 的标准数据流和输入/输出流

9.2.1　Java 的标准数据流

　　标准的输入/输出是指在字符的方式下（如 DOS）程序与系统进行交互的方式。主要分为以下 3 种：

- ➘ 标准的输入，对象是键盘。
- ➘ 标准的输出，对象是显示器屏幕。
- ➘ 标准的错误输出，对象也是显示器屏幕。

Java 通过系统类 System 实现标准的输入/输出功能。System 类在 java.lang 包中，被声明为一个 final 类：

```
public final class System extends Object
```

System 类不能创建对象，而是要直接使用。其中包括 3 个成员，分别是 in、out 和 err。

- ↘ public static final InputStream in
- ↘ public static final InputStream out
- ↘ public static final InputStream err

1. 标准输入 System.in

System.in 作为字节输入流类 InputStream 的对象，实现标准的输入，使用其 read()方法通过键盘接收数据。

- ↘ public int read() throws IOException：返回读入的一个字节，如果到达流的末尾，则返回-1。
- ↘ public int read(byte[] i) throws IOException：返回读入缓冲区的总字节数，如果因为已经到达流末尾而不再有数据可用，则返回-1。

使用 read()方法发生 I/O 错误时，抛出 IOException 异常。

2. 标准输出 System.out

System.out 是打印流类 PrintStream 的对象，用来实现标准输出。其中有 print()和 println()两个方法，这两个方法支持参数为 Java 的任意基本类型。

- ↘ public void print(参数)
- ↘ public void println(参数)

两者的区别在于：println()方法在输出时附加一个回车符，而 print()方法则不附加输出回车符。其实在前面的例子中已经多次使用这两种输出方法。

3. 标准的错误输出 System.err

System.err 与 System.out 相同，以 PrintStream 类的对象 err 实现标准的错误输出。

例 9.1　从键盘输入字符。

```
//SystemTest.java
import java.io.*;
public class SystemTest{
    public static void main(String [] args) throws IOException {
        System.out.println("What is your hobby?");
        //创建数组缓冲区，用来保存用户输入的字符
        byte temp[]=new byte[1024];
        //从标准输入流读取数据并返回读取缓冲区数据的字节数
        int count=System.in.read(temp);
        //按字符输入顺序依次输出 temp 中的元素值
        System.out.println("your hobby is：");
        for(int i=0;i<count;i++)
```

```
                    System.out.print((char)temp[i]);
        }
}
```

程序运行结果如图 9-2 所示。

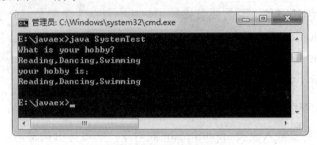

图 9-2　通过键盘输入字符

本例用 System.in.read(temp)从键盘输入一行字符，存储在缓冲区 temp 中，count 保存实际读入的字节个数，再以字符方式输出 temp 中的值。read()方法在 java.io 包中，而且要抛出 IOException 异常。

程序运行时，从键盘输入字符串"Reading,Dancing,Swimming"并按 Enter 键，字符串保存到缓冲区中；当程序运行到系统标准输出语句时，把数据从缓冲区写到标准输出设备屏幕上；main()方法采用 throws 语句声明抛出 IOException 异常交由系统处理。

9.2.2　java.io 包中的数据流及文件类

java.io 包支持两种类型的数据流：二进制字节流（Binary Stream）和字符流（Character Stream），以 4 个抽象类表示。表 9-1 列出了 java.io 包中 4 个数据流的抽象类及用于数据操作的文件类。

表 9-1　java.io 包中数据流的抽象类及文件类

类	说　明	类	说　明
InputStream	字节输入流的超类	Writer	字符输出流的超类
OutputStream	字节输出流的超类	File	文件类
Reader	字符输入流的超类	RandomAccessFile	随机访问文件类

1．字节流 InputStream 和 OuputStream

这两个类是所有面向字节的输入流和输出流的超类，其中声明了用于字节输入/输出的多个方法，包括读取数据、写入数据、标记位置、获取数据量及关闭数据流等。

2．字符流 Reader 和 Writer

这两个类是所有面向字符的输入流和输出流的超类。

字符流用于存储和检索文本。两者的使用方法与 InputStream 类和 OutputStream 类基本相同。不同的是，这两个类以 Unicode 字符为单位进行读写，当写入一个 16 位的 Unicode 字符时，按字节分成两部分，先写高位字节，后写低位字节。

3．文件类 File 和 RandomAccessFile

File 类记载文件信息并以顺序方式访问文件；RandomAccessFile 类以随机操作方式访问文件。

9.3　字　节　流

9.3.1　InputStream 类和 OutputStream 类

1．字节输入流 InputStream 类

InputStream 类是所有面向字节的输入流的超类，为 java.io 包中的抽象类。类的定义如下：

```
public abstract class InputStream extends Object
```

InputStream 类中声明了用于字节流输入的多个方法，包括读取数据、标记位置、获取数据量及关闭数据流等。下面介绍 InputStream 类的常用方法。

- read()：从流中读入数据。
- skip()：跳过流中若干字节数。
- available()：返回流中可用字节数。
- mark()：在流中标记一个位置。
- reset()：返回标记过的位置。
- markSupport()：是否支持标记和复位操作。
- close()：关闭流。

图 9-3 所示为 InputStream 类的层次结构。

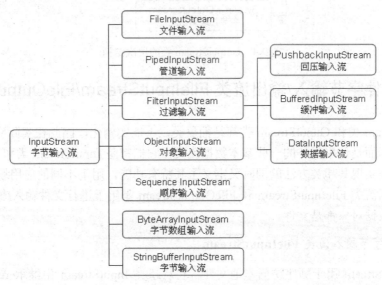

图 9-3　InputStream 类的层次结构

2．字节输出流 OuputStream 类

OuputStream 类为所有面向字节的输出流的超类，为 java.io 包中的抽象类。类的定义如下：

```
public abstract class OuputStream extends Object
```

OutputStream 类中声明了用于字节流输出的多个方法，包括写出数据、刷新缓冲区及关闭数据流等。下面介绍 OutputStream 类的方法。

- write(int b)：将一个整数输出到流中。
- write(byte b[])：将数组中的数据输出到流中。
- write(byte b[], int off,int len)：将数组 b 中从 off 指定的位置开始 len 长度的数据输出到流中。
- flush()：将缓冲区中的数据强制送出。
- close()：关闭流。

图 9-4 所示为 OutputStream 类的层次结构。

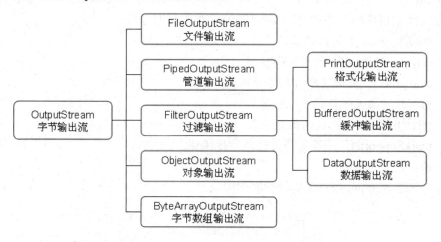

图 9-4　OutputStream 类的层次结构

9.3.2　文件字节输入/输出流类 FileInputStream/FileOutputStream

InputStream 类和 OuputStream 类都是抽象类，不能实例化，因此在实际应用中并不使用这两个类，而是使用另外的一些基本数据流类，它们都是 InputStream 类和 OuputStream 类的子类，在实现其超类方法的同时又定义了其特有功能，用于不同的应用场合。

文件数据流类 FileInputStream 和 FileOutputStream 是用于进行文件输入/输出处理的字节流类，其数据对象都是文件。

1．文件字节输入流类 FileInputStream

FileInputStream 用于顺序访问本地文件。它从超类 InputStream 中继承 read()、close() 等方法对本机上的文件进行操作，但不支持 mark()方法和 reset()方法。

（1）构造方法

FileInput 类的构造方法有以下两种格式：

➥ public FileInputStream(String name) throws FileNotFoundException

➥ public FileInputStream(File file) throws FileNotFoundException

其中，name 为文件名，file 为文件类 File 对象，即可以以文件名或 File 对象构造文件输入流对象。例如，以下语句以文件名 data.txt 构造文件数据输入流对象 f：

```
FileInputSream f=new FileInputStream("data.txt");
```

（2）读取字节的方法

使用 read()方法可以访问文件的一个字节、几个字节或整个文件。

➥ public int read() throws IOException：从输入流中读取一个数据字节，返回下一个数据字节，如果已到达文件末尾，则返回-1。

➥ public int read(byte[] b) throws IOException：从输入流中将最多 b.length 个字节的数据读入一个 byte 数组中，返回读入缓冲区的字节总数，如果因为已经到达文件末尾而没有更多的数据，则返回-1。

➥ public int read(byte[] b,int off,int len) throws IOException：从输入流中读取最多 len 个字节，存入字节数组 b 中（从 off 位置开始起），返回实际读入的字节数。如果 b 的长度是 0，则返回 0。如果输入流结束，返回-1。其中，b 是 byte 数组，作为输入缓冲区；off 为 b 的起始位置；len 为读取的最大长度。该方法可能抛出多种异常：如果 b 是空（null），则抛出运行时异常 NullPointerException；如果 off 或 len 为负数或 off+len 大于数组 b 的长度 length，则抛出运行时异常 IndexOutOfBoundsException；如果访问的文件不存在，导致无法读取数据，则发生 I/O 错误，抛出 IOException 异常 FileNotFoundException，所以使用时一定要捕获该异常。

（3）关闭输入流

public void close() throws IOException 方法用于关闭输入流，并释放相关的系统资源。发生 I/O 错误时，抛出 IOException 异常。

📖 **注意：** 因为 Java 提供系统垃圾自动回收功能，所以当一个流对象不再使用时，可以由运行系统自动关闭。但为了提高程序的安全性和稳定性，建议使用 close()方法关闭输入流。

例 9.2　打开文件。

```
//ReadFileTest.java
import java.io.*;
public class ReadFileTest{
    public static void main(String[] args) throws IOException {
        try {
            //创建文件输入流对象 fis
            FileInputStream fis =new FileInputStream("SystemTest.java");
            int n=fis.available();   //获取文件输入流对象可读取的字节总数
            byte b[]=new byte[n];
            //读取输入流数据
```

```
            while((fis.read(b,0,n)) != -1) {
                System.out.print(new String(b));
            }
            System.out.println();
            //关闭输入流
            fis.close();
        }catch(IOException ioe) {
            System.out.println(ioe.getMessage());
        }catch(Exception e) {
            System.out.println(e.getMessage());
        }
    }
}
```

程序运行结果是将例 9.1 中的源程序文件 SystemTest.java 的内容输出。

本例用 FileInputStream 的 available()方法得到输入流可读取的字节数，再用 read(byte[] b) 方法从例 9.1 中的源程序文件 SystemTest.java 中读取文件存储到字节数组 b 中，再将以 b 中的值构造的字符串 new String(b)显示在屏幕上。程序运行时，将源程序文件 SystemTest. java 的内容显示在屏幕上。

2. 文件字节输出流类 FileOutputStream

FileOutputStream 类用于向一个文件写数据。它从超类 OutputStream 中继承 write()、close()等方法。

（1）构造方法

FileOutputStream 类的构造方法有以下 3 种格式：

➥ public FileOutputStream(String name) throws FileNotFoundException

➥ public FileOutputStream(File file) throws FileNotFoundException

➥ public FileOutput.Stream (String name,boolean append) throws FileNotFoundException

其中 name 为文件名，file 为文件类 File 对象，append 表示文件是否为添加的写入方式。当 append 值为 false 时，为重写方式，即从头写入，覆盖原来文件内容；当 append 值为 true 时，为添加方式，即从文件末尾以追加方式写入。append 值默认为 false。例如，下面的语句以文件名 data.txt 构造文件输出流对象 f，并设置添加的写入方式。

```
FileOutputSream f=new FileOutputStream("data.txt",true);
```

（2）写入字节的方法

使用 write()方法将指定的字节写入文件输出流。write()方法有以下 3 种格式：

➥ public void write(int b) throws IOException

➥ public void write(byte[] b) throws IOException

➥ public void write(byte[] b,int off,int len) throws IOException

write()方法可以向文件写入一个字节、一个字节数组或一个字节数组的一部分。

当 b 是整数类型时，b 占用 4 个字节 32 位，通常是把 b 的低 8 位写入输出流，忽略其余高位的 24 位。

当 b 是字节数组时，可以写入从 off 位置开始的 len 个字节；如果没有 off 和 len 参数，则写入所有字节，即 write(b)相当于 write(b,0,b.length)。

发生 I/O 错误或文件关闭错误时抛出 IOException 异常；如果 off 或 len 为负数或 off+len 大于数组 b 的长度 length，则抛出 IndexOutOfBoundsExcption 异常；如果 b 是空数组，则抛出 NullPointerException 异常。

用 OutputStream 对象写入数据时，如果指定的文件不存在，则会创建一个新文件；如果文件已存在，使用重写方式则会覆盖原有数据。

（3）关闭输出流

public void close() throws IOException 方法用于关闭输出流，并释放相关的系统资源。发生 I/O 错误时，抛出 IOException 异常。

例 9.3　写入文件。

```java
import java.io.*;
public class WriteFileTest{
    public static void main(String [] args){
        try{
            System.out.println("请输入一行字符串：");
            int count;
            byte b[]=new byte[1024];
            //读取标准输入流
            count=System.in.read(b);
            //通过文件名的方式来创建文件输出流对象 fos
            FileOutputStream fos=new FileOutputStream("data.txt");
            //将用户输入的文本字符串写入文件中
            fos.write(b,0,count);
            //关闭输出流
            fos.close();
            System.out.println("保存文件成功！");
        }catch(IOException ioe){
            System.out.println(ioe.getMessage());
        }
    }
}
```

程序运行结果如图 9-5 和图 9-6 所示。

图 9-5　用文件字节输出流写文件

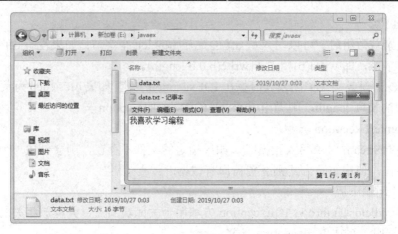

图 9-6　data.txt 文件位置及文件内容

本例用 System.in.read(byte[] b)从键盘输入一行字符串，存储在缓冲区 b 中，再用 FileOutputStream 的 write(byte[] b)方法将 b 中的内容写入文件 data.txt 中。从图 9-6 中可以看到源程序文件的同级目录中出现例 9.5 程序创建的 data.txt 文件，并且 data.txt 文件中的内容为图 9-5 中用户输入的字符串内容。

9.4 文 件 操 作

9.4.1　File 类

在进行文件操作时，需要知道一些关于文件的信息。File 类提供了一些方法可以用来操作文件和获得文件的信息。对于目录，Java 把它当作一种特殊的文件，即文件名的列表。通过 File 类的方法，可以得到文件或目录的描述信息，包括名称、所在路径、读写性、长度等，进而可以进行创建新目录、创建临时文件、改变文件名、删除文件、列出一个目录中所有的文件或与某个模式相匹配的文件等操作。File 类声明如下：

`public class File extends Object implements Serializable,Comparable`

1．构造方法

下面介绍 File 类的构造方法。
- public File(String pathname)：通过指定的路径名字符串来创建一个新的 File 对象。
- public File(File parent,String child)：根据指定的 File 类型的 parent 路径和 child 路径名字符串创建一个新 File 对象。
- public File(String parent,String child)：根据 parent 路径名字符串和 child 路径名字符串创建一个新 File 对象。
- public File(URI uri)：通过将给定 file: URI 转换为一个抽象路径名来创建一个新的 File 对象。

其中，pathname 指路径名字符串，parent 指父抽象路径名（父抽象路径名既可以是字符串，也可以是 File 对象）；child 指子路径名字符串；URI 的具体形式与系统有关，因此，构造方法执行的转换也与系统有关；uri 是一个绝对分层 URI。

下面语句演示了创建一个新文件对象的 3 种方法：

```
File f1=new File("data.txt");
File f2=new File("\\mydir"," data.txt ");
File dir=new File("\\etc");
File f3=new File(dir," data.txt "):
```

其中，指定文件名创建 f1，指定文件名和目录名创建 f2，指定目录名创建 dir，最后则以目录对象 dir 和文件名创建 f3。表示文件路径时，使用转义的反斜线作为分隔符，即 "\\" 代替 "\"。以 "\\" 开头的路径名表示绝对路径，否则表示相对路径。

这 3 种方法取决于访问文件的方式。如果应用程序里只用一个文件，则第一种创建文件的结构是最容易的。如果在同一目录里打开数个文件，则需要用第二种或第三种结构。

2．File 类提供的方法

创建一个文件对象后，可以用 File 类提供的方法来获得文件相关信息，对文件进行操作。

（1）访问文件对象

下面介绍 File 类提供的访问文件对象的方法。

➥　public String getName()：返回文件或文件夹的名称，不包含路径名。

➥　public String getPath()：返回相对路径名，包含文件名。

➥　public String getAbsolutePath()：返回绝对路径名，包含文件名。

➥　public String getParent()：返回父文件对象的路径名。

➥　public File getParentFile()：返回父文件对象。

（2）获得文件属性

下面介绍 File 类提供的获得文件属性的方法。

➥　public long length()：返回指定文件的字节长度。

➥　public boolean exists()：判断指定的文件是否存在。

➥　public long isFile()：判断 File 对象对应的是否为文件，若是返回 true，不是返回 false。

➥　public long isDirectory()：判断 File 对象对应的是否为目录，若是返回 true，不是返回 false。

➥　public long lastModified()：返回指定文件最后被修改的时间。

（3）文件操作

下面介绍 File 类提供的文件操作的方法。

➥　public boolean renameTo(Filedest)：文件重命名。

➥　public boolean delete()：删除空目录。

（4）目录操作

下面介绍 File 类提供的目录操作的方法。

➥　public boolean mkdir()：创建指定目录，正常建立时返回 true。

➥　public String[] list()：返回目录中的所有文件名字符串。

➜ public File[] listFiles(): 返回指定目录中的所有文件对象。

例 9.4 在当前目录下创建一个文件 src.txt，并在文件中输入内容"JavaSE 程序设计"，
然后创建 src.txt 的 File 对象，通过 File 类的常用方法来查看文件的相应信息。

```java
import java.io.*;
public class FileMethodTest{
    public static void main(String [] args) {
        //在当前目录下创建新目录 newdir
        File myNewDir=new File("newdir");
        myNewDir.mkdir();
        File f=new File("newdir\\src.txt");
        //获取文件名称
        System.out.println("文件名称："+f.getName());
        //获取文件的相对路径
        System.out.println("文件的相对路径："+f.getPath());
        //获取文件的绝对路径
        System.out.println("文件的绝对路径："+f.getAbsolutePath());
        //获取文件的父路径
        System.out.println("文件的父路径："+f.getParent());
        //判断是否是一个文件
        System.out.println(f.isFile()？"是一个文件"："不是一个文件");
        //判断是否是一个目录
        System.out.println(f.isDirectory()？"是一个目录"："不是一个目录");
        //得到文件的最后修改时间
        System.out.println("最后修改时间为："+f.lastModified());
        //得到文件的大小
        System.out.println("文件大小为："+f.length()+"bytes");
        //是否成功删除文件
        System.out.println("是否成功删除 src.txt 文件："+f.delete());
        //删除创建的 newdir 目录
        System.out.println("是否成功删除 newdir 文件："+myNewDir.delete());
    }
}
```

程序运行结果如图 9-7 所示。

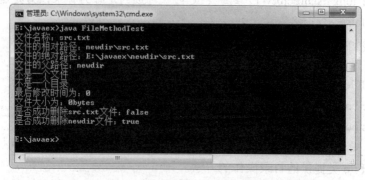

图 9-7 File 类常用方法的运行结果

运行 FileMethodTest 的 myNewDir.mkdir()语句后，会在当前文件夹下生成了一个目录（文件夹）newdir；之后创建 src.txt 的 File 对象 f，通过获取文件名、获取相对路径和绝对路径、判断 File 对象 f 是否为文件或目录、查看文件最后的修改时间等演示 File 类常用方法的使用。最后运行语句 f.delete()和 myNewDir.delete()来删除 src.txt 文件和 newdir 目录（需要注意，newdir 目录需要为空目录，才能使用 delete()方法进行删除）。

例 9.5　利用 File 类自动更新文件。

```
import java.io.*;
import java.util.Date;
import java.text.SimpleDateFormat;
public class FileUpdateTest{
    public static void main(String[] args) throws IOException{
        //待复制的文件名
        String fname="src.txt";
        //目标目录名
        String destdir="backup";
        update(fname,destdir);
    }
    public static void update(String fname,String destdir) throws IOException{
        File srcFile,destFile,destDirectory;
        //在当前目录中创建文件 srcFile 对象和目录 destDirectory 对象
        srcFile=new File(fname);
        destDirectory=new File(destdir);
        if(srcFile.exists()){                   //如果待复制的文件 src.txt 存在
            //destDirectory 对象不存在时创建目录
            if(!destDirectory.exists())
                destDirectory.mkdir();
            //在目录 destDirectory 中创建文件 destFile
            destFile=new File(destDirectory,fname);
            long srcdate=srcFile.lastModified();
            long destdate=destFile.lastModified();
            //destFile 不存在时或存在但日期较早时
            if((!destFile.exists())||(destFile.exists()&&(srcdate>destdate))) {
                copy(srcFile,destFile);         //复制
            }
            showFileInfo(srcFile);              //显示源文件的文件信息
            showFileInfo(destDirectory);        //显示目标目录及目标目录下文件的信息
        }else                                   //如果待复制的文件 src.txt 不存在，则提示文件未找到
            System.out.println(srcFile.getName()+"file not found");
    }
    public static void copy(File srcFile,File destFile) throws IOException{
        //创建文件输入流对象
        FileInputStream fis=new FileInputStream(srcFile);
        //创建文件输出流对象
        FileOutputStream fos=new FileOutputStream(destFile);
        int count,n=1024;
        byte buffer[]=new byte[n];
        //从输入流读取数据
```

```
            count=fis.read(buffer,0,n);
            while(count!= -1){
                //写出输出流数据
                fos.write(buffer,0,count);
                count=fis.read(buffer,0,n);
            }
            System.out.println("拷贝文件"+destFile.getName()+"成功!");
            //关闭输入/输出流
            fis.close();
            fos.close();
        }
        public static void showFileInfo(File f) throws IOException{
            SimpleDateFormat    sdf;
            sdf=new SimpleDateFormat("yyyy-MM-dd   hh:mm");
            if(f.isFile()){
                String filepath=f.getAbsolutePath();
                Date da=new Date(f.lastModified());
                String mat=sdf.format(da);
                System.out.println("<文件：>\t"+filepath+"\t"+f.length()+"\t"+mat);
            }
            else{
                System.out.println("<目录：>\t"+f.getAbsolutePath());
                File[]files=f.listFiles();
                for(int i=0;i<files.length;i++){
                    showFileInfo(files[i]);
                }
            }
        }
    }
```

程序运行结果如图 9-8 所示。

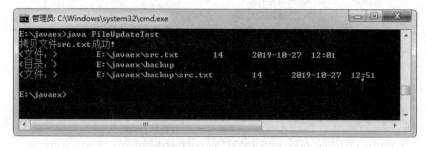

图 9-8　利用 File 类实现文件自动更新

本例使用 File 类对象对指定文件进行自动更新的操作涉及 3 种方法，下面分别介绍。

- ➥ update(String fname,String destdir)：在当前目录中，以源文件 fname 自动更新目标目录 destdir 中的同名目标文件，更新原则以文件的修改日期为准，以最新日期的文件替换原有过期文件。
- ➥ copy(File srcFile,File destFile)：以文件字节流方式，将 srcFile 复制成 destFile。
- ➥ showFileInfo(File f)：获得文件对象 f 的信息。

程序中 f.lastModified()返回一个表示日期的长整型，值为从 1970 年 1 月 1 日零时开始计算的毫秒数，并以此长整型构造一个日期对象，再按指定格式输出日期。程序 main()方法中的文件名和目录名也可以改由命令行输入，以"\\"开头的目录名表示绝对路径。

9.4.2 文件过滤器

1. FileFilter 接口和 FilenameFilter 接口

Java 提供了两个接口——FileFilter 和 FilenameFilter，用来实现对文件名字符串的过滤。FileFilter 接口用于抽象路径名的过滤器；FilenameFilter 接口的实现类可用于过滤文件名。这两个接口中都有 accept()方法。FileFilter 接口的 accept(File pathname)方法判断指定抽象路径名是否应该包含在某个路径名列表中，参数 pathname 指要判断的抽象路径名，当且仅当应该包含 pathname 时返回 true；FilenameFilter 接口的 accept(File dir, String name)方法判断指定文件是否应该包含在某一文件列表中，参数 dir 指待寻找的文件所在的目录，name 指文件的名称，当且仅当该名称应该包含在文件列表中时返回 true，否则返回 false。

FileFilter 接口和 FilenameFilter 接口的区别就在于它们的 accept()方法的参数不同。

2. 显示文件清单时使用过滤器

使用 File 类的 list()方法和 listFiles()方法显示文件清单时，可以设置一个文件过滤器作为参数，方法如下：

- public String[] list(FilenameFilter filter)
- public File[] listFiles(FilenameFilter filter)
- public File[] listFiles(FileFilter filter)

当调用 list()方法或 listFiles()方法时，原始清单中的每个项目都调用 accept()方法。如果 accept()方法返回 true，则相应的项目就留在清单内；如果返回 false，则相应的项目将从清单中除去。显然，这些接口成为使过滤机制运转起来的载体，因此需要定义自己的类来实现适当的接口，以获得具有特定扩展名或者以特定字符序列开始的文件名清单。

例 9.6 筛选出当前目录中指定字符串的文件名列表。

```
//FilenameFilterImpl.Java
import java.io.*;
import java.util.*;
public class FilenameFilterTest{
    //定义变量来保存表示文件名的前缀和后缀
    private static String prefix="";
    private static String suffix="";
    private static String filterstr="";

    public static void main(String[] args){
        //从键盘输入过滤条件
        System.out.println("请输入要查询的文件名过滤符");
        Scanner scan=new Scanner(System.in);
        filterstr=scan.next();
        int i=filterstr.indexOf(".");
```

```
        if(i>0){
            prefix=filterstr.substring(0,i);
            suffix=filterstr.substring(i+1);
        }
        //通过匿名内部类实现文件名过滤器接口
        FilenameFilter filter=new FilenameFilter() {
            public boolean accept(File dir, String filename) {
                boolean flag=false;
                try{
                    filename=filename.toLowerCase();
                    if(filename.contains(filterstr)||(filterstr.equals("*")))
                        flag=true;
                    else if((prefix.contains("*"))&&(filename.endsWith(suffix)))
                        flag=true;
                }
                catch(NullPointerException e){
                }
                return flag;
            }
        };
        File f1=new File("");
        //提取当前目录
        File curdir=new File(f1.getAbsolutePath(),"");
        System.out.println(curdir.getAbsolutePath());
        //列出带过滤器的文件名清单
        String[] str=curdir.list(filter);
        for(int j=0;j<str.length;j++){
            System.out.println("\t"+str[j]);
        }
    }
}
```

程序运行结果如图 9-9 所示。

图 9-9   列出带过滤器的文件名清单

本例采用匿名内部类来实现 FilenameFilter 接口中的 accept()抽象方法，在当前目录中列出带过滤器的文件名。

FilenameFilterTest 类中使用了 3 个私有静态变量——prefix、suffix 和 filterstr，其中，prefix 和 suffix 分别表示文件名的前缀和后缀，filterstr 表示过滤条件字符串。FilenameFilter 接口中的 accept()方法用于判断当前文件名 filename 是否已包含 filterstr，或者是否使用了通配符。如果使用了通配符，且前缀和后缀都是通配符，则列出当前目录下的所有文件；如果 prefix 中有通配符，则列出当前目录中所有以 suffix 结尾的文件。

9.4.3　随机文件操作

1. 文件的顺序访问与随机访问

对于 InputStream 类和 OutputStream 类来说，它们的实例都是顺序访问流，访问从头至尾顺序进行，而且输入流只能读不能写，输出流只能写不能读，即对一个文件不能同时进行读写操作。而 RandomAccessFile 类提供了另一种称为"随机访问文件"的方式，它有以下两个特点：

- 对一个文件可以同时进行既读又写的操作。
- 可以在文件中指定的任意位置读取数据或写入数据。

2. RandomAccessFile 类

（1）类声明

RandomAccessFile 类的声明如下：

```
public class RandomAccessFile extends Object implements DataOutput,DataInput
```

RandomAccessFile 类直接继承于 Object 类，并实现了接口 DataInput 和 DataOutput。它不是流。

（2）构造方法

RandomAccessFile 类的构造方法有以下两种格式：

- public RandomAccessFile(File file,String mode) throws FileNotFoundException
- public RandomAccessFile(String name,String mode) throws FileNotFoundException

其中，File 对象 file 指定带路径文件名；mode 指定参数访问模式：r 表示读，w 表示写，rw 表示读写。当文件不存在时，构造方法将抛出 FileNotFoundException 异常。

（3）实例方法

下面介绍 RandomAccessFile 类的实例方法。

- public long length() throws IOException：返回文件长度。
- public void seek(long pos) throws IOException：改变文件指针位置。
- public final int readInt() throws IOException：读一个整数类型值。
- public final void writeInt(int v) throws IOException：写入一个整型值。
- public long getFilePointer() throws IOException：获取文件指针的位置。
- public void close() throws IOException：关闭文件。

以上方法出错时，抛出 IOException 异常；当读到文件尾时，抛出 EOFException 异常。

例 9.7　随机文件操作。

```
//RandomFileTest.java
import java.io.*;
```

```
public class RandomFileTest{
    public static void main(String[] args) throws IOException{
        //创建随机文件对象
        RandomAccessFile raf=new RandomAccessFile("random.txt","rw");
        //向文件中写入一个整数
        raf.writeInt(123);
        //向文件中写入一个字符串
        raf.writeUTF("This is a randomfile program");
        //文件指针定位到文件开始处
        raf.seek(0);
        //读出一个整数和一个字符串并在屏幕上输出
        System.out.println(raf.readInt());
        System.out.println(raf.readUTF());
        //文件指针定位在 10
        raf.seek(10);
        //读出一行字符串并在屏幕输出
        System.out.println(raf.readLine());
    }
}
```

运行结果如图 9-10 所示。

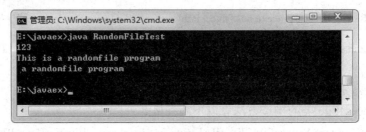

图 9-10　随机文件操作

本例对一个文件实现随机访问操作。当以可读写方式 rw 打开一个文件 random.txt 时，如果文件不存在，将创建一个新文件。先将 123 作为整数写入文件，再写入字符串 "This is a randomfile program"，这时文件指针位于文件尾；把指针移到文件开始处，依次读出写入的整数和字符串，并且显示到屏幕上；再把指针移到 10 位置上，然后读出文件的一行字符串并显示到屏幕上。

9.5　字　符　流

9.5.1　Reader 类和 Writer 类

1. 字符输入流 Reader

Reader 类为所有面向字符的输入流的超类。声明为 java.io 中的抽象类：

```
public abstract class Reader extends Object
```

Reader 类中的方法与 InputStream 类相似，图 9-11 所示为 Reader 类的层次结构。

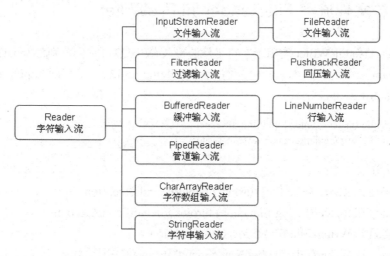

图 9-11　Reader 类的层次结构

2. 字符输出流 Writer

Writer 类为所有面向字符的输出流的超类。声明为 java.io 中的抽象类：

```
public abstract class Writer extends Object
```

图 9-12 所示为 Writer 类的层次结构。

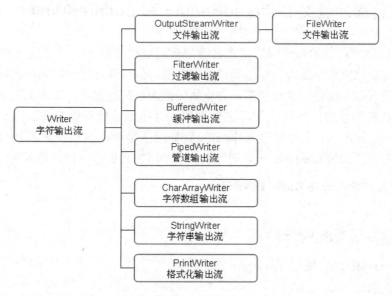

图 9-12　Writer 类的层次结构

Writer 类除提供了与 OutputStream 类中相似的方法外，还增加了一些新方法。

➥ public void write(String str) throws IOException：将字符串写入输出流。

➥ public abstract void flush() throws IOException：将缓冲区内容写入输出流。

9.5.2　字符文件流类 FileReader 和 FileWriter

　　FileReader 类和 FileWriter 类用于字符文件的输入/输出处理，它们分别是 InputStreamReader 和 OutputStreamWriter 的子类，与文件数据流类 FileInputStream 和 FileOutputStream 的功能相似。类声明如下：

```
public class FileReader extends InputStreamReader
public class FileWriter extends OutputStreamWriter
```

　　构造方法分别如下：

- ➥ public FileReader(File file) throws FileNotFoundException
- ➥ public FileReader(String fileName) throws FileNotFoundException
- ➥ public FileWriter(File file) throws IOException
- ➥ public FileWriter(File file,boolean append) throws IOException
- ➥ public FileWriter(FileDescriptor fd)
- ➥ public FileWriter(String fileName) throws IOException
- ➥ public FileWriter(String fileName,boolean append) throws IOException

FileReader 从父类中继承了 read()、close()等方法，FileWriter 从父类中继承了 write()、close()等方法。

9.5.3　字符缓冲流类 BufferedReader 和 BufferedWriter

　　通常，Reader 所做的每个读取请求都会导致对底层字符或字节流进行相应的读取请求，Writer 将其输出立即发送到底层字符或字节流。如果没有缓冲，则每次调用 read()或 readLine()都会导致从文件中读取字节，并将其转换为字符后返回；每次调用 print()方法会导致将字符转换为字节，然后立即写出到文件，这些都是极其低效的。FileReader 类和 FileWriter 类以字符为单位进行输入/输出，数据的传输效率也很低。利用 Java 提供的 BufferedReader 类和 BufferedWriter 类则可以以缓冲区方式进行高效的输入/输出。

1．字符缓冲输入流类 BufferedReader

（1）类声明

BufferedReader 类的声明如下：

```
public class BufferedReader extends Reader
```

（2）构造方法

下面介绍 BufferedReader 类的构造方法。

- ➥ public BufferedReader(Reader in): 创建一个使用默认大小输入缓冲区的缓冲字符输入流。
- ➥ public BufferedReader(Reader in，int size): 创建一个使用指定大小输入缓冲区的缓

冲字符输入流。其中，size 是指输入缓冲区的大小，如果 size≤0，则抛出 IllegalArgumentException 异常。

（3）实例方法

public String readLine() throws IOException 方法用于读取一个文本行。

2. 字符缓冲输出流类 BufferedWriter

（1）类声明

BufferedWriter 类的声明如下：

```
public class BufferedWriter extends Writer
```

（2）构造方法

下面介绍 BufferedWriter 类的构造方法。

- public BufferedWriter(Writer out)：创建一个使用默认大小输出缓冲区的缓冲字符输出流。
- public BufferedWriter(Writer out，int size)：创建一个使用指定大小输出缓冲区的新缓冲字符输出流。其中，size 是指输出缓冲区的大小，是一个正整数，如果 size≤0，抛出 IllegalArgumentException 异常。

（3）实例方法

public void newLine() throws IOException 方法用于写入一个行分隔符，行分隔符字符串由系统属性 line.separator 定义，并且不一定是单个换行符（'\n'）。

【任务 9-1】模拟记事本

任务描述

编写一个模拟记事本程序，通过控制台输入指令，实现在本地新建文件、打开文件和修改文件等功能。在程序运行开始后会首先出现要求用户输入指令的指令列表，指令 A 代表"新建文件"，此时允许用户输入文件的内容；指令 B 代表"打开文件"，此时允许用户输入想要打开的.txt 文件的路径，按 Enter 键之后将显示出打开文件的文本内容；指令 C 代表"修改文件"，此时既可以修改新建文件的内容，也可以修改打开文件的内容；指令 D 代表"保存"，此时需分为两种情况，一种是保存新建文件的内容，只需要让用户输入文件保存的路径即可，另一种是打开文件的内容需要保存，此时只需将原来的内容覆盖即可；指令 E 代表"退出"，即退出系统。

```
//NotepadTask .java
import java.io.*;
import java.util.*;
public class NotepadTask {
    //保存新建或者打开文件的文件路径
```

```
        private static String path;
        //保存新建或者打开文件的文本内容
        private static String information = "";
        public static void main(String[] args) throws Exception {
            Scanner sc = new Scanner(System.in);
            System.out.println("||-----模拟记事本 -----||");
            System.out.println("||-----A.新建文件-----||");
            System.out.println("||-----B.打开文件-----||");
            System.out.println("||-----C.修改文件-----||");
            System.out.println("||-----D.保        存------||");
            System.out.println("||-----E.退        出------||");
            System.out.println("||-----------------||");
            while (true) {
                System.out.print("请输入操作指令编号：");
                String number = sc.next();
                switch (number) {
                case "a":
                case "A":
                    createfile();                //A.新建文件
                    break;
                case "b":
                case "B":
                    openfile();                  //B.打开文件
                    break;
                case "c":
                case "C":
                    modifyfile();                //C.修改文件
                    break;
                case "d":
                case "D":
                    savefile();                  //D.保存
                    break;
                case "e":
                case "E":
                    exit();                      //E.退出
                    break;
                default:
                    System.out.println("您输入的指令编号错误！");
                    break;
                }
            }
        }
        //新建文件的方法：用来获取用户输入的内容
        private static void createfile() {
            information = "";                              //新建文件时，将暂存的文件内容清空
            Scanner sc = new Scanner(System.in);
            //提示用户输入内容并以 "#" 作为结束符
            System.out.println("请输入文本内容，结束编写请换行之后输入\"#\"：");
            StringBuffer sb = new StringBuffer();         //用于后期输入内容的拼接
            String inputInfo = "";                        //接收用户输入的文本信息
```

```
        while (!inputInfo.equals("#")) {        //当输入"#"时，结束输入
            if (sb.length() > 0) {
                sb.append("\n");                //添加换行符
            }
            sb.append(inputInfo);               //将用户输入的一行文本内容追加到字符串缓冲区中
            inputInfo = sc.nextLine();          //获取用户新输入的信息
        }
        information = sb.toString();            //将用户输入内容暂存在全局变量 information 中
    }

    //打开文件的方法：通过用户输入的文件路径打开文件，显示对应文件的内容
    private static void openfile() throws Exception {
        information = "";                       //打开文件前，先将暂存内容变量 information 清空
        Scanner sc = new Scanner(System.in);
        System.out.print("请输入想要打开文件的路径：");
        path = sc.next();                       //获取打开文件的路径，赋值给全局变量 path
        //通过 if 语句来保证输入的文件路径只能是.txt 格式的文本文件
        if (path != null && !path.endsWith(".txt")) {
            System.out.print("只能打开 txt 格式文本文件，请输入正确的文件路径！");
            return;
        }
        FileReader in = new FileReader(path);       //实例化一个 FileReader 对象
        BufferedReader br=new BufferedReader(in);   //创建一个字符缓冲输入流对象 br
        String str;
        StringBuffer sb = new StringBuffer();
        //循环读取，一次读取一个缓冲区字符数组长度的数据
        while ((str = br.readLine()) != null) {
            sb.append(str);
            sb.append("\n");
        }
        sb.deleteCharAt(sb.length()-1);         //删除字符缓冲区多出来的最后一个空行
        information = sb.toString();            //将打开文件内容暂存到全局变量 information 中
        System.out.println("打开文件内容：" + "\n" + information);
        br.close();                             //关闭字符缓冲区输入流
        in.close();                             //关闭输入流
    }

    //修改文件内容的方法：该方法使用 String 类中的字符串替换方法实现文本内容的修改
    private static void modifyfile() {
        if (information == "" && path == null) {
            System.out.println("请先新建文件或者打开文件");
            return;
        }
        Scanner sc = new Scanner(System.in);
        System.out.println("请输入要修改的内容（以 \"待修改内容->修改后内容\" 格式），结束
修改请换行后输入\"#\"：");
        String modifyStr = "";
        while (!modifyStr.equals("#")) {        //当输入"#"时，结束修改
            modifyStr = sc.nextLine();
            if (modifyStr != null && modifyStr.length() > 0) {
```

```
                //将输入的文字根据"->"拆分成字符串数组
                String[] modifyArray = modifyStr.split("->");
                if (modifyArray != null && modifyArray.length > 1) {
                    //根据拆分后的数组信息将文件中的内容进行替换
                    information = information.replace(modifyArray[0], modifyArray[1]);
                }
            }
        }
        System.out.println("修改后的内容：" + "\r\n" + information);
    }

    //保存文件的方法：保存新建文件需要用户输入新文件的保存路径，而保存打开的文件只需将
原文件进行覆盖即可
    private static void savefile() throws IOException {
        Scanner sc = new Scanner(System.in);
        FileWriter out = null;
        if (path != null) {                        //文件是由"打开文件"方式载入的
            out = new FileWriter(path);            //将原文件内容覆盖
        } else {                                   //新创建的文件
            System.out.print("请输入文件保存的绝对路径：");
            path = sc.next();                      //获取文件保存的路径并保存到全局变量 path 中
            //将输入路径中的大写字母全部替换成小写字母后，判断文件是不是文本格式
            if (!path.toLowerCase().endsWith(".txt")) {
                path += ".txt";
            }
            out = new FileWriter(path);            //构造输出流
        }
        BufferedWriter bw=new BufferedWriter(out);
        bw.write(information);                     //写入暂存的内容
        bw.close();                                //关闭字符缓冲区输出流
        out.close();                               //关闭输出流
        information = "";                          //将暂存文本内容的全局变量 information 置空
        path = null;                               //将存放文件路径的全局变量 path 置空
    }
    //退出的方法：直接终止程序
    private static void exit() {
        System.out.println("已退出系统，感谢您的使用！");
        System.exit(0);
    }
}
```

本例在命令行窗口中实现了模拟记事本的新建文件、打开文件、修改文件、保存文件及退出的功能。程序运行结果如图 9-13 所示。

模拟记事本运行在命令行窗口中。该任务实现了新建文件、打开文件、修改文件、保存及退出功能。通过输入对应指令的编号就可以进入对应功能的操作。

- ▲ 输入"A"或"a"指令，可以实现"新建文件"功能，进入该选项允许用户输入文本内容。
- ▲ 输入"B"或"b"指令，可以实现"打开文件"功能，进入该选项允许用户通过输入想要打开文件的路径来打开并显示文件的内容。

图 9-13　模拟记事本程序运行结果

➤ 输入 "C" 或 "c" 指令，可以实现 "修改文件" 功能，进入该选项之前，如果文件内容是 "新建文件" 方式中的文本内容，则可以通过指定修改格式来修改新建文件中的内容；如果文件内容是 "打开文件" 方式中的文本内容，则修改的是用户打开的文件中内容。

➤ 输入 "D" 或 "d" 指令，可以实现 "保存" 功能，文件内容为 "新建文件" 方式输入的内容，保存时需要用户输入新创建的文件的保存路径；而文件内容为 "打开文件" 中的内容，保存时比较简单，直接输入 "D" 或 "d" 指令即可。

➤ 输入 "E" 或 "e" 指令，可以实现 "退出" 功能，该功能直接终止程序。

9.6　对象序列化

　　此前所接触的 Java I/O 流是以字节或字符为单位进行数据读/写操作的，使用一些增强功能的处理流也可以直接处理字符串类型和基本类型数据（如 DataInputStream 等），但却无法直接处理 String 以外的其他引用类型数据——对象。那么如何直接以对象为单位进行数据的存储和传输呢？方法就是对象序列化。下面首先介绍一下对象流。

　　对象流分为对象输入流 ObjectInputStream 和对象输出流 ObjectOutpStream 两类。其类声明如下：

```
public class ObjectInputStream extends InputStream implements ObjectInput,ObjectStreamConstants
public class ObjectOutputStream extends OutputStream implements ObjectOutput,ObjectStreamConstants
```

构造方法分别如下：

- 🢖 public ObjectInputStream() throws IOException,SecurityException
- 🢖 public ObjectInputStream(InputStream in) throws IOException
- 🢖 public ObjectOutputStream() throws IOException,SecurityException
- 🢖 public ObjectOutputStream(OutputStream out) throws IOException

下面介绍其实例方法。

- 🢖 ObjectInputStream 类的 readObject()：从 ObjectInputStream 读取对象。
- 🢖 ObjectOutputStream 类的 WriteObject(Object obj)：将指定的对象写入 ObjectOutputStream。

序列化（Serialization）是指把并行数据转换成串行数据的处理过程，而对象序列化（Object Serialization）是指把对象的状态数据以字节流的形式进行处理，一般用于实现完全的对象。简单地说，对象的序列化可以理解为使用 I/O"对象流"类型实现的对象读/写操作。下面先以一个例子来说明如何进行对象序列化。

例 9.8 实现对象序列化。

```java
//Teacher.java
import java.io.Serializable;
public class Teacher implements Serializable{
    private int teaid;
    private String name;
    private int age;
    public Teacher(){}
    public Teacher(int teaid,String name,int age)  {
        this.teaid=teaid;
        this.name=name;
        this.age=age;
    }
    public void show(){
        System.out.println("编号:"+teaid+"\t"+"姓名:"+name+"\t"+"年龄:"+age);
    }
}
//ObjectStreamTest.java
import java.io.*;
public class ObjectStreamTest{
    public static void main(String[] args){
        Teacher t1=new Teacher(10023,"张三",35);
        Teacher t2=new Teacher(10016,"李四",40);
        try{
            //向文件中写入对象数据
            FileOutputStream fos=new FileOutputStream("teacher.dat");
            ObjectOutputStream oos=new ObjectOutputStream(fos);
            oos.writeObject(t1);
            oos.writeObject(t2);
            oos.close();
            //从文件中读出对象数据
```

```
            FileInputStream fis=new FileInputStream("teacher.dat");
            ObjectInputStream ois=new ObjectInputStream(fis);
            try{
                while(ois.available() != -1){
                    Teacher t=(Teacher)ois.readObject();
                    t.show();
                }
            }catch(EOFException eof){
                ois.close();
            }
        } catch(IOException ie){
            System.out.println(ie.getMessage());
        }catch(ClassNotFoundException cfe){
            System.out.println(cfe.getMessage());
        }
    }
}
```

程序运行结果如图 9-14 所示。

图 9-14　对象序列化的实现

运行程序 ObjectStreamTest.java，以对象为单位将 Teacher 类型数据写出到数据文件 teacher.dat 中，然后以对象为单位读取文件数据。从程序中可以看出，以对象为单位进行的数据 I/O 操作与前面的以字节、字符（包括字符串）或基本类型数据为单位的 I/O 操作形式上是相同的，只不过是实现起来复杂一些而已。Teacher 对象在内存中是临时存在的，程序退出时其状态（所封装的属性信息，包括属性名、属性值等）均被销毁，且其属性在逻辑上是不分先后顺序的。java.io.ObjectOutputStream 的 writeObject()方法将内存中该对象的状态信息以有序二进制流（0、1 序列）的形式输出到目标数据文件中，实现了信息的永久保存，这一过程即所谓的对象序列化。对象序列化的主要任务是写出对象的状态信息，并遍历该对象建立一个对其他对象的引用，递归地序列化所有被引用的其他对象，从而建立一个完整的序列化流。例如，例 9.8 中写出一个 Teacher 对象时实际上就进行了两个对象（一个 Teacher 对象及其引用的一个 String 对象）的序列化处理。java.io.ObjectInputString 类的 readObject()方法的功能则恰好相反——反序列化输入流中的下一个对象，遍历该对象中所有的对其他对象的引用，并递归地反序列化这些引用对象。

需要注意的是，并不是任何引用类型的数据（对象）都可以被序列化，只有实现了 java.io.Serializable 接口的类的对象才可以，这主要是出于安全性考虑，一些封装敏感性信息或时效性很强的信息的类则不建议支持序列化，以避免出现泄露或消息失效问题。在 Java 语言规范中规定了 Seriazable 接口的实现类均应该提供无参的构造方法，以供可能的反序列化操作，系统重建对象时自动调用，不过这一规则并未得到严格的贯彻。

在对象序列化过程中，其所属类的 static 属性和方法代码是不会被序列化的，因为 static 属性为整个类共有，不应因一个对象的"沉浮"而受影响，而方法代码是一成不变的，反序列化时只要在运行环境中能找到一份其所属的类文件即可（注意必须是当初序列化操作时使用的同一版本 .class 文件，如果中间进行过修改并重新编译，则反序列化时会出错）。对于个别不希望被序列化的非 static 属性（实例变量），也可以在属性声明时使用 transient 关键字进行标明，具体如例 9.9 所示。

例 9.9 序列化过程中的数据保护。

```java
//Student.java
import java.io.Serializable;
public class Student implements Serializable{
    private static String nativeplace="beijing";
    private String name;
    private transient String interest;
    public Student(String name,String interest){
        this.name=name;
        this.interest=interest;
    }
    public static String getNativeplace(){
        return nativeplace;
    }
    public static void setNativeplace(String nativeplace){
        Student.nativeplace=nativeplace;
    }
    public void show(){
        System.out.println("籍贯： "+nativeplace+"\t"+"姓名:"+name+"\t"+"爱好:"+interest);
    }
}
//ObjectReadAndWrite.java
import java.io.*;
public class ObjectReadAndWrite{
    public static void main(String[] args){
        try{
            Student.setNativeplace("北京");
            FileOutputStream fos=new FileOutputStream("studata.dat");
            ObjectOutputStream oos=new ObjectOutputStream(fos);
            Student stu1=new Student("张三","游泳");
            Student stu2=new Student("李四","乒乓球");
            System.out.println(Student.getNativeplace());
            oos.writeObject(stu1);
            oos.writeObject(stu2);
            oos.close();
            Student.setNativeplace("河北");
            FileInputStream fis=new FileInputStream("studata.dat");
            ObjectInputStream ois=new ObjectInputStream(fis);
            try{
                Student s=(Student)ois.readObject();
```

```
            while(s!=null){
                s.show();
                s=(Student)ois.readObject();
            }
        }catch(EOFException eof){
            ois.close();
        }
    }catch(IOException ie){
        System.out.println(ie.getMessage());
    }catch(ClassNotFoundException cfe){
        System.out.println(cfe.getMessage());
    }
}
}
```

程序运行结果如图 9-15 所示。

图 9-15　对象的序列化和反序列化

可以看出在对象序列化过程中，static 属性和 transient 属性均被略过；反序列化重构对象时，对象的这些属性重新被默认初始化和显式初始化处理。其中，static 属性如果已经存在，则维持原状，不再做初始化处理。

9.7　本章小结

本章结合具体的实例介绍了数据流的概念和分类，并重点介绍了字节流和字符流的分类和用法。字节流的基本操作单位是一个字节，而字符流操作的基本单位是一个字符。实际编程中经常使用的是 InputStream、OutputStream 及 Reader、Writer 的子类，读者要通过实践加深理解并学会使用缓冲区来提高读写效率。

9.8　知 识 考 核

第 **10** 章

GUI 程序设计

图形用户界面（Graphical User Interface，GUI）是指以图形化方式与用户进行交互的程序运行界面，图形用户界面主要由"窗体"（Window）及其中所容纳的各种图形化"组件"（Component），如菜单、按钮、文本框等组成，如我们所熟悉的 Windows 操作系统即为图形用户界面。与单调的字符界面相比，图形用户界面更友好、更丰富，且能够提供更灵活、更强大的人机交互功能，因此 GUI 应用程序设计已经成为当前应用程序设计的主流。本章将详细介绍如何利用 java.awt 包和 javax.swing 包下的组件进行图形用户界面的应用程序开发。

本章学习要点如下：

- ➥ 组件和容器
- ➥ 事件处理
- ➥ 字体和颜色的设置
- ➥ java.awt 包下的常用组件
- ➥ javax.swing 包下的常用组件

10.1　Java GUI 设计

Java 技术支持 GUI 程序设计，在 JDK 中提供了丰富的与 GUI 设计相关的 API，主要分为 AWT 和 Swing 两大系列，两者间存在紧密联系而非完全独立，其运行原理（事件处理机制）是完全相同的。

10.1.1　抽象窗口工具包

抽象窗口工具包（Abstract Window Toolkit，AWT）是 JDK 的一个子集，其中包含了大量用于创建图形用户界面和绘制图形、图像的类和接口，使用它可以便捷地实现 Java GUI

应用程序的开发。

在 JDK 中，AWT 对应的是 java.awt 包及其多个子包，其中常用的有以下两个。

➥ java.awt 包：提供基本 GUI 组件、视觉控制和绘图工具等 API。

➥ java.awt.event 包：提供 Java GUI 事件处理 API。

10.1.2　组件和容器

1．组件和容器

组件是图形用户界面的基本组成元素，凡是能够以图形化方式显示在屏幕上并能够与用户进行交互的对象均为组件。如图 10-1 所示，窗口、菜单、按钮、标签、文本框等都是组件。

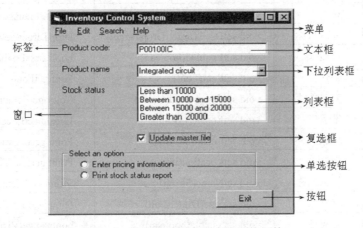

图 10-1　应用程序图形用户界面的组件

在 JDK 的 java.awt 包中定义了多种 GUI 组件类，如 Window、MenuComponent、Button、Label、TextField、Scrollbar 等，常用 GUI 组件类及类间的继承的层次关系如图 10-2 所示。

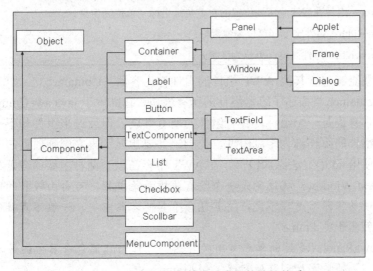

图 10-2　常用 GUI 组件类及类间的继承关系

其中，抽象类 java.awt.Component 是除菜单相关组件之外所有 Java AWT 组件类的基础父类，该类规定了 GUI 组件的基本特性，如尺寸、位置和颜色效果等，并实现了作为一个 GUI 组件所应具备的基本功能。表 10-1 给出了 Component 类的常规属性和相应的操作方法。

表 10-1 Component 类的常规属性和操作方法

属 性 名	含 义	设置属性的方法	获取属性的方法
background	背景色	void setBackground(Color)	Color getBackground()
—	边界	void setBounds(Rectangle)	Rectangle getBounds()
		void setBounds(int,int,int,int)	
cursor	光标	void setCursor(Cursor)	Cursor getCursor()
layoutMgr	布局	void setLayout(LayoutManager)	LayoutManager getLayout()
dropTarget	拖放目标	void setDropTarget(DropTarget)	DropTarget getDropTarget()
enabled	使能	void setEnabled(boolean)	boolean isEnabled()
font	字体	void setFont(Font)	Font getFont()
foreground	前景色	void setForeground(Color)	Color getForeground ()
locale	地区	void setLocale(Locale)	Locale getLocale()
—	位置	void setLocation(Point)	Point getLocation()
		void setLocation(int,int)	Point getLocationOnScreen()
name	组件名称	void setName(String)	String getName()
—	尺寸	void setSize(Dimension)	Dimension getSize()
visible	可见性	void setVisible(boolean)	boolean getVisible()

📖 **说明**：下述的 4 个属性用来表示组件的位置、尺寸和边界（同时包括位置和尺寸）等信息。

❯ int x：组件在容器中所处位置的左上角横坐标（单位为像素）。

❯ int y：组件在容器中所处位置的左上角纵坐标（单位为像素）。

❯ int width：组件宽度（单位为像素）。

❯ int heigth：组件高度（单位为像素）。

我们将那些能够包含其他 AWT 组件的组件称为容器（Container），如 Frame、Panel 等。java.awt.Container 类描述了容器组件的所有性质，它继承于 java.awt.Component 类，因此容器类对象本身也是一个组件，具有组件的所有性质，但反过来组件却不一定是容器。不能包含其他组件的组件称为控制组件。控制组件要想显示出来必须放置在容器组件中，容器类对象可使用 add()方法添加组件。在 AWT 中存在以下两种主要的容器类型。

❯ java.awt.Window：描述的是一个没有边框和菜单栏、可自由停靠的顶层容器（所谓"顶层容器"是指不允许将其包含于其他容器中），一般不直接使用该类，而是使用其子类 Frame。

❯ java.awt.Panel：是最简单而常用的容器，可作为容器包含其他组件，但不能独立存在，必须被添加到其他容器（如 Frame）中。

例 10.1　第一个 GUI 应用程序。

```
import java.awt.Frame;
import java.awt.Label;
import java.awt.Color;
import java.awt.FlowLayout;
class FirstFrame{
    public static void main(String args[]){
        Frame frame=new Frame("第一个 GUI 应用程序");
        Label lbl=new Label("这是我的第一个图形用户界面！");
        lbl.setBackground(Color.pink);
        frame.add(lbl);
        frame.setSize(300,100);
        frame.setVisible(true);
    }
}
```

程序运行结果如图 10-3 所示。

可以看出，Frame 类或其子类对象的显示效果是一个标准的图形窗口，该窗口在父类 Window 的基础上添加了边框属性，并拥有自己的窗口图标、窗口标题及"最小化""最大化"和"关闭"按钮，需要说明的是：

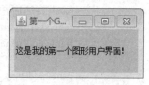

图 10-3　应用程序的 GUI

➤ 在创建 Frame 时可以在构造方法中通过 String 类型
参数指定窗口标题，该构造方法重载过，也支持无参格式。

➤ Frame 默认的大小为刚好容纳下标题条和"最小化""最大化""关闭"按钮，可以使用 setSize()方法设置 Frame 大小。Frame 窗口默认是不可见的，可使用 setVisible(true)方法使之可见；当然也可再使用 setVisble(false)将其隐藏起来。

➤ Frame 作为容器，可以使用 add()方法包含其他组件。在此我们添加了一个标签 Label 组件，用于显示文本信息，并设置了该标签组件的背景颜色。

➤ 标签组件在 Frame 中的摆放位置由布局管理器决定，Frame 使用 setLayout()方法可以设置窗口的布局。在此为 Frame 设置的是流式布局 FlowLayout，该布局管理器的特点是组件在容器中按照加入次序逐行定位，行内从左到右，一行排满后换行。

➤ 默认情况下，Frame 窗口的"最小化"和"最大化"两个按钮作用正常，而单击 "关闭"按钮时并不会退出程序或真的关闭窗口，这并不是 Frame 组件存在什么问题，而是为应用程序预留了接口，允许开发者加入关闭窗口操作时要执行的特定的处理逻辑，例如退出程序前保存文件等。这在学完 GUI 事件处理部分的知识后自然就清楚了，目前可在程序运行的控制台窗口中按 Ctrl+C 快捷键终止当前运行中的 Java GUI 程序。

各个 GUI 容器都拥有自己的坐标系统（计算机的显示器屏幕也是一种 GUI 容器，Frame 则是包含于该容器中的组件），其坐标原点位于容器/屏幕各自的左上角，水平向右为 X 轴正方向、垂直向下为 Y 轴正方向，刻度单位为像素，具体效果如图 10-4 所示。

从图 10-4 中可以看出，Frame 窗口在屏幕坐标系中的位置（其左上角顶点的坐标）为（80,100），但在 Frame 自己的窗口坐标系中，其左上角顶点即为相对坐标原点（0,0），两套坐标系的标度之间存在如下关系：x1=x0-80，y1=y0-100。某个容器所包含的组件总是按照该容器的相对坐标系来定位的。

例 10.2　容器组件 Panel 的定位和嵌套。

```java
import java.awt.Frame;
import java.awt.Panel;
import java.awt.Button;
import java.awt.Color;
class TestPanel{
    public static void main(String[] args){
        Frame frame=new Frame("容器 Panel 的使用");
        Panel panel=new Panel();
        Button btn=new Button("确定");

        panel.setBackground(Color.cyan);
        panel.setSize(100,50);
        panel.setLocation(40,40);
        frame.setLayout(null);
        frame.add(panel);

        panel.add(btn);
        frame.setLocation(80,100);
        frame.setSize(200,100);
        frame.setVisible(true);
    }
}
```

程序运行结果如图 10-5 所示。

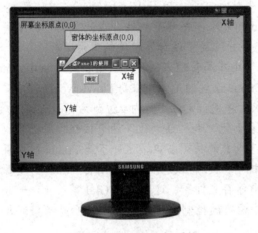

图 10-4　容器的坐标系

图 10-5　容器的定位和嵌套

在例 10.2 中，组件 Panel 的对象 panel 是容器，按钮对象 btn 就是添加到 panel 中的，但 panel 对象不能独立存在，因此将对象 panel 添加到了 Frame 容器中，形成了容器的嵌套。程序中"frame.setLayout(null);"的作用是取消 Frame 容器 frame 的默认布局管理器，然后人工设置了组件的尺寸大小和在容器中的位置。其中，setSize()方法用于设置组件尺寸大小，即宽度和高度，单位为像素；setLocation()方法用于设置组件在容器中的位置，即组件的左上角顶点坐标，单位也是像素。

2. 颜色的控制

java.awt.Color 类用于表示标准 RGB 颜色空间的颜色。该类中定义了多个构造方法以创建指定的颜色对象，并提供了多个静态的 Color 常量来表示常见的颜色。

下面介绍该类常用的构造方法。

➥ public Color(int rgb)：整型参数 rgb 用于指明红（16～23bit 表示）、绿（8～15bit 表示）、蓝（0～7bit 表示）三色的取值。

➥ public Color(int r,int g,int b)和 public Color(int r,int g,int b,int a)：整型参数 r、g、b 表示颜色中红、绿、蓝三色的含量，第二个构造方法中的参数 a 表示 alpha 值。r、g、b、a 的取值范围为 0～255。

➥ public Color(float r,float g,float b)和 public Color(float r,float g,float b,float a)：float 型参数 r、g、b 表示颜色中红、绿、蓝三色的含量，第二个构造方法中的参数 a 表示 alpha 值。r、g、b、a 的取值范围为 0.0f～1.0f。

Color 类中还定义了静态常量来表示常用的 13 种颜色，如表 10-2 所示。

表 10-2　Color 类的 13 种颜色的 RGB 值

颜 色 常 量	颜　　色	RGB 值
Color.black 或 Color.BLACK	黑色	0,0,0
Color.blue 或 Color.BLUE	蓝色	0,0,255
Color.green 或 Color.GREEN	绿色	0,255,0
Color.cyan 或 Color.CYAN	青色	0,255,255
Color.darkGray 或 Color.DARKGRAY	深灰色	64,64,64
Color.gray 或 Color.GRAY	灰色	118,118,118
Color.lightGray 或 Color.LIGHTGRAY	浅灰色	192,192,192
Color.red 或 Color.RED	红色	255,0,0
Color.magenta 或 Color.MAGENTA	深红色	255,0,255
Color.pink 或 Color.PINK	粉红色	255,175,175
Color.orange 或 Color.ORANGE	橘黄色	255,200,0
Color.yellow 或 Color.YELLOW	黄色	255,255,0
Color.white 或 Color.WHITE	白色	255,255,255

下面介绍 Color 类中常用的方法。

➥ public int getRed()：得到颜色对象的红色分量。

➥ public int getGreen()：得到颜色对象的绿色分量。

➥ public int getBlue()：得到颜色对象的蓝色分量。

➥ public int getAlpha()：得到颜色对象的 alpha 分量。

java.awt.Color 类主要用于在 GUI 开发中设置组件的背景色和前景色，其中前景色是指组件上显示文字或绘图时画笔的颜色。相应的方法在 java.awt.Component 类中定义，具体格式如下。

- public void setBackground(Color c)：设置组件的背景色。
- public void setForeground(Color c)：设置组件的前景色。

任何 AWT 组件均可调用这两个方法进行前景色和背景色的设置。

3. 字体的控制

java.awt.Font 类用于表示字体，其构造函数的格式如下：

public Font(String name,int style,int size);

其中：

- 参数 name 表示字体名称，如 Arial、Courier new、Times new Roman、宋体等，可以使用 GraphicsEnvironment 类中提供的 getAvailableFontFamilyNames()方法获取各种可用字体名称。
- 参数 style 表示字体样式，主要包括"普通""粗体""斜体"3 种，Font 类中定义的静态的整型常量分别表明这 3 种样式，包括 Font.PLAIN、Font.BOLD 和 Font.ITALIC。
- 参数 size 表示字体大小，可以简单理解为字号大小，或字体高度，单位为像素（pixel）。

例如，创建字体名称为"楷体_gb2312"、字体风格为加粗并倾斜、字体大小为 50 点的字体，代码如下：

Font f=new Font("楷体_gb2312",Font.BOLD+Font.ITALIC,50);

下面介绍 Font 类中常用的方法。

- public int getStyle()：返回当前字体风格的整数值。
- public int getSize()：返回当前字体大小的整数值。
- public int String getName()：返回当前字体的名称。
- public String getFamily()：返回当前字体家族名称。
- public boolean isPlain()：测试当前字体是否是普通的风格。
- public boolean isBold()：测试当前字体是否是加粗的风格。
- public boolean isItalic()：测试当前字体是否是倾斜风格

java.awt.Font 类用于在 GUI 开发中设置组件上显示文字的字体，相应的方法在 java.awt.Component 类中定义，具体格式如下。

- public void setFont(Font font)：设置字体。
- public Font getFont()：返回当前字体对象。

字体的创建和设置应在输出显示之前进行，否则将以系统默认的字体显示。

10.1.3 布局管理器

容器对其中所包含组件的排列方式，包括组件的位置和大小的设定，被称为容器的布局（Layout）。

所谓布局管理器是指系统事先定义好的若干容器布局效果，使用它们可以方便地实现组件在容器的布局管理，并能够满足各种常规需要。Java 提供了 5 种布局，如流式布局（FlowLayout）、边界布局（BorderLayout）和网格布局（GridLayout）等。

每一个容器都有默认的布局管理器，在创建一个容器对象时，同时也会创建一个相应的默认布局管理器对象，用户也可以随时为容器创建和设置新的布局管理器。选择了容器之后，可以通过容器的 setLayout()和 getLayout()方法来设置布局和获得容器布局管理器，也就是限制容器中各个组件的位置和大小等。

1．FlowLayout

FlowLayout 也称"流式布局"，是 Panel（及其子类）类型容器的默认布局管理器类型，其对应的 Java 类型为 java.awt.FlowLayout，具体布局效果为：组件在容器中按照加入次序逐行定位，行内从左到右，一行排满后换行。FlowLayout 布局不会改变组件尺寸，即按照组件原始大小进行显示，组件间的对齐方式默认为居中对齐。也可在构造方法中设置不同的组件间距、行距及对齐方式，构造方法如下。

- ➡ public FlowLayout()：创建 FlowLayout 布局管理器对象，组件对齐方式默认为居中对齐，组件的水平和垂直间距默认为 5 个像素。
- ➡ public FlowLayout(int align)：创建 FlowLayout 布局管理器对象，并显式设定组件对齐方式，组件的水平和垂直间距默认为 5 个像素。
- ➡ public FlowLayout(int align,int hgap,int vgap)：创建 FlowLayout 布局管理器对象，并显式设定组件对齐方式、水平和垂直间距。

其中，对齐方式可以使用 FlowLayout 类中定义的一系列 public static final int 型属性常量来设定，主要包括 FlowLayout.LEFT（左对齐）、FlowLayout.RIGHT（右对齐）和 FlowLayout.CENTER（居中对齐）。

例 10.3　使用 FlowLayout 布局管理器。

```
import java.awt.Frame;
import java.awt.Button;
import java.awt.FlowLayout;
public class TestFlowLayout{
    public static void main(String[] args){
        Frame f=new Frame("流布局");
        Button btn1=new Button("按钮 1");
        Button btn2=new Button("按钮 2");
        Button btn3=new Button("按钮 3");

        f.setLayout(new FlowLayout());
        f.add(btn1);
        f.add(btn2);
        f.add(btn3);

        f.setSize(100,100);
```

```
            f.setVisible(true);
    }
}
```

程序运行结果如图 10-6 所示。

图 10-6 流式布局

可以看出，当容器 f 的尺寸被重置时，其中组件的位置也随之进行了调整，但组件的尺寸维持不变。由于 Frame 类型容器 f 的默认布局管理器为 BorderLayout 类型，这里调用了 setLayout()方法改变其布局管理器为 FlowLayout 类型，实际上就是创建了一个 FlowLayout 类型的实例并将其关联到目标容器对象，或者说将其指派给 Frame 容器 f。

2. BorderLayout

BorderLayout 也称"边界布局"，是 Window 及其子类（包括 Frame、Dialog）类型容器的默认布局管理器类型，其对应的 Java 类型为 java.awt.BorderLayout，具体布局效果为：将整个容器范围划分成东、西、南、北、中（East、West、South、North、Center）5 个区域，其方位依据上北、下南、左西、右东的规则确定，组件只能被添加到指定的区域。如不指明组件的加入位置，则默认加入 Center 区域。每个区域只能加入一个组件，如加入多个，则先前加入的组件会被遗弃。

与 FlowLayout 不同，在使用 BorderLayout 布局的容器中，组件的尺寸也被布局管理器强行控制，即与其所在区域的尺寸相同。当 BoderLayout 布局容器的尺寸发生变化时，其中各组件的相对位置不变，尺寸随所在区域进行缩放调整。缩放调整的原则为：北、南两个区域只能在水平方向缩放（宽度可调整），东、西两个区域只能在垂直方向缩放（高度可调整），中部可在两个方向上缩放。BorderLayout 的构造方法如下。

➴ public BorderLayout()：构造一个 BorderLayout 布局管理器，其所包含的组件/区域间距为 0。

➴ public BorderLayout(int hgap,int vgap)：构造 BorderLayout 布局管理器，根据参数指定区域/组件间距，水平间距为 hgap 个像素，垂直间距为 vgap 个像素。

例 10.4 使用 BorderLayout 布局管理器。

```
import java.awt.Frame;
import java.awt.Button;
public class TestBorderLayout{
    public static void main(String[] args){
        Frame f=new Frame("边框布局");
        Button btnNorth=new Button("按钮 1");
        Button btnSouth=new Button("按钮 2");
        Button btnWest=new Button("按钮 3");
```

```
        Button btnEast=new Button("按钮 4");
        Button btnCenter=new Button("按钮 5");
        f.add(btnNorth,"North");
        f.add(btnSouth,"South");
        f.add(btnWest,"West");
        f.add(btnEast,"East");
        f.add(btnCenter,"Center");
        f.setSize(200,200);
        f.setVisible(true);
    }
}
```

程序运行结果如图 10-7 所示。

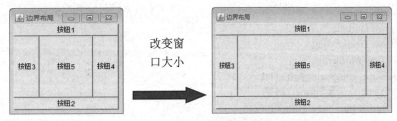

图 10-7　边界布局

可以看出，在 BorderLayout 布局容器中，组件的尺寸和位置被布局管理器强行接管，当容器尺寸被重置时，其中组件的相对位置不变，但分别在水平、垂直方向上进行了适应性调整。一般来说，此布局方式用于 GUI 程序的主窗体是比较合适的：北部区域可以添加菜单条或工具条之类的组件，南部区域可以添加状态条，东部区域可添加滚动条，而中央区域则使用文本域组件作为主体编辑区，当整个窗体容器发生尺寸重置时，各区域进行定向缩放调整的原则就可以很好地发挥作用了。

在 BoderLayout 类中定义了一系列的 String 类型常量来表明容器的以下 5 个不同区域：

➥ BorderLayout.EAST
➥ BorderLayout.WEST
➥ BorderLayout.SOUTH
➥ BorderLayout.NORTH
➥ BorderLayout.CENTER

例如，下面两条语句的作用是相同的，均可将组件 bs 加入 BorderLayout 布局的容器 f 的南部区域。

```
f.add(bs,"South");
f.add(bs,BorderLayout.SOUTH);
```

3. GridLayout

GridLayout 也称"网格布局"，对应的 Java 类型为 java.awt.GridLayout，其布局效果为：将容器区域划分成规则的矩形网格，每个单元格区域大小相等，组件被添加到每个单元格中，按组件加入顺序先从左到右填满一行后换行，行间从上到下。和 BorderLayout 布局类似，GridLayout 型布局的组件大小也被布局管理器强行控制，与单元格同等大小，当容器尺寸发生改变时，其中的组件相对位置不变，但大小发生改变。

可以在 GridLayout 构造方法中指定分割的行数和列数，其构造方法如下。

➘ public GridLayout()：创建一个 GridLayout 对象，它使用默认设置——所有组件位于一行中，各占一列。

➘ public GridLayout(int rows,int cols)：通过参数指定布局的行数和列数（rows 行/cols 列）。

➘ public GridLayout(int rows,int cols,int hgap,int vgap)：通过参数指定布局的行数、列数，以及组件间的水平间距（hgap 个像素）和垂直间距（vgap 个像素）。

例 10.5 使用 GridLayout 布局管理器。

```java
import java.awt.Frame;
import java.awt.Button;
import java.awt.GridLayout;
public class TestGridLayout{
    public static void main(String[] args){
        Frame f=new Frame("网格布局");
        Button btn1=new Button("按钮 1");
        Button btn2=new Button("按钮 2");
        Button btn3=new Button("按钮 3");
        Button btn4=new Button("按钮 4");
        Button btn5=new Button("按钮 5");
        f.setLayout(new GridLayout(3,2));
        f.add(btn1);
        f.add(btn2);
        f.add(btn3);
        f.add(btn4);
        f.add(btn5);
        f.pack();
        f.setSize(200,200);
        f.setVisible(true);
    }
}
```

程序运行结果如图 10-8 所示。

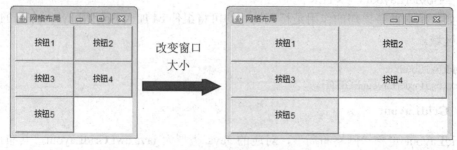

图 10-8 网格布局

可以看出，当 GridLayout 布局的容器尺寸发生变化时，每个单元格的大小都将随之做调整，组件的大小也会发生变化。

例 10.5 中使用了一个新的方法 pack()，此方法是 Window 类中定义的，其功能是调整此窗口的大小，使之紧凑化以适合其中所包含组件的原始尺寸和布局。

正常情况下使用 GridLayout 布局时，向容器中加入的组件数目应与容器划分出来的单元格总数相等（例如采用了 3 行 2 列 GridLayout 布局的 Frame 容器 f，可向其中添加 6 个组件）；但假如出现两者数目不等的情况（例如指定了 3 行 2 列的 GridLayout 布局容器中却加入了 8 个组件），程序也不会出错，而是保证行数为设置值，列数则通过指定的行数和布局中的组件总数来进行调整。

4．CardLayout

CardLayout 也称"卡片式布局"，对应的 Java 类型为 java.awt.CardLayout，其布局效果为：将多个组件在同一容器区域内交替显示，相当于多张卡片摞在一起，只有最上面的卡片是可见的。CardLayout 可以按指定的名字显示某一张卡片，或按先后顺序依次显示，还可以直接定位到第一张或最后一张卡片。和前几种布局方式不同，CardLayout 布局管理器直接提供了组件的显示控制方法，其中比较常用的介绍如下。

- ➤ public void first(Container parent)：翻转到指定容器 parent 的第一张卡片。
- ➤ public void last(Container parent)：翻转到指定容器 parent 的最后一张卡片。
- ➤ public void previous(Container parent)：翻转到指定容器的前一张卡片。如果当前的可见卡片是第一个，则此方法翻转到布局的最后一张。
- ➤ public void next(Container parent)：翻转到指定容器的下一张卡片。如果当前的可见卡片是最后一个，则此方法翻转到布局的第一张卡片。
- ➤ public void show(Container parent,String name)：翻转到已添加到此布局的具有指定名称的组件。如果不存在这样的组件，则不发生任何操作。

需要注意的是，在一张卡片中只能包含一个组件，如果要显示多个组件可采用容器嵌套的方式。

例 10.6　使用 CardLayout 布局管理器。

```
import java.awt.CardLayout;
import java.awt.Color;
import java.awt.Label;
import java.awt.Frame;
public class TestCardLayout{
    public static void main(String[] args){
        Frame f=new Frame("卡片布局");
        CardLayout layout=new CardLayout();
        f.setLayout(layout);
        Label lbl[]=new Label[4];
        for(int i=0;i<4;i++){
            lbl[i]=new Label("第"+(i+1)+"页卡片");
            f.add(lbl[i],"card"+(i+1));
```

```
    }
    lbl[0].setBackground(Color.red);
    lbl[1].setBackground(Color.green);
    lbl[2].setBackground(Color.blue);
    lbl[3].setBackground(Color.pink);
    f.setSize(200,150);
    f.setVisible(true);
    while(true){
        try{
            Thread.sleep(1000);
        }catch(InterruptedException e){
            e.printStackTrace();
        }
        layout.next(f);
    }
}
}
```

程序运行结果如图 10-9 所示，窗体中显示的内容在不断
变换。

📖 **说明：** 上述程序中语句 "Thread.sleep(1000);" 的功能是令当
前线程休眠 1000ms，以实现窗体中的卡片按照 1s 的间隔交替
显示的效果。

图 10-9　卡片布局

5. GridBagLayout

GridBagLayout 是建立在 GridLayout 基础上的一种极为复杂而灵活的布局方式，它不
显示规定网格中的行数和列数。实际上这种布局管理器维持的是一个动态的矩形单元网格，
它采用额外的布局约束工具（GridBagConstraints 类的实例）对加入的组件逐个进行单独的
布局控制，不要求组件的大小相同就可以将组件垂直和水平对齐，也就是说，每个组件可
以占有一个或多个单元格，即允许组件的显示区域跨行和跨列。

GridBagLayout 布局几乎能够实现任何的布局效果，不过使用起来非常烦琐，几乎没有
人使用，本节不再多讲。

6. 不使用布局管理器

Java 的容器被创建后，一般都有一个默认的布局管理器，例如窗体的默认布局是边界
布局，面板的布局默认是流式布局。如果不希望通过布局管理器对容器中的组件进行布局
管理，也可以不使用布局管理器，而是使用绝对定位方式添加组件。如果不使用布局，可
以调用容器的 setLayout(null)方法取消容器的布局管理器。Java 在 Component 中提供了
setBounds()方法，可以定位一个组件的坐标，方法定义如下。

➤ public void setBounds(int x, int y, int width,int height): 移动组件并调整其大小。由 x
和 y 指定左上角的新位置，由 width 和 height 指定新的大小。

➤ public void setBounds(Rectangle r): 移动组件并调整其大小，使其符合新的有界矩

形 r。由 r.x 和 r.y 指定组件的新位置，由 r.width 和 r.height 指定组件的新大小。

例 10.7　不使用布局管理器。

```java
import java.awt.Frame;
import java.awt.Button;

public class TestNullLayout {
    public static void main(String [] args) {
        Frame f=new Frame("不使用布局");
        Button btn1=new Button("按钮 1");
        Button btn2=new Button("按钮 2");
        Button btn3=new Button("按钮 3");
        //设置窗体不使用布局管理器
        f.setLayout(null);
        //设置按钮的位置和大小
        btn1.setBounds(30, 50, 50, 25);
        btn2.setBounds(100, 50, 50, 25);
        btn3.setBounds(50, 100, 50, 25);
        f.add(btn1);
        f.add(btn2);
        f.add(btn3);
        f.setSize(200,200);
        f.setVisible(true);
    }
}
```

程序运行结果如图 10-10 所示。

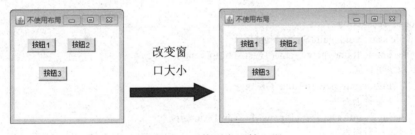

图 10-10　不使用布局管理器

从运行结果可以看出，使用绝对定位的好处就是无论窗体大小如何改变，组件的位置是固定不动的。

10.2　GUI 事件处理

不能与用户进行交互的图形用户界面是一幅静止的"画面"，没有什么实用价值。如何让图形用户界面"动"起来，使之能够接收用户（使用键盘、鼠标或手写板等设备）的输入并做出适当响应，是 Java GUI 程序的主要任务，本节将专门介绍有关这方面的知识。

10.2.1 Java 事件和事件处理机制

从 JDK1.1 开始，Java 采用了一种名为"委托事件模型"的事件处理机制，以支持 Java GUI 程序与用户的实时交互。和我们已经熟悉的 Java 异常处理机制类似，Java 事件处理的基本原理为 Java 事先定义了多种事件类，用以描述 GUI 程序中可能发生的各种事件，即用户在 GUI 组件上进行的操作，如鼠标单击、输入文字、关闭窗口等；在约定各种 GUI 组件在与用户交互时，遇到特定操作则会触发相应的事件，即自动创建事件类对象并提交给 Java 运行时系统；系统在接收到事件类对象后，立即将其发送给专门的事件处理对象，该对象调用其事件处理方法，处理先前的事件类对象，进而实现预期的事件处理逻辑。

和 Java GUI 事件处理相关的重要概念包括以下几个方面。

- ➔ 事件（Event）：当用户在组件上进行操作时会触发一个事件，对应的事件类对象会产生，事件类对象用于描述发生了什么事情。
- ➔ 事件源（Event Source）：能够产生事件的 GUI 组件对象，如按钮、文本框等。
- ➔ 事件处理方法（Event Handler）：能够接收、解析和处理事件类对象，实现与用户交互功能的方法。
- ➔ 事件监听器（Event Listener）：调用事件处理方法的对象。

例 10.8 Java GUI 事件处理。

```java
import java.awt.Button;
import java.awt.FlowLayout;
import java.awt.Frame;
import java.awt.event.ActionEvent;
import java.awt.event.ActionListener;

public class TestActionEvent {
    public static void main(String args[]){
        Frame frame=new Frame("TestActionEvent");
        //事件源
        Button btn=new Button("OK");
        //监听器对象
        MyEventListener mel=new MyEventListener();
        //注册事件监听
        btn.addActionListener(mel);
        frame.setLayout(new FlowLayout());
        frame.add(btn);
        frame.setSize(200,100);
        frame.setVisible(true);
    }
}
class MyEventListener implements ActionListener{
    //事件处理方法
    public void actionPerformed(ActionEvent e){
        System.out.println("按钮 OK 被点击了!");
    }
}
```

程序运行结果如图 10-11 所示，用户每次用鼠标单击 OK 按钮时，程序都会在控制台窗口中输出一行字符串"按钮 OK 被点击了！"。

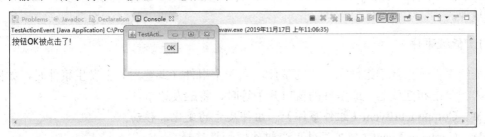

图 10-11　例 10.8 的运行结果

Button 类的对象 btn 是事件源组件，调用其成员方法 addActionListener()与监听器对象 mel 建立了监听和被监听的关系，这一过程称为注册监听器。然后，当用户使用鼠标在按钮 btn 上进行单击操作时，按钮 btn 自动触发了 ActionEvent 事件，即创建了一个 ActionEvent 类的对象并将其提交给运行时系统，运行时系统再将其转发给此前曾在 btn 上注册过的监听器对象 mel，并以该事件对象作为实参自动调用 mel 的相应事件处理方法 actionPerformed()。"委托事件模型"的抽象视图如图 10-12 所示。

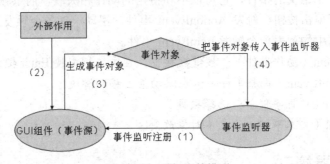

图 10-12　委托事件模型

10.2.2　事件类

Java GUI 主要事件类的层次结构如图 10-13 所示。

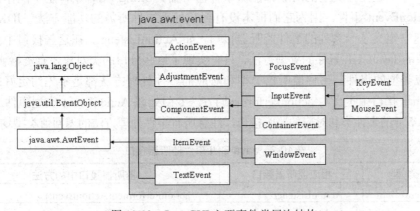

图 10-13　Java GUI 主要事件类层次结构

java.util.EventObject 类是所有事件类的基础父类，所有事件都是由它派生出来的。AWT 的相关事件继承于 java.awt.AWTEvent 类，这些 AWT 事件分为两大类：低级事件和高级事件。

1. 低级事件

低级事件是指基于组件和容器的事件，当一个组件（或容器）上发生事件时，如鼠标的进入、单击和拖放等，或组件的窗口开关等时，将触发该事件。

- ComponentEvent（组件事件）：组件尺寸的变化、移动。
- ContainerEvent（容器事件）：组件增加、移动。
- WindowEvent（窗口事件）：窗口闭合、图标化。
- FocusEvent（焦点事件）：焦点的获得和丢失。
- KeyEvent（键盘事件）：按键被按下或释放。
- MouseEvent（鼠标事件）：鼠标的单击、双击和移动等。

2. 高级事件

高级事件是基于语义的事件，它可以不和特定的动作相关联，而依赖于触发此事件的类。例如，用鼠标单击按钮会触发 ActionEvent 事件，滑动滚动条会触发 AdjustmentEvent 事件，选择列表框中的列表项会触发 ItemEvent 事件。

- ActionEvent（动作事件）：按键被按下、在文本框中按 Enter 键。
- AdjustmentEvent（调整事件）：在滚动条上移动滑块。
- ItemEvent（项目事件）：选择项目。
- TextEvent（文本事件）：文本对象改变。

10.2.3 监听器接口

在"委托事件模型"中，事件源需要注册监听器。那么什么样的对象可以作监听器？什么样的方法是事件处理方法？注册监听器的方法又有哪些？

首先，并不是任何类型的对象都能做事件监听器，String 类对象肯定不能作为监听器来处理 ActionEvent 事件，因为它们根本没有封装处理事件所需的功能方法。JDK 的 java.awt.event 包中定义了一系列的事件监听器接口，如 ActionListener，在这些接口中分别定义了各种类型的 Java GUI 事件的处理方法，只有实现了这些接口的类对象才有资格作监听器，去处理相应类型的事件。事件监听器类型和对应的事件处理方法都是事先约定好的，例如 ActionListener 接口中定义的 actionPerformed()方法专门处理 ActionEvent 类型事件。表 10-3 中列出了 AWT 的事件类和对应的监听接口，注意所有事件处理方法的返回值类型均为 void。

表 10-3 Java GUI 事件监听器接口

事 件 类 型	相应监听器接口	监听器接口中的方法
ActionEvent	ActionListener	actionPerformed(ActionEvent)
ItemEvent	ItemListener	itemStateChanged(ItemEvent)

事 件 类 型	相应监听器接口	监听器接口中的方法
MouseEvent	MouseListener	mousePressed(MouseEvent)
		mouseReleased(MouseEvent)
		mouseEntered(MouseEvent)
		mouseExited(MouseEvent)
		mouseClicked(MouseEvent)
	MouseMotionListener	mouseDragged(MouseEvent)
		mouseMoved(MouseEvent)
KeyEvent	KeyListener	keyPressed(KeyEvent)
		keyReleased(KeyEvent)
		keyTyped(KeyEvent)
FocusEvent	FocusListener	focusGained(FocusEvent)
		focusLost(FocusEvent)
AdjustmentEvent	AdjustmentListener	adjustmentValueChanged(AdjustmentEvent)
ComponentEvent	ComponentListener	componentMoved(ComponentEvent)
		componentHidden(ComponentEvent)
		componentResized(ComponentEvent)
		componentShown(ComponentEvent)
WindowEvent	WindowListener	windowClosing(WindowEvent)
		windowOpened(WindowEvent)
		windowIconified(WindowEvent)
		windowDeiconified(WindowEvent)
		windowClosed(WindowEvent)
		windowActivated(WindowEvent)
		windowDeactivated(WindowEvent)
ContainerEvent	ContainerListener	componentAdded(ContainerEvent)
		componentRemoved(ContainerEvent)
TextEvent	TextListener	textValueChanged(TextEvent)

其次，注册监听器的方法是在各 Java GUI 组件类（事件源）中定义的，其格式如下：

```
public void add×××Listener(×××Listener 1)
```

其中，×××代表某种事件类型；参数 1 为实现了×××Listener 监听接口的类对象，即监听器。例如 Button 类中注册监听器的方法为 addActionListener(ActionListener 1)。在例 10.8 中，类 MyEventListener 实现了 ActionListener 接口，该类的对象 mel 是监听器；按钮 btn 调用方法 addActionLisntener(mel)注册监听；而 mel 将只负责事件源 btn 上触发的 ActionEvent 类型事件。

一个 Java GUI 组件可能产生多种不同类型的事件，因而可以注册多种不同的监听器。例如，当用户单击 Button 组件时还会同时产生 MouseEvent 事件，Frame 窗口组件还可以产生 WindowEvent 等。各种常用组件及其可注册的监听器类型如表 10-4 所示。

表 10-4　常用组件及其可注册的监听器类型

组　　件	监听器类型										
	Act	Adj	Cmp	Cnt	Foc	Itm	Key	Mou	MM	Text	Win
Button	●		●		●		●	●	●		
Checkbox			●		●	●	●	●	●		
CheckboxMenuItem						●					
Choice			●		●	●	●	●	●		
Component			●		●		●	●	●		
Container			●	●	●		●	●	●		
Dialog			●	●	●		●	●	●		●
Frame			●	●	●		●	●	●		●
Label			●		●		●	●	●		
List	●		●		●	●	●				
MenuItem	●										
Panel			●	●	●		●	●	●		
Scrollbar		●	●		●		●	●	●		
ScrollPane			●	●	●		●	●	●		
TextArea			●		●		●	●	●	●	
TextField	●		●		●		●	●	●	●	
Window			●	●	●		●	●	●		●

表 10.4 中使用的监听器接口类型缩写含义如下：

➘ Act —— ActionLstener

➘ Adj —— AdjustmentListener

➘ Cmp —— ComponentListener

➘ Cnt —— ContainerListener

➘ Foc —— FocusListener

➘ Itm —— ItemListener

➘ Key —— KeyListener

➘ Mou —— MouseListener

➘ MM —— MouseMotionListener

➘ Text —— TextListener

➘ Win —— WindowListener

10.2.4　事件适配器

在创建事件监听器类时，需要实现相应的监听接口，即在监听器类中必须重写/实现监听接口中的每一个抽象方法，如果该监听器接口中的抽象方法有多个，则该工作将会成为程序员的负担。

例 10.9　框架窗口的事件处理。

```java
import java.awt.*;
import java.awt.event.*;
class WindowHandler implements WindowListener{
    public void windowClosing(WindowEvent e){
        System.exit(0);
    }
    public void windowOpened(WindowEvent e){
    }
    public void windowIconified(WindowEvent e){
    }
    public void windowDeiconified(WindowEvent e){
    }
    public void windowClosed(WindowEvent e){
    }
    public void windowActivated(WindowEvent e){
    }
    public void windowDeactivated(WindowEvent e){
    }
}
public class MyFrame extends Frame{
    public MyFrame(){
        super("框架窗口的 Window 事件");
        WindowHandler handler=new WindowHandler();
        addWindowListener(handler);
        setSize(150,100);
        setVisible(true);
    }
    public static void main(String[] args){
        MyFrame frame=new MyFrame();
    }
}
```

在例 10.9 中，WindowHandler 作为监听器类要处理"关闭"窗口动作，需要实现 WindowListener 接口，虽然只是用到一个相应的事件处理方法，但却不得不重写该接口中所有的 7 个抽象方法。

为简化程序员的上述编程负担，JDK 中针对大多数事件监听器接口提供了相应的实现类——事件适配器（Adapter）。在适配器中，实现了相应监听器接口的所有方法，但不做任何处理，即只是添加了一个空的方法体。然后程序员在定义监听器类时就可以不再直接实现监听接口，而是继承事件适配器类（还是间接地实现了监听器接口），并只重写所需要的方法。下面来看一个具体事件适配器类 WindowAdapter 的定义。

```java
package java.awt.event;
public abstract class WindowAdapter implements WindowListener{
    public void windowClosing(WindowEvent e){}
```

```
        public void windowOpened(WindowEvent e){}
        public void windowIconified(WindowEvent e){}
        public void windowDeiconified(WindowEvent e){}
        public void windowClosed(WindowEvent e){}
        public void windowActivated(WindowEvent e){}
        public void windowDeactivated(WindowEvent e){}
}
```

适配器类被定义成抽象类是为了避免其直接被实例化当作监听器类使用，毕竟其中的重写方法做不了什么有意义的事。JDK 中并没有为所有的监听器接口都提供相应的适配器类，如 ActionListener 、TextListener 和 AdjustmentListener 等，因为这些接口中只包含一个事件处理方法，无须再定义适配器。

常用 Java GUI 组件的事件适配器类如表 10-5 所示。

表 10-5　常用 Java GUI 组件的事件适配器类

监听器接口	对应适配器	说　明
MouseListener	MouseAdapter	鼠标事件适配器
MouseLotionListener	MouseMotionAdapter	鼠标运动事件适配器
WindowListener	WindowAdapter	窗口事件适配器
FocusListener	FocusAdapter	焦点事件适配器
KeyListener	KeyAdapter	键盘事件适配器
ComponentListener	ComponentAdapter	组件事件适配器
ContainerListener	ContainerAdapter	容器事件适配器

例 10.10　事件适配器类的应用。

```
import java.awt.Frame;
import java.awt.event.WindowAdapter;
import java.awt.event.WindowEvent;
public class TestAdapter extends Frame{
    public TestAdapter(){
        super("Window 适配器");
        MyAdapter adapter=new MyAdapter();
        addWindowListener(adapter);
        setSize(150,100);
        setVisible(true);
    }
    public static void main(String[] args){
        TestAdapter frame=new TestAdapter();
    }
}
class MyAdapter extends WindowAdapter{
    public void windowClosing(WindowEvent e){
        System.exit(0);
    }
}
```

当用鼠标单击窗口右上角的"关闭"按钮时，可以关闭窗口并退出当前程序。此时 Frame 组件触发了 WindowEvent 事件，系统能够区分此次具体是何种窗口操作并自动调用了监听器对象的 windowClosing()方法，终止当前应用程序并关闭 Java 虚拟机。

和例 10.9 相比，使用适配器类不用实现 WindowListener 接口中所有的抽象方法，需要哪个方法，重写哪个方法即可，使开发者得以解脱。不过适配器类并不能完全取代相应的监听器接口，由于 Java 单继承机制的限制，如果要定义的监听器类需要同时处理两种以上的 GUI 事件，则只能直接实现有关的监听器接口，而无法只通过继承适配器来实现。

10.2.5　内部类和匿名类在 GUI 事件处理中的作用

在 Java GUI 事件处理中，经常采用内部类的形式来定义监听器类。这是因为监听器类中封装的业务逻辑具有非常强的针对性，通常没有重用价值，而且作为内部类的监听器对象可以直接访问外部类中的成员，这可以提供很大的便利。

例 10.11　在 GUI 事件处理中使用内部类。

```java
import java.awt.Frame;
import java.awt.Label;
import java.awt.TextField;
import java.awt.Color;
import java.awt.event.MouseEvent;
import java.awt.event.MouseListener;
import java.awt.event.MouseMotionListener;
public class TestInner extends Frame{
    private TextField txtDisplay=new TextField(10);
    private Label lbl=new Label("请按下鼠标左键并拖动鼠标");
    public TestInner(){
        super("内部类测试");
        add(lbl,"North");
        add(txtDisplay,"South");
        InnerMonitor im=new InnerMonitor();
        addMouseMotionListener(im);
        addMouseListener(im);
        setBackground(Color.pink);
        setSize(300,200);
        setVisible(true);
    }
    public static void main(String args[]){
        TestInner t=new TestInner();
    }
    private class InnerMonitor implements MouseMotionListener,MouseListener{
        public void mouseDragged(MouseEvent e){
            String s="鼠标拖动到位置("+ e.getX()+","+e.getY()+")";
            txtDisplay.setText(s);
        }
        public void mouseEntered(MouseEvent e){
```

```
        String s="鼠标已进入窗体";
        txtDisplay.setText(s);
    }
    public void mouseExited(MouseEvent e){
        String s="鼠标已移出窗体";
        txtDisplay.setText(s);
    }
    public void mouseMoved(MouseEvent e){}
    public void mousePressed(MouseEvent e){}
    public void mouseClicked(MouseEvent e){}
    public void mouseReleased(MouseEvent e){}
    }
}
```

程序运行结果如图 10-14 所示。

当用户鼠标移入或移出 Frame 窗口范围时，TextField 文本框组件 txtDisplay 中会显示"鼠标已进入/移出窗体"的信息；当用户鼠标在窗口范围内按住鼠标左键并拖动时，文本框组件 txtDisplay 中会显示鼠标的当前位置坐标。

图 10-14　例 10.11 的运行结果

监听器类 InnerMonitor 实现了 MouseMontionListener 和 MouseListener 监听接口，它们都是用来处理 GUI 组件所触发的鼠标动作事件 MouseEvent 的，但却有不同的分工：MouseListener 监听接口负责接收和处理鼠标的 press、release、click、enter 和 exit 等动作触发的 MouseEvent 事件，而 MouseMotionListener 监听接口则负责接收和处理鼠标的 move、drag 动作触发的 MouseEvent 事件。而 MouseEvent 对象中封装了具体的鼠标动作方式和操作发生时鼠标的位置信息，在相应的事件处理方法中可以通过该对象获取相关信息并进行处理。

在该例中，监听器类 InnerMonitor 被定义为内部类，因此可以直接访问其外部类的属性 txtDisplay，以实现显示内容的变化。

采用内部类作为监听器类的方式还可能进一步简化，就是使用匿名内部类作监听器类，例如前面例 10.10 的代码可以改写为如下代码：

```
//在 GUI 事件处理中使用匿名类
import java.awt.event.WindowAdapter;
import java.awt.event.WindowEvent;
public class TestAdapter extends Frame{
    public TestAdapter(){
        super("Window 适配器");
        addWindowListener(new MyAdapter(){
            public void windowClosing(WindowEvent e){
                System.exit(0);
            }
        });
        setSize(150,100);
        setVisible(true);
```

```
    }
    public static void main(String[] args){
        TestAdapter frame=new TestAdapter();
    }
}
```

10.2.6 多重监听器

由于事件源可以产生多种不同类型的事件，因而可以注册多种不同类型的监听器，但是当事件源发生某种类型的事件时，只触发事先已就该种事件类型注册过的监听器。此外，事件源组件和监听器对象的对应关系，还有下述几种可能的情况：

➥ 针对同一个事件源组件的同一种事件也可以注册多个监听器。这就如同为一架总统专机配置多架护航的战斗机，它们都监控同一个事件源可能产生的同一种事件，即专机遇袭事件。

➥ 针对同一个事件源组件的多种事件也可以注册同一个监听器对象进行处置。只是这要求监听器对象是一个"多面手"，即有能力处理各种不同类型的事件，其实只需其所属的类型同时实现多种相应的监听器接口即可。

➥ 同一个监听器对象可以被同时注册到多个不同的事件源上。如同一支消防队伍同时负责多家工厂的安全，处理可能发生的火灾事件。

下面来看一个简单的多重监听器的例子。

例 10.12 使用多重监听器。

```
import java.awt.*;
import java.awt.event.*;
public class TestMultiListener extends Frame implements ActionListener{
    private Label lbl;
    private Button btn1,btn2;
    private Panel p1;
    public TestMultiListener(){
        super("多重监听器");
        lbl=new Label("没有按下任何按钮");
        btn1=new Button("Start");
        btn2=new Button("Stop");
        p1=new Panel();
        add(lbl,BorderLayout.NORTH);
        add(p1,BorderLayout.SOUTH);
        p1.add(btn1);
        p1.add(btn2);

        btn1.addActionListener(this);
        btn2.addActionListener(this);

        setSize(200,150);
        setVisible(true);
    }
```

```java
public void actionPerformed(ActionEvent e){
    if(e.getActionCommand().equals("Start")){
        lbl.setText("Start 按钮被按下");
    }else{
        lbl.setText("Stop 按钮被按下");
    }
}
public static void main(String[] args){
    TestMultiListener obj=new TestMultiListener();
}
}
```

程序运行结果如图 10-15 所示。

当用户单击 Start 按钮时，程序会在标签组件 lbl 中显示"Start 按钮被按下"；用户单击 Stop 按钮时，标签组件 lbl 中则会显示"Stop 按钮被按下"。Button 组件 btn1 和 btn2 注册了同一个监听器对象 this，因此 btn1 和 btn2 被单击时产生的 ActionEvent 事件均被传送给 this，并由 this 调用其约定的 actionPerformed()方法进行处理。

图 10-15　多重监听器图形用户界面

程序如何区分用户是单击了 Start 按钮还是 Stop 按钮呢？Button 类中定义了一个 String 类型属性 actionCommand，用于记录该按钮对象所激发的 ActionEvent 事件的指令信息。此属性的默认值为该按钮的标签字符串，也可以使用 Button 类的成员方法 setActionCommand()重置它的值。ActionEvent 类中也定义了一个同名属性 actionCommand，其作用是当 ActionEvent 对象被创建时，触发了此事件的事件源组件（例如 Button 对象 btn1 和 btn2）将把其自身的 actionCommand 属性值复制给新创建的 ActionEvent 对象的同名属性。随着 ActionEvent 对象的传递，有关事件源组件的个性化信息被封装在事件对象中并发送到事件处理方法 actionPerformed()中，再通过 ActionEvent 类的 getActionCommand()方法进行解读，以实现对事件源的区分和不同处理。

程序 TestMultiListener.java 的运行结果每次都可能不同，因为它受两个 Button 组件触发 ActionEvent 事件的时机和次序即与用户交互情况的影响，这种程序运行方式均为事件驱动（Event-driven）。

10.3　Swing 常用组件

10.3.1　Swing 概述

Swing 是建立在 AWT 基础上的一种"增强型"的 GUI 组件库，其中使用轻量组件以代替 AWT 中的绝大部分重量组件，并提供了 AWT 所缺少的一些附加组件和观感控制机制，以便更好地体现平台无关性。

1. 重量组件（Heavy-Weight Components）

重量组件通过委托操作系统的对应组件（指底层平台，如 Windows 操作系统的用户界面组件）来完成具体工作，包括组件的绘制和事件响应等。AWT 中的组件均为重量组件，或者说，AWT 组件只是对本地组件的封装。重量组件的缺陷是开销大、效率低，每一个组件都要调用底层平台功能单独绘制。且由于受到所在底层平台对组件的限制，具有严重的平台相关性，其显示效果在不同平台上很难一致。

2. 轻量组件（Light-Weight Components）

轻量组件则不存在本地对应组件，是通过 Java 绘图技术在其所在容器窗口中绘图而得到，由于是"画"出来的，因此可以实现组件的"透明"效果，并能够做到不同平台上的一致表现，且组件绘制和事件处理开销要小得多，进而提高了程序运行效率。

由于轻量组件必须在自己的窗口中绘制，最终还是要包含在一个重量容器中，因此 Swing 组件中的几个顶层容器，如 JFrame、JDialog 和 JApplet 还是采用了重量组件，其余的均为轻量组件。从使用效果上一般看不出重量组件和轻量组件的不同，但实际开发中除顶层容器只能是重量组件之外，不建议轻、重量组件混用，或者说不提倡 AWT/swing 混用，这可能会导致不兼容问题，甚至出现意想不到的后果。

需要强调的是，Swing 是基于 AWT 的，所有 Swing 组件类均继承了 AWT 中的容器类 java.awt.Container，因此其关系是利用而非取代。相对来说，Swing 组件结构复杂、效果更丰富、功能更强，但在不强调图形用户界面的小规模、快速应用开发中，使用 AWT 来实现会更便捷。

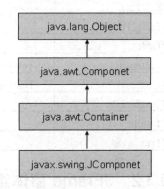

图 10-16　JComponent 组件的继承层次

JComponent 类组件是除了几个顶级容器（JFrame、JDialog）之外的所有 Swing 组件的父类，其中添加了数目众多的方法以实现增强的组件特性，其继承层次如图 10-16 所示。

常用 Swing 组件如表 10-6 所示，这些 Swing 组件类名均以 J 开头。

表 10-6　常用 Swing 组件

组 件 类 型	对应的 AWT 组件	描　　述
JButton	Button	按钮
JCheckbox	Checkbox	复选框
JCheckboxMenuItem	CheckboxMenuItem	复选菜单项
JCombobox	Choice	下拉列表框
JComponent		所有 Swing 轻量组件的父类
JDialog	Dialog	对话框，继承并扩充了 java.awt.Dialog 类
JEditorPane		文本编辑面板
JFileChooser	FileDialog	文件选择框
JFrame	Frame	顶层窗体，继承并扩充了 java.awt.Frame 类

组 件 类 型	对应的 AWT 组件	描　　　述
JLabel	Label	标签
JList	List	选项列表
JMenu	Menu	菜单
JMenuBar	MenuBar	菜单条
JMenuItem	MenuItem	菜单项
JOptionPane		标准对话框
JPanel	Panel	通用容器
JPasswordfield		密码框，继承并扩充了 JTextField 类
JPopupMenu	PopupMenu	弹出式菜单
JProgressBar		进度条
JRadioButton		单选按钮
JScrollBar	ScrollBar	滚动条
JScrollPane	ScrollPane	滚动面板
JSeparator		分隔条
JSlider		滑杆
JSplitPane		分割面板（包含有两个分隔区的容器）
JTabledPane		带选项卡的面板
JTable		表格
JTextArea	TextArea	多行多列的文本区
JTextField	TextField	单行文本框
JTextPane		简单的文本编辑器
JToolBar		工具条
JTree		按树状层次组织数据的组件

10.3.2　JFrame 窗体组件

　　JFrame 继承并扩充了 java.awt.Frame 类，其结构要比 Frame 复杂得多，简单地说，JFrame 不再是一个单一的容器，而是由相互间存在包含关系的多个不同的容器面板（JRootPane、GlassPane、LayerePane 和 ContenPane）所组成。我们实际上只使用其中的内容面板（ContentPane），即将组件加入其内容面板中，对其他的底层结构不必太在意。

　　和 AWT 的 Frame 的另一处不同是，JFrame 实现了 java.swing.WindowConstants 接口，该接口中定义了用于控制窗口关闭操作的整型常量。其中主要包括以下几个。

- ➥ DO_NOTHING_ON_CLOSE：默认窗口关闭操作为"无操作"，即单击窗口的"关闭"按钮时不进行任何操作。
- ➥ HIDE_ON_CLOSE：默认窗口关闭操作为"隐藏窗口"，即单击窗口的"关闭"按钮时隐藏当前窗口。
- ➥ DISPOSE_ON_CLOSE：默认窗口关闭操作为"销毁操作"，即单击窗口的"关闭"按钮时释放由此窗口及其包含的子组件所使用的所有本机屏幕资源，即这些

Component 的资源将被破坏，它们使用的所有内存都将返回到操作系统，并将它们标记为不可显示。随后还可以调用其 setVisible(true)方法重新构造本机资源，并再次显示窗口及其子组件。需要的话，我们也可以在程序中调用顶级窗口组件的 dispose()方法人工释放其屏幕资源，该方法在 java.awt.Window 类中定义。

➥ EXIT_ON_CLOSE：默认窗口关闭操作为"退出程序"，即单击窗口的"关闭"按钮时退出当前程序。

JFrame 的用法如例 10.13 所示。

例 10.13　使用 JFrame。

```java
import java.awt.Container;
import java.awt.Color;
import java.awt.Font;
import javax.swing.JFrame;
import javax.swing.JLabel;
public class TestJFrame extends JFrame{
    private JLabel lbl;
    public TestJFrame(){
        super("第一个 JFrame");
        Container c=getContentPane();
        lbl=new JLabel("大家好！");
        lbl.setFont(new Font("宋体",Font.BOLD,16));
        c.add(lbl);
        c.setBackground(Color.PINK);
    }
    public static void main(String[] args){
        TestJFrame frame=new TestJFrame();
        frame.setSize(200,100);
        frame.setLocation(400,200);
        frame.setDefaultCloseOperation(JFrame.EXIT_ON_CLOSE);
        frame.setVisible(true);
    }
}
```

程序运行结果如图 10-17 所示。

程序中调用 JFrame 类中的 getContentPane()方法是为了获取其内容面板，JFrame 的内容面板相当于 AWT 中的 Frame，其默认布局管理器也是 BorderLayout 类型。Swing 中的标签（JLabel）组件默认显示效果是透明的，可以调用 JComponent 类中定义的 setOpaque(true)方法设置其"不透明"性。

图 10-17　JFrame 框架窗口

此外，程序中还调用了 setDefaultCloseOperation()方法设置了当前 JFrame 窗口的默认关闭操作为退出程序，其效果等同于显式注册 WindowListener 监听器并在事件处理方法 windowClosing()中使用 System.exit()语句退出程序。

为方便开发者使用，从 JDK5.0 开始 JFrame 类重写了其 add()、remove()和 setLayout()方法，这些重写后的方法将针对 JFrame 的添加组件、移除组件和设置布局管理器等操作自动转发给其内容面板 ContentPane，以实现对 ContentPane 的直接控制。

📖 注意：setBackground()方法在 JFrame 类中并未进行重写，因此不会将针对 JFrame 的颜色设置
操作自动转发到其内容面板，这里只好先获取内容面板对象，再直接在该对象上调用方法。

10.3.3 标签和按钮

1. 标签

标签（javax.swing.JLabel）是所有组件中最简单的一个，JLabel 对象可以显示文本、图像或同时显示二者。可以通过设置垂直和水平对齐方式，指定标签显示区中标签内容在何处对齐。默认情况下，标签在其显示区内垂直居中对齐。默认情况下，只显示文本的标签是开始边对齐，而只显示图像的标签则水平居中对齐。还可以指定文本相对于图像的位置，默认情况下，文本位于图像的结尾边上，文本和图像都垂直对齐。标签不能响应鼠标事件。

（1）构造方法

下面介绍标签组件的构造方法。

➤ public JLabel()：创建无图像并且其标题为空字符串的 JLabel 实例。

➤ public JLabel(String text)：创建具有指定文本的 JLabel 实例。

➤ public JLabel(String text,int alignment)：指定显示文本及文本在标签上的对齐方式。其中，参数 alignment 的取值有 3 种，用于指定标签中文本的对齐方式。

　　⇗ Label.LEFT：文本居标签组件左对齐。

　　⇗ Label.CENTER：文本居中对齐。

　　⇗ Label.RIGHT：文本居标签组件右对齐。

➤ public JLabel(Icon image,int horizontalAlignment)：创建具有指定图像和水平对齐方式的 JLabel 实例。该标签在其显示区内垂直居中对齐。

➤ public JLabel(String text,Icon icon,int horizontalAlignment)：创建具有指定文本、图像和水平对齐方式的 JLabel 实例。该标签在其显示区内垂直居中对齐，文本位于图像的结尾边上。

（2）其他常用方法

下面介绍标签组件的其他常用方法。

➤ public String getText()：返回标签中的显示文本。

➤ public void setText(String text)：设置标签的显示文本。

➤ public void setAlignment(in alignmen)：设置标签中文本的对齐方式。

➤ public void setBackground(Color c)：设置标签的背景颜色。

➤ public void setForeground(Color c)：设置标签中显示文本的颜色。

➤ public Icon getIcon()：返回该标签显示的图形图像（字形、图标）。

➤ public void setIcon(Icon icon)：定义此组件将要显示的图标。如果 icon 值为 null，则什么也不显示。

2. 按钮

按钮（javax.swing.JButton）也是 GUI 设计中常用的一种组件，通常用于接收用户的点

击操作并触发相应的处理逻辑。

（1）构造方法

下面介绍按钮组件的构造方法。

- ➥ public JButton()：创建没有标题文本的按钮。
- ➥ public JButton(Stirng text)：创建带有标题文本的按钮。
- ➥ public JButton(Icon icon)：创建一个带图标的按钮。
- ➥ public JButton(String text,Icon icon)：创建一个带初始文本和图标的按钮。
- ➥ public JButton(Action a)：创建一个按钮，其属性从所提供的 Action 中获取。

（2）触发的事件

当用户用单击按钮时触发 ActionEvent 事件。虽然鼠标单击操作在按钮组件上也可以同时触发 Mouse Event 事件，但我们一般不对其进行处理，因为对于按钮这种 GUI 组件来说，只要能监测到用户进行了"单击"操作并触发约定的处理逻辑即可，而不用关心单击时鼠标的位置坐标。

按钮注册事件监听的方法为 public void addActionListener(ActionListener l)，用于注册 ActionEvent 事件的事件监听器。

10.3.4　文本组件

所谓文本组件是指能够显示和编辑文本信息的组件。Swing 中提供了两种文本组件，即 JText Field（文本框）和 JTextArea（文本区），分别用于单行文本或多行文本的显示与编辑，两者均继承了 javax.swing.text.JTextComponent 类，该类中提供了维护和操作文本信息的一些基本功能。

1．文本框

javax.swing.JTextField 组件在 Java GUI 应用程序中主要用于接收/编辑单行文本信息，如用户名、密码等。

（1）构造方法

该类中提供了多个构造方法，可以在创建组件对象时显式地指定其列数、初始文本内容等，也可以采用默认设置。

- ➥ public JTextField()：创建默认长度的文本框。
- ➥ public JTextField(int columns)：创建能容纳 columns 个字符的空文本框。
- ➥ public JTextField(String text)：创建有初始文本的文本框。
- ➥ public JTextField(String text,int columns)：创建一个能容纳 columns 个字符、含有初始文本的文本框。

（2）常用方法

下面介绍文本框组件的其他常用方法。

- ➥ public String getText()：返回文本框中的文本。
- ➥ public String getSelectedText()：返回文本框中被选中的文本。

➥ public void setText(String text)：设置文本框中的显示文本。

➥ public void setEditable(Boolean b)：设置文本框的可编辑状态，当参数 b 为 false 时，文本框不可编辑。

➥ public void setBackground(Color c)：设置文本框的背景颜色。

➥ public void setForeground(Color c)：设置文本框中文字的颜色。

（3）触发事件

为方便用户操作，在 JTextField 组件中按下 Enter 键时，也可以触发 ActionEvent 事件，因此也可以在 JTextField 组件上注册 ActionListener 监听器，以关联所需的处理逻辑。

2．密码框

密码框 JPasswordField 是一个轻量级组件，JPasswordField 是 JTextField 的子类，允许编辑单行文本，其视图指示输入内容，但不显示原始字符。JPasswordField 与使用 echoChar 设置的 java.awt.TextField 是根本一致的。

下面介绍密码框组件的构造方法。

➥ public JPasswordField()：构造一个初始文本为空的密码框。

➥ public JPasswordField(String text)：构造一个利用指定文本初始化的密码框。

➥ public JPasswordField(int columns)：构造一个具有指定列数的新的空密码框。

➥ public JPasswordField(String text,int columns)：构造一个指定文本和列的密码框。

➥ public JPasswordField(Document doc, String txt,int columns)：构造一个使用给定文本存储模型和给定列数的密码框。将回显字符设置为“*”，但可以通过当前外观更改。

例 10.14　标签和文本框组件的使用。

```java
import java.awt.BorderLayout;
import java.awt.GridLayout;
import java.awt.event.*;
import javax.swing.JButton;
import javax.swing.JFrame;
import javax.swing.JLabel;
import javax.swing.JOptionPane;
import javax.swing.JPanel;
import javax.swing.JPasswordField;
import javax.swing.JTextField;
public class LoginFrame extends JFrame implements ActionListener{
    private JTextField txtName;
    private JPasswordField txtPassword;
    private JLabel lblTitle,lblName,lblPassword;
    private JButton btnSubmit;
    private JButton btnReset;
    private JPanel p1,p11,p12,p2;
    public LoginFrame(){
        super("登录界面");
        lblTitle=new JLabel("请输入您的用户信息:");
```

```
        lblName=new JLabel("用户名:");
        txtName=new JTextField(10);
        lblPassword=new JLabel("密　码:");
        txtPassword=new JPasswordField(10);

        btnSubmit = new JButton("登录");
        btnReset = new JButton("重置");
        p1=new JPanel();
        p11=new JPanel();
        p12=new JPanel();
        p2=new JPanel();

        add(lblTitle,"North");
        p1.setLayout(new BorderLayout());
        p11.setLayout(new GridLayout(2,1));
        p11.add(lblName);
        p11.add(lblPassword);
        p12.setLayout(new GridLayout(2,1));
        p12.add(txtName);
        p12.add(txtPassword);
        p1.add(p11,"West");
        p1.add(p12,"Center");

        txtName.addActionListener(this);
        txtPassword.addActionListener(this);

        p2.add(btnSubmit);
        p2.add(btnReset);
        btnSubmit.addActionListener(this);
        btnReset.addActionListener(this);

        add(p1,"Center");
        add(p2,"South");
        addWindowListener(new WindowAdapter(){
            public void windowClosing(WindowEvent e){
                System.exit(0);
            }
        });
    }
    public void actionPerformed(ActionEvent e){
        String s=e.getActionCommand();
        if(s.equals("登录")){
            clear();
        }else if(s.equals("提交")){
            submit();
        }else if(e.getSource()==txtName){
            txtPassword.requestFocus();
        }else if(e.getSource()==txtPassword){
```

```
                submit();
            }
        }
    public void clear(){
        txtName.setText("");
        txtPassword.setText("");
    }
    public void submit(){
        String n=txtName.getText();
        String paw=txtPassword.getText();
        if(n.equals("admin") && paw.equals("123")){
            JOptionPane.showMessageDialog(this,"合法用户，欢迎进入本系统");
        }else{
            JOptionPane.showMessageDialog(this,"非法用户，禁止进入本系统");
        }
    }
    public static void main(String args[]){
        LoginFrame login=new LoginFrame();
        login.setSize(200,130);
        login.setLocation(300,200);
        login.setVisible(true);
    }
}
```

程序运行结果如图 10-18 所示。

为使用户输入的密码信息不会直接显示在屏幕上，程序中使用密码框 JPasswordField 组件 txtPassword 作为密码输入组件。此外，在文本框 txtName 中按 Enter 键，可以让密码框 txtPassword 获取焦点（调用 requestFocus()方法）；在文本框 txtPassword 中按 Enter 键，可以实现与单击"登录"按钮相同的效果。

图 10-18　标签和文本框组件

程序中还用到了 ActionEvent 事件类型的一个获取事件源对象的功能方法 getSource()，该方法是在 java.util.EventObject 类中定义，因此各种事件类型对象均可调用。

3．文本区

javax.swing.JTextArea 组件用来显示和编辑多行、多列文本信息。默认情况下，当文本框中的显示文本超出了文本区的大小会自动出现水平和垂直滚动条。

（1）构造方法

下面介绍文本区组件的构造方法。

➥　public JTextArea()：创建默认行和列的文本区。

➥　public JTextArea(String text)：创建显示默认文本的文本区。

➥　public JTextArea(int rows,int columns)：创建指定行数和列数的文本区。

➥　public JTextArea(String text,int rows,int columns)：创建具有指定文本、行数和列数的文本区。

（2）常用方法

下面介绍文本区组件的其他常用方法。

- public String getText()：返回文本区中的文本。
- public void setText(String str)：设置文本区中的显示文本。
- public void append(String str)：将字符串 str 追加到文本区中当前文本的末尾。
- public int getCaretPosition()：返回文本区中当前插入点的位置。
- public void insert(String str,int pos)：将字符串 str 插入文本区中指定的位置。
- public String getSelectedText()：返回文本区中选定的文本。
- public int getSelectionStart()：返回文本区中选定文本的起始位置。
- public int getSelectionEnd()：返回文本区中选定文本的终止位置。
- public void replaceRange(String str,int start,int end)：用字符串 str 代替文本区中从 start 开始到 end 结束之间的文本。

（3）触发事件

当文本区中的内容发生改变时，会触发 TextEvent 事件。通过实现 TextListener 接口中的抽象方法 textValueChanged(TextEvent e)，可以对文本区中的文本事件做出响应。

此外，当鼠标在文本区组件中移动、拖动鼠标时，还可触发 MouseEvent 事件。通过实现 MouseMotionListener 接口中的抽象方法，即可对文本区中的鼠标事件做出响应。

例 10.15　基于 JTextArea 实现文本编辑功能。

```
import java.awt.BorderLayout;
import java.awt.GridLayout;
import java.awt.event.ActionEvent;
import java.awt.event.ActionListener;
import java.awt.event.MouseEvent;
import java.awt.event.MouseMotionListener;
import javax.swing.JButton;
import javax.swing.JFrame;
import javax.swing.JLabel;
import javax.swing.JPanel;
import javax.swing.JTextArea;

public class TestJTextArea extends JFrame implements ActionListener,MouseMotionListener{
    private JTextArea message;
    private JLabel lbl;
    private JPanel p;
    private JButton [] btn;
    private String[] btnLabels={"复制","剪切","粘贴","删除","提交"};
    private String clipboard="";
    public TestJTextArea(){
        super("文本编辑测试");
        lbl=new JLabel("请您留言:");
        add(lbl,BorderLayout.NORTH);

        message = new JTextArea(20,20);
```

```java
        message.addMouseMotionListener(this);
        add(message,BorderLayout.CENTER);

        p = new JPanel();
        p.setLayout(new GridLayout(1,5));
        btn=new JButton[5];
        for(int i=0;i<btn.length;i++){
            btn[i]=new JButton(btnLabels[i]);
            if(i<3){
                btn[i].setEnabled(false);
            }
            btn[i].addActionListener(this);
            p.add(btn[i]);
        }
        add(p,BorderLayout.SOUTH);
        this.setDefaultCloseOperation(EXIT_ON_CLOSE);
    }


    public void actionPerformed(ActionEvent e){
        int positon = message.getSelectionStart();
        String s = e.getActionCommand();
        if(s.equals("重置")){
            message.setText("");
        }else if(s.equals("复制")){
            clipboard = message.getSelectedText();
            message.setSelectionStart(message.getSelectionEnd());
        }else if(s.equals("剪切")){
            clipboard = message.getSelectedText();
            delete();
        }else if(s.equals("粘贴")){
            int position=message.getCaretPosition();
            String content = message.getText();
            String alter;
            alter=content.substring(0,position)+clipboard+content.substring(position);
            message.setText(alter);
        }else if(s.equals("删除")){
            delete();
        }else if(s.equals("提交")){
            System.out.println("你提交的信息为：\n "+message.getText());
        }
        switchButtons();
    }
    public void delete(){
        int start = message.getSelectionStart();
        int end = message.getSelectionEnd();
        String content = message.getText();
        String alter = content.substring(0,start)+content.substring(end);
        message.setText(alter);
    }
```

```
public void switchButtons(){
    boolean clipped = (clipboard!=null)&&(clipboard.length()>0);
    btn[2].setEnabled(clipped);
    boolean selected = message.getSelectionEnd() != message.getSelectionStart();
    btn[0].setEnabled(selected);
    btn[1].setEnabled(selected);
    btn[3].setEnabled(selected);
}
public void mouseDragged(MouseEvent te){
    switchButtons();
}
public void mouseMoved(MouseEvent te){}

public static void main(String args []){
    TestJTextArea tta=new TestJTextArea();
    tta.setSize(400,200);
    tta.setLocation(300,100);
    tta.setVisible(true);
}
}
```

程序运行结果如图 10-19 所示。

例 10.15 中的文本编辑功能是在 Swing 的 JTextArea 组件和 JButton 组件基础上开发而成，文本信息提交后本应保存到数据库中，并进行发布或显示处理，但由于本程序的重点不在于此，因此就直接将提交的信息输出到控制台上。

程序中使用了 Component 类提供的 setEnabled(false)方法禁用某个按钮组件。

图 10-19　文本编辑测试

例如，在没有任何文本被选中的情况下，"剪切""复制"等按钮被禁用，显示为灰色。

需要注意，TextArea 组件原本就支持以快捷的方式进行上述的"剪切""复制""粘贴"等常规编辑操作（分别对应快捷键 Ctrl+X、Ctrl+C 和 Ctrl+V），本例中再加以编码实现是出于展示和练习目的。

10.3.5　选择组件

选择组件是指专门用于从多个条目中进行单选或多选操作的 Swing 组件，包括 javax.swing.JRadioButton（单选按钮）、javax.swing.CheckBox（复选框）和 javax.swing. JComboBox、javax.swing.JList（列表框）。

1. 单选按钮和复选框

JRadioButton 实现了一个单选按钮，此按钮项可被选中或取消选中，并可为用户显示其状态。一般情况下，当一个单选按钮被选中时，先前选中的单选按钮就应该自动取消选中，但是 JRadioButton 本身不具备这项功能，要想实现该功能，应该与 javax.swing. ButtonGroup 对象配合使用，可创建一组按钮，一次只能选择其中的一个按钮。即创建一个 ButtonGroup 对象并用其 add()方法将 JRadioButton 对象包含在此组中。

下面是 JRadioButton 的构造方法。

- public JRadioButton()：创建一个初始化选中的单选按钮，其文本未设定。
- public JRadioButton(Icon icon)：创建一个具有指定图像、初始未选中的单选按钮。
- public JRadioButton(Icon icon,boolean selected)：创建一个具有指定图像和选择状态 的单选按钮。
- public JRadioButton(String text)：创建一个具有指定文本、初始未选中的单选按钮。
- public JRadioButton(String text, boolean selected)：创建一个具有指定文本和选择状 态的单选按钮。
- public JRadioButton(String text,Icon icon)：创建一个具有指定文本和图像并且初始 未选中的单选按钮。
- public JRadioButton(String text, Icon icon,boolean selected)：创建一个具有指定文 本、图像和选择状态的单选按钮。

javax.swing.JCheckbox 类用于建立复选框，即 JCheckbox 类的一个对象就是一个复选 框。复选框提供两种状态，一种是选中，另一种是未选中。下面是该类的构造方法。

- public JCheckbox()：创建复选框，复选框右面没有标题文本，初始状态是未选中。
- public JCheckbox(String text)：创建复选框，复选框右面的标题文本由参数 text 指定。
- public JCheckbox(String text,Boolean b)：创建复选框，复选框右面的标题文本由参 数 text 指定，初始状态由参数 b 决定（b 取值为 true 时，复选框是选中状态，否 则复选框是未选中状态）。
- public JCheckBox(Icon icon)：创建一个带图标、最初未被选定的复选框。
- public JCheckBox(Icon icon,boolean selected)：创建一个带图标的复选框，并指定 其最初是否处于选定状态。
- public JCheckBox(String text,Icon icon)：创建一个带有指定文本和图标、最初未被 选定的复选框。
- public JCheckBox(String text,Icon icon,boolean selected)：创建一个带有指定文本和 图标的复选框，并指定其最初是否处于选定状态。

2. 下拉列表框 JComboBox

下拉列表框是用户十分熟悉的一个组件，默认情况下，用户可以在其中看到第一个选 项和它旁边的箭头按钮，当用户单击箭头按钮时，即可打开该下拉列表框。Javax.swing 包 中的 JComboBoxChoice 类是专门用来建立下拉列表框的。

（1）构造方法

下面是 JComboBox 的构造方法。

- public JComboBox()：创建具有默认数据模型的组合框。
- public JComboBox(Object[] items)：创建包含指定数组中的元素的组合框。

➥ public JComboBox(Vector<?> items)：创建包含指定 Vector 中的元素的组合框。

（2）常用方法

下面是 JComboBox 的其他常用方法。

➥ public void addItem(Object anObject)：为项列表添加项。

➥ public void insertItemAt(Object anObject,int index)：在项列表中的给定索引处插入项。

➥ public Object getItemAt(int index)：返回指定索引处的列表项。

➥ public int getItemCount()：返回列表中的项数。

➥ public Object getSelectedItem()：返回当前所选项。

➥ public void removeAllItems()：从项列表中移除所有项。

➥ public void removeItem(Object anObject)：从项列表中移除项。

➥ public void removeItemAt(int anIndex)：移除 anIndex 处的项。

➥ public void setEditable(boolean aFlag)：确定 JComboBox 字段是否可编辑。

3．列表框 JList

javax.swing 包中的类 JList 是专门用来建立列表框的，列表框中包含若干列表项，用户可以选择列表框中的一项或多项。当列表框中的列表项数超过了列表框的高度，则列表框自动增加垂直滚动条，用户可以通过滚动的方式选择列表项。

（1）构造方法

下面是 JList 的构造方法。

➥ public JList()：构造一个空的、只读模型的列表。

➥ public JList(ListModel dataModel)：根据指定模型构造一个显示元素的列表。

➥ public JList(Object[] listData)：构造一个显示指定数组中的元素的列表。

➥ public JList(Vector<?> listData)：构造一个显示指定 Vector 中的元素的列表。

（2）常用方法

下面是 JList 的其他常用方法。

➥ public int getSelectedIndex()：返回用户所选列表项的索引值。

➥ public Object getSelectedValue()：返回最小的选择单元索引的值。只选择了列表中的单个项时，返回所选值；选择了多项时，返回最小的选择索引的值。

➥ public int[] getSelectedIndices()：返回所选项的全部索引的数组（按升序排列）。

➥ public Object[] getSelectedValues()：返回所有选择值的数组，根据其在列表中的索引顺序按升序排序。

JList 不实现直接滚动。要创建一个滚动列表，需把列表对象放到 JScrollPane 的对象中。

例 10.16　使用选择组件。

```
import java.awt.BorderLayout;
import java.awt.Dimension;
import java.awt.FlowLayout;
import java.awt.GridLayout;
import java.awt.event.ActionEvent;
import java.awt.event.ActionListener;
```

```java
import javax.swing.*;

public class RegisterFrame extends JFrame implements ActionListener{
    private JTextField name;
    private ButtonGroup group;
    private JRadioButton man,woman;
    private JComboBox career;
    private JList city;
    private JCheckBox [] favorite;
    private JButton submit,reset;
    public RegisterFrame(){
        super("注册窗口");
        JPanel p = new JPanel();
        p.setLayout(new FlowLayout(FlowLayout.LEFT,1,1));
        name = new JTextField(8);
        //创建按钮组对象
        group= new ButtonGroup();
        //把单选按钮放入按钮组
        man = new JRadioButton("男",true);
        woman = new JRadioButton("女");
        group.add(man);
        group.add(woman);
        JPanel sp = new JPanel();
        sp.add(man);
        sp.add(woman);
        String [] careerStr= {"IT 技术人员","工商管理","教育","金融"};
        //创建下拉列表框对象
        career = new JComboBox(careerStr);
        String [] cityStr= {"北京","上海","天津","广州","石家庄","深圳"};
        //创建列表框对象
        city = new JList(cityStr);
        //设置列表框可见选项个数
        city.setVisibleRowCount(3);
        //设置列表框大小
        city.setPreferredSize(new Dimension(80, 60));
        //把列表框放入滚动面板
        JScrollPane jsp = new JScrollPane();
        jsp.setViewportView(city);
        p.add(new JLabel("姓名:"));
        p.add(name);
        p.add(new JLabel("性别:"));
        p.add(sp);
        p.add(new JLabel("职业:"));
        p.add(career);
        p.add(new JLabel("城市:"));
        p.add(jsp);
        p.add(new JLabel("爱好:"));
        String [] sf = {"旅游","读书","时装","汽车","健美"};
        favorite = new JCheckBox[sf.length];
        for(int i=0;i<sf.length;i++){
```

```
                favorite[i] = new JCheckBox(sf[i]);
                p.add(favorite[i]);
        }
        add(p,BorderLayout.CENTER);
        JPanel psouth = new JPanel();
        psouth.setLayout(new GridLayout(1,2));
        submit=new JButton("注册");
        reset = new JButton("退出");
        submit.addActionListener(this);
        reset.addActionListener(this);
        psouth.add(submit);
        psouth.add(reset);
        add(psouth, "South");
        setDefaultCloseOperation(EXIT_ON_CLOSE);
    }
    public void actionPerformed(ActionEvent e){
        if(e.getActionCommand().equals("注册")){
            String username=name.getText();
            //判断哪个单选按钮被选中
            String sex=man.isSelected()?"男":"女";
            //获取下拉列表框中被选项的值
            String c=String.valueOf(career.getSelectedItem());
            //获取列表框中被选项的值
            Object [] cityObj=city.getSelectedValues();
            String citys="";
            for(Object obj:cityObj) {
                citys+=obj.toString();
            }
            String favor="";
            //获取被选中的复选框的值
            for(int i=0;i<favorite.length;i++){
                if(favorite[i].isSelected())
                    favor+=favorite[i].getText()+" ";
                else
                    favor+="";
            }
            String info = "您注册的信息如下：\n 姓名:"+username+"\n 性别: "+sex+
                "\n 职业: "+c+"\n 城市: "+citys+"\n 爱好: "+favor;
            System.out.println(info);
        }else{
            System.exit(0);
        }
    }
    public static void main(String args[]){
        RegisterFrame f=new RegisterFrame();
        f.setSize(160,300);
        f.setLocation(300,200);
        f.setVisible(true);
    }
}
```

程序运行结果如图 10-20 所示。

图 10-20　选择组件的使用

单击"注册"按钮，在控制台输出窗口中可以看到如下信息：

您注册的信息如下：
姓名: 张三
性别: 男
职业: 教育
城市: 北京
爱好: 旅游　读书　健美

10.3.6　菜单组件

1. 下拉菜单

Swing 的菜单组件也分为菜单条、菜单和菜单项（JMenuBar、JMenu 和 JMenuItem）几个层次，其用法与 AWT 完全相同。

工具条 JToolBar 是用于显示常用组件的条形容器，一般用法是向工具条中添加一系列图标形式的按钮，并将其置于窗口上方边缘，如 BorderLayout 布局的北部区域。用户可以用鼠标直接将工具栏拖到 BorderLayout 布局的其他未添加组件的边缘区域，如西部、东部，也可以将之拖出在单独的窗口中显示。创建好菜单栏后调用它的 add(JMenu menu)方法可以为其添加菜单。

（1）JMenuBar

JMenuBar 是菜单栏的实现，表示一个水平的菜单栏，将 JMenu 对象添加到菜单栏来构造菜单。使用其无参构造方法 public JMenuBar()创建的新菜单栏，需要使用窗口容器的 serJMenuBar(JMenuBar menuBar)方法将菜单栏放在窗口顶部。

（2）JMenu

JMenu 表示一个菜单，用来管理菜单项，下面是其构造方法。

➥　public JMenu(): 构造没有文本的新 JMenu。

➥　public JMenu(String s): 构造一个新 JMenu，用提供的字符串作为其文本。

通常使用带字符串参数的构造方法创建菜单对象。

下面是 JMenu 的其他常用方法。

➡ public JMenuItem add(JMenuItem menuItem)：将某个菜单项追加到此菜单的末尾，并返回添加的菜单项。

➡ public void addSeparator()：将新分隔符追加到菜单的末尾。

➡ public JMenuItem getItem(int pos)：返回指定位置的 JMenuItem。如果位于 pos 的组件不是菜单项，则返回 null。

➡ public int getItemCount()：返回菜单中的项数，包括分隔符。

➡ public JMenuItem insert(JMenuItem mi, int pos)：在给定位置插入指定的 JMenuitem。

➡ public void insertSeparator(int index)：在指定的位置插入分隔符。

➡ public void remove(int pos)：从此菜单移除指定索引处的菜单项。

➡ public void remove(JMenuItem item)：从此菜单移除指定的菜单项。

（3）JMenuItem

JMenuItem 表示菜单项，菜单项本质上是位于列表中的按钮。当用户选择"按钮"时，则执行与菜单项关联的操作。下面是其构造方法。

➡ public JMenuItem()：创建不带设置文本或图标的菜单项。

➡ public JMenuItem(Icon icon)：创建带有指定图标的菜单项。

➡ public JMenuItem(String text)：创建带有指定文本的菜单项。

➡ public JMenuItem(String text,Icon icon)：创建带有指定文本和图标的菜单项。

➡ public JMenuItem(String text,int mnemonic)：创建带有指定文本和键盘助记符的菜单项。

Swing 组件采用了与 AWT 完全相同的事件处理机制和相关的支持类，例 10.17 展示了 Swing 菜单具体用法。

例 10.17　使用 Swing 下拉菜单。

```
import java.awt.event.*;
import javax.swing.*;
public class TestJMenu extends JFrame implements ActionListener{
    private JMenuBar jmb;
    private JMenu mnFile, mnHelp;
    private JMenuItem miNew, miOpen, miSave;
    private JTextArea content;
    public static void main(String[] args) {
        TestJMenu frame = new TestJMenu();
        frame.setSize(300, 200);
        frame.setLocation(400, 200);
        frame.setDefaultCloseOperation(JFrame.EXIT_ON_CLOSE);
        frame.setVisible(true);
    }
    public TestJMenu() {
        super("菜单组件的使用");
```

```
            //创建菜单条对象
            jmb = new JMenuBar();
            //在窗口中设置菜单条
            setJMenuBar(jmb);
            //创建菜单对象
            mnFile = new JMenu("文件");
            mnHelp = new JMenu("帮助");
            //创建菜单项对象
            miNew = new JMenuItem("新建");
            miOpen = new JMenuItem("打开");
            miSave = new JMenuItem("保存");
            //为菜单项注册监听器
            miNew.addActionListener(this);
            miOpen.addActionListener(this);
            miSave.addActionListener(this);
            //把菜单项添加到菜单
            mnFile.add(miNew);
            mnFile.add(miOpen);
            mnFile.add(miSave);
            //把菜单添加到菜单项
            jmb.add(mnFile);
            jmb.add(mnHelp);
            //创建文本区域对象
            content=new JTextArea();
            //添加文本区域
            this.getContentPane().add(content);
    }
    public void actionPerformed(ActionEvent e) {
            //设置文本区显示选中菜单项的文本
            content.setText(e.getActionCommand());
    }
}
```

程序运行结果如图 10-21 所示。

2．弹出菜单

弹出式菜单 JPopupMenu 和普通菜单 JMenu
组件的主要区别在于，弹出菜单必须依赖于某个
组件而存在和显示，理论上任何组件均可设置弹
出菜单，弹出菜单是一个可弹出并显示一系列选
项的小窗口。JPopupMenu 可以在想让菜单显示
的任何位置使用。例如，当用户在指定区域中右击时。

图 10-21　Swing 按钮、菜单和工具条的使用

例 10.18　使用 Swing 的弹出菜单。

```
import java.awt.event.*;
import javax.swing.*;
public class TestJPopupMenu extends JFrame implements ActionListener{
```

```java
    private JPopupMenu popupMenu;
    private JMenuItem miNew, miOpen, miSave;
    private JTextArea content;
    public static void main(String[] args) {
    TestJPopupMenu frame = new TestJPopupMenu();
        frame.setSize(300, 200);
        frame.setLocation(400, 200);
        frame.setDefaultCloseOperation(JFrame.EXIT_ON_CLOSE);
        frame.setVisible(true);
    }
    public TestJPopupMenu() {
        super("弹出菜单的使用");
        //创建弹出菜单对象
        popupMenu=new JPopupMenu();
        //创建菜单项对象
        miNew = new JMenuItem("新建");
        miOpen = new JMenuItem("打开");
        miSave = new JMenuItem("保存");
        //为菜单项注册监听器
        miNew.addActionListener(this);
        miOpen.addActionListener(this);
        miSave.addActionListener(this);
        //把菜单项添加到弹出菜单
        popupMenu.add(miNew);
        popupMenu.add(miOpen);
        popupMenu.add(miSave);
        //创建文本区域对象
        content=new JTextArea();
        //添加文本区域
        this.getContentPane().add(content);
        //文本区注册鼠标监听
        content.addMouseListener(new MouseAdapter() {
            public void mouseReleased(MouseEvent e) {
                //如果右击
                if(e.isPopupTrigger()) {
                    //在鼠标单击处显示弹出菜单
                    popupMenu.show(e.getComponent(), e.getX(), e.getY());
                }
            }
        });
    }
    public void actionPerformed(ActionEvent e) {
        //设置文本区显示选中菜单项的文本
        content.setText(e.getActionCommand());
    }
}
```

程序运行结果如图 10-22 所示。

图 10-22　弹出菜单的使用

10.3.7　标准对话框

使用标准对话框（JOptionPane）可以实现程序与用户的便捷交互，如向用户发出错误通知、警告/确认用户操作、接收用户输入或选择的简单信息等。javax.swing. JOptionPane 类中定义了大量的方法和属性常量，使用起来并不复杂，例 10.19 展示了 JOptionPane 的常规方法。

例 10.19　使用 JOptionPane 产生标准对话框。

```java
import java.awt.*;
import java.awt.event.*;
import javax.swing.*;
public class TestJOptionPane extends JFrame implements ActionListener{
    JButton btnError,btnConfirm1,btnConfirm2,btnWarn,btnChoice,btnInput;
    public static void main(String[] args){
        TestJOptionPane frame=new TestJOptionPane();
        frame.setSize(300,150);
        frame.setLocation(300,200);
        frame.setDefaultCloseOperation(JFrame.EXIT_ON_CLOSE);
        frame.setVisible(true);
    }
    public TestJOptionPane(){
        super("标准对话框测试");
        btnError=new JButton("错误");
        btnConfirm1=new JButton("退出确认 1");
        btnConfirm2=new JButton("退出确认 2");
        btnWarn=new JButton("警告");
        btnChoice=new JButton("选择");
        btnInput=new JButton("输入");
        btnError.addActionListener(this);
        btnConfirm1.addActionListener(this);
        btnConfirm2.addActionListener(this);
        btnWarn.addActionListener(this);
        btnChoice.addActionListener(this);
        btnInput.addActionListener(this);
        getContentPane().setLayout(new GridLayout(2,3,2,2));
        add(btnError);
        add(btnConfirm1);
        add(btnConfirm2);
```

```
        add(btnWarn);
        add(btnChoice);
        add(btnInput);
    }
    public void actionPerformed(ActionEvent e){
        String s=e.getActionCommand();
        if(s.equals("错误")){
            JOptionPane.showMessageDialog(null,"显示错误信息!",
                "错误提示",JOptionPane.ERROR_MESSAGE);
        }else if(s.equals("退出确认 1")){
            int result =JOptionPane.showConfirmDialog(null,
                "您真的要退出程序吗？","请确认",JOptionPane.YES_NO_OPTION);
            if(result==JOptionPane.OK_OPTION){
                System.exit(0);
            }
        }else if(s.equals("退出确认 2")){
            int result=JOptionPane.showConfirmDialog(null,"退出前是否保存程序?");
            if(result ==JOptionPane.YES_OPTION){
                System.out.println ("保存程序操作");
                System.exit(0);
            }else if(result==JOptionPane.NO_OPTION){
                System.exit(0);    //退出程序但不保存
            }
        }else if(s.equals("警告")){
            Object[] options={"继续","撤销"};
            int result=JOptionPane.showOptionDialog(null,"本操作可能导致数据丢失",
                    "Warning",JOptionPane.DEFAULT_OPTION,
                    JOptionPane.WARNING_MESSAGE,null,options,options[0]);
            if(result==0){
                System.out.println("继续操作");
            }
        }else if(s.equals("输入")){
            String name=JOptionPane.showInputDialog("请输入姓名：");
            if(name!=null){
                System.out.println("姓名："+name);
            }
        }else if(s.equals("选择")){
            Object[] possibleValues={"体育","政治","经济","文化"};
            Object selectedValue=JOptionPane.showInputDialog(null,
                "Choose one","Input",JOptionPane.INFORMATION_MESSAGE,
                null,possibleValues,possibleValues[0]);
            String result=(String)selectedValue;
            if(result !=null){
                System.out.println("你选择的是："+result);
            }
        }
    }
}
```

程序运行结果如图 10-23 所示。

当用户单击主窗口中的按钮时会分别弹出图 10-24 所示的对话框。

图 10-23　程序运行的主窗口　　　　　　图 10-24　标准对话框

程序中所用到的 JOptionPane 的成员方法和属性常量在 Java API 的文档中有详尽的介绍，请读者结合程序代码与文档说明逐一掌握，这里不再赘述。

10.3.8　表格

JTable 类用来显示和编辑常规二维单元表。下面是 JTable 的构造方法。

- ➥ public JTable()：使用默认的模型构造一个默认的表格。
- ➥ public JTable(TableModel dm)：使用数据模型 dm 构造一个表格。
- ➥ public JTable(TableModel dm,TableColumnModel cm)：使用数据模型、列模型和默认的选择模型构造一个 JTable。
- ➥ public JTable(TableModel dm,TableColumnModel cm,ListSelectionModel sm)：使用数据模型、列模型和选择模型构造一个表格。
- ➥ public JTable(int numRows,int numColumns)：使用 DefaultTableModel 构造一个 numRows 行 numColumns 列的表格，单元格为空。
- ➥ public JTable(Vector rowData,Vector columnNames)：构造一个表格来显示 Vector 所组成的 Vector rowData 中的值，其列名称为 columnNames。
- ➥ public JTable(Object[][] rowData,Object[] columnNames)：构造一个表格来显示二维数组 rowData 中的值，其列名称为 columnNames。

例 10.20　使用 JTable 组件。

```java
import javax.swing.JFrame;
import javax.swing.JScrollPane;
import javax.swing.JTable;

public class TestJTable extends JFrame{
```

```
        private JTable table;
        private    JScrollPane jsp;
        public TestJTable() {
            super("表格的使用");
            String [] columnTitle= {"学号","姓名","班级"};
            String [][] tableData= {{"1001","张三","1 班"},{"1002","李晓丽","2 班"},{"1001","周宁佳","1
班"}};
            table=new JTable(tableData,columnTitle);
            jsp=new JScrollPane(table);
            getContentPane().add(jsp);
            this.setSize(300, 200);
            setDefaultCloseOperation(EXIT_ON_CLOSE);
            setVisible(true);
        }
        public static void main(String [] args) {
            new TestJTable();
        }
}
```

程序运行结果如图 10-25 所示。

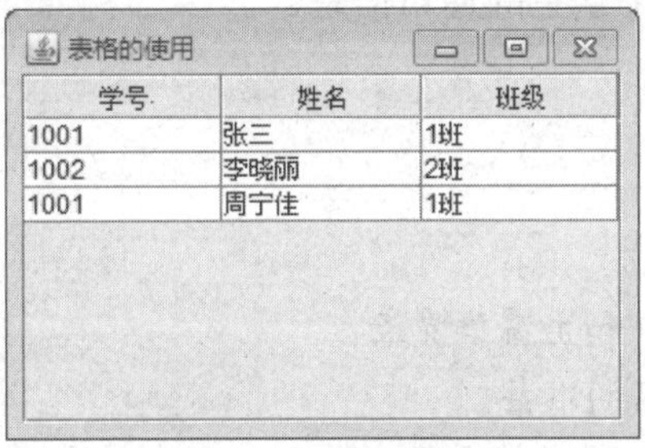

图 10-25　表格的使用

【任务 10-1】班级通讯录管理系统

学习目标

通过本项目的学习，读者将掌握如下知识和技能：

- ➥ Java Swing 常用组件的使用。
- ➥ Java 事件处理机制。
- ➥ 学会分析"班级通讯录管理系统"任务的实现思路，能够根据思路独立完成任务
  的源代码编写、编译及运行。

任务描述

为了更好地管理班级同学联系方式，班级通讯录管理系统实现了同学们联系信息的统

一管理，通过系统可以方便地实现对同学信息的增删查改操作。其中，每个同学的信息包括学号、姓名、班级、地址、电话号码、QQ 号码等。本次任务要求使用我们学习的 GUI 技术，编写一个班级通讯录管理系统，实现学生通讯信息管理。

任务分析

班级通讯录管理系统包括欢迎进入系统界面和通讯录管理主界面两个界面，在系统欢迎页面单击"进入系统"按钮，进入通讯录管理主界面，在主界面的表格中显示了班级同学的通讯信息，也可以在主窗口实现对同学通讯信息的具体操作。例如如果需要添加某个同学的信息，在输入框中输入该同学的基本信息，单击"添加信息"按钮可以把学生信息添加到通讯录；如果需要查询信息，可以按学号查询，在学号输入框中输入学号，单击"学号查询"按钮，可以查询某个同学的信息；考虑到可能有同名的学生，在姓名输入框中输入姓名，单击"姓名查询"按钮可以查询该名字所有同学的信息；如果需要修改信息，可以先查询到某个同学信息，再按照表格中显示的该同学信息，在输入框中输入修改后的信息，单击"修改信息"按钮，实现学生信息的修改；在学号输入框中输入学号，单击"删除信息"按钮，可以删除某个学生的通讯信息。

任务分解

本任务分为 3 个子任务。

- ↘ 子任务 1：欢迎窗口和主窗口界面。
- ↘ 子任务 2：基础数据的准备。
- ↘ 子任务 3：实现数据增删查改的功能。

任务实施

1. 定义数据模型类

把班级通讯录中每一个同学的信息封装为一个对象，在 com.hbsi.bean 包中定义用来封装通讯录信息的模型类 Stduent。

```
package com.hbsi.bean;

public class Student {
    private String sid;
    private String sname;
    private String sclass;
    private String address;
    private String teleNumber;
    private String QQ;
    public Student() {}
    public Student(String sid, String sname, String sclass, String address, String teleNumber, String qQ) {
```

```
            this.sid = sid;
            this.sname = sname;
            this.sclass = sclass;
            this.address = address;
            this.teleNumber = teleNumber;
            QQ = qQ;
        }

    public String getSid() {
            return sid;
        }
    public void setSid(String sid) {
            this.sid = sid;
        }
    public String getSname() {
            return sname;
        }
    public void setSname(String sname) {
            this.sname = sname;
        }
    public String getSclass() {
            return sclass;
        }
    public void setSclass(String sclass) {
            this.sclass = sclass;
        }
    public String getAddress() {
            return address;
        }
    public void setAddress(String address) {
            this.address = address;
        }
    public String getTeleNumber() {
            return teleNumber;
        }
    public void setTeleNumber(String teleNumber) {
            this.teleNumber = teleNumber;
        }
    public String getQQ() {
            return QQ;
        }
    public void setQQ(String qQ) {
            QQ = qQ;
        }
}
```

2. 定义工具类

定义工具类，用来在窗体界面中作为实用工具使用。

（1）定义用来设置窗体在窗口中央显示的工具类。

```java
package com.hbsi.util;

import java.awt.Component;
import java.awt.Toolkit;

public class GUITools {
    //获取 GUI 默认工具类对象
    static Toolkit kit=Toolkit.getDefaultToolkit();
    //定义静态方法设置组件在屏幕中央显示
    public static void center(Component c) {
        int x=(kit.getScreenSize().width-c.getWidth())/2;
        int y=(kit.getScreenSize().height-c.getHeight())/2;
        c.setLocation(x, y);
    }
}
```

（2）在主窗体程序中，通过查询得到的学生通讯信息封装为 List 集合，把集合数据显示到表格中，需要在设置表格模型时把列表数据转换为二维数组。在 com.hbsi.uti 包中定义 ListToArray 类实现这个功能，代码如下：

```java
package com.hbsi.util;

import java.util.List;
import com.hbsi.bean.Student;

public class ListToArray {
    public static String [][] toArray(List<Student> list) {
        String [][] arr=new String[list.size()][6];
        for(int i=0;i<list.size();i++) {
            Student student=list.get(i);
            arr[i][0]=student.getSid();
            arr[i][1]=student.getSname();
            arr[i][2]=student.getSclass();
            arr[i][3]=student.getAddress();
            arr[i][4]=student.getTeleNumber();
            arr[i][5]=student.getQQ();
        }
        return arr;
    }
}
```

3. 绘制系统图形用户界面

系统图形用户界面包括两个窗体，欢迎窗口界面和主窗体界面。

（1）系统欢迎窗口是一个 JFrame 窗体。该窗口主要包含两部分：一个是分层面板的底层，里面包含一个显示图片的标签；另一个是放在分层面板上层的"欢迎登录班级通讯录系统"按钮，单击按钮调用按钮的事件处理程序，在事件处理程序方法中，调用主窗体构造方法，显示主窗体界面。

在 com.hbsi.view 包中创建欢迎窗口界面 Login 类，代码如下：

```java
package com.hbsi.view;

import java.awt.BorderLayout;
import java.awt.Font;
import java.awt.event.ActionEvent;
import java.awt.event.ActionListener;

import javax.swing.ImageIcon;
import javax.swing.JButton;
import javax.swing.JFrame;
import javax.swing.JLabel;
import javax.swing.JLayeredPane;
import javax.swing.JPanel;

import com.hbsi.util.GUITools;

public class Login extends JFrame implements ActionListener{
    private JPanel imgPanel;
    private JButton btnLogin;
    public Login() {
        super("班级通讯录登录界面");
        initComponent();
        this.setDefaultCloseOperation(EXIT_ON_CLOSE);
        this.setSize(500,350);
        GUITools.center(this);
        this.setVisible(true);
    }
    private void initComponent() {
        //定义分层面板
        JLayeredPane layeredPane=this.getLayeredPane();
        //初始化用来显示图片的面板
        imgPanel=new JPanel();
        //把图片面板放在分层面板默认层
        layeredPane.add(imgPanel,JLayeredPane.DEFAULT_LAYER);
        //设置图片面板布局为边界布局
        imgPanel.setLayout(new BorderLayout());
        //在图片面板上添加一个显示图片的标签
        imgPanel.add(new JLabel(new ImageIcon("contact.jpg")));
        /*由于 JLayeredPanel 没有 layoutManager，所以必须使用 setBounds()函数对每个添加到
JLayeredPanel 的对象进行设置，否则会导致无法显示该组件*/
        imgPanel.setBounds(0, 0, 500, 350);
        //定义登录按钮
        btnLogin=new JButton("欢迎登录班级通讯录系统");
        btnLogin.setFont(new Font("楷体",Font.BOLD,20));
        btnLogin.setBounds(100, 150, 300, 60);
```

```
            //把登录按钮放在分层面板的模式层
            layeredPane.add(btnLogin,JLayeredPane.MODAL_LAYER);
            //为登录和注册按钮注册监听
            btnLogin.addActionListener(this);
    }
    @Override
    public void actionPerformed(ActionEvent e) {
            //创建主窗体对象
            new MainFrame();
            this.dispose();
    }

    public static void main(String [] args) {
            new Login();
    }
}
```

（2）定义通讯录管理系统主窗体类，主窗体类是一个 JFrame 窗体类，在类体中使用滚动面板来存放显示用户信息的表格 JTable 对象，定义了两个面板对象，一个用来存放通讯录信息的标签和输入框，一个用来存放对通讯录信息进行增删查改的按钮。定义了一个 reset()方法，用来重置输入框的值，在事件处理程序方法中调用 StudentDao 的成员方法对通讯录信息进行增删查改操作。

```
package com.hbsi.view;

import java.awt.event.ActionEvent;
import java.awt.event.ActionListener;
import java.util.ArrayList;
import java.util.List;

import javax.swing.BorderFactory;
import javax.swing.JButton;
import javax.swing.JFrame;
import javax.swing.JLabel;
import javax.swing.JOptionPane;
import javax.swing.JPanel;
import javax.swing.JScrollPane;
import javax.swing.JTable;
import javax.swing.JTextField;
import javax.swing.table.DefaultTableModel;
import javax.swing.table.TableModel;

import com.hbsi.bean.Student;
import com.hbsi.dao.StudentDao;
import com.hbsi.dao.impl.StudentDaoImpl;
import com.hbsi.data.DataBase;
import com.hbsi.util.GUITools;
```

```
import com.hbsi.util.ListToArray;

public class MainFrame extends JFrame implements ActionListener{
    private JScrollPane tablePane;
    private JTable table;
    private JPanel msgPanel,btnPanel;
    private JLabel lblSid,lblSname,lblSclass,lblAddress,lblTeleNumber,lblQQ;
    private JTextField txtSid,txtSname,txtSclass,txtAddress,txtTeleNumber,txtQQ;
    private JButton btnAdd,btnQueryById,btnQueryByName,btnUpdate,btnDelete;
    public MainFrame() {
        super("班级通讯录界面");
        initComponent();
        this.refreshTable(DataBase.stuData);
        this.setDefaultCloseOperation(DISPOSE_ON_CLOSE);
        this.setSize(650, 600);
        GUITools.center(this);
        this.setVisible(true);
    }
    private void initComponent() {
        this.setLayout(null);
        tablePane=new JScrollPane();//显示表格的滚动面板
        table=new JTable();                          //显示通讯录信息的表格
        tablePane.setBounds(10, 10, 610, 330);
        tablePane.setViewportView(table);            //设置表格显示在滚动面板上
        this.add(tablePane);
        msgPanel=new JPanel();                       //存放标签和输入框的面板
        //为面板设置一个带标题的边框
        msgPanel.setBorder(BorderFactory.createTitledBorder("通讯录信息管理"));
        msgPanel.setBounds(10,350, 500, 200);
        this.add(msgPanel);
        msgPanel.setLayout(null);
        lblSid=new JLabel("学号:");                  //学号标签
        lblSid.setBounds(20, 50, 30, 30);
        msgPanel.add(lblSid);
        txtSid=new JTextField(16);                   //学号输入框
        msgPanel.add(txtSid);
        txtSid.setBounds(60, 50, 150, 30);
        lblSname=new JLabel("姓名:");                //姓名标签
        lblSname.setBounds(280, 50, 30, 30);
        msgPanel.add(lblSname);
        txtSname=new JTextField(16);                 //姓名输入框
        txtSname.setBounds(320, 50, 150, 30);
        msgPanel.add(txtSname);
        lblSclass=new JLabel("班级:");              //班级标签
        lblSclass.setBounds(20, 100, 30, 30);
        msgPanel.add(lblSclass);
        txtSclass=new JTextField(16);                //班级输入框
        txtSclass.setBounds(60, 100, 150, 30);
```

```
msgPanel.add(txtSclass);
lblAddress=new JLabel("地址:");                              //地址标签
lblAddress.setBounds(280, 100, 30, 30);
msgPanel.add(lblAddress);
txtAddress=new JTextField(16);                              //地址输入框
txtAddress.setBounds(320, 100, 150, 30);
msgPanel.add(txtAddress);
lblTeleNumber=new JLabel("电话:");                           //电话标签
lblTeleNumber.setBounds(20, 150, 30, 30);
msgPanel.add(lblTeleNumber);
txtTeleNumber=new JTextField(16);                           //电话输入框
txtTeleNumber.setBounds(60, 150, 150, 30);
msgPanel.add(txtTeleNumber);
lblQQ=new JLabel("QQ:");                                    //QQ 标签
lblQQ.setBounds(280, 150, 30, 30);
msgPanel.add(lblQQ);
txtQQ=new JTextField(16);                                   //QQ 号码输入框
txtQQ.setBounds(320, 150, 150, 30);
msgPanel.add(txtQQ);

btnPanel=new JPanel();                                      //存放按钮的面板
btnPanel.setLayout(null);
btnPanel.setBounds(510,350, 115, 200);
btnPanel.setBorder(BorderFactory.createTitledBorder("编辑按钮"));
this.add(btnPanel);
btnAdd=new JButton("添加信息");                             // "添加信息" 按钮
btnAdd.setBounds(6, 25, 100, 30);
btnPanel.add(btnAdd);

btnQueryById=new JButton("学号查询");                       // "学号查询" 按钮
btnQueryById.setBounds(6, 60, 100, 30);
btnPanel.add(btnQueryById);

btnQueryByName=new JButton("姓名查询");                     // "姓名查询" 按钮
btnQueryByName.setBounds(6, 95, 100, 30);
btnPanel.add(btnQueryByName);

btnUpdate=new JButton("修改信息");                          // "修改信息" 按钮
btnUpdate.setBounds(6, 130, 100, 30);
btnPanel.add(btnUpdate);

btnDelete=new JButton("删除信息");                          // "删除信息" 按钮
btnDelete.setBounds(6, 165, 100, 30);
btnPanel.add(btnDelete);

//为查询按钮注册监听
this.btnAdd.addActionListener(this);
this.btnQueryById.addActionListener(this);
```

```java
        this.btnQueryByName.addActionListener(this);
        this.btnUpdate.addActionListener(this);
        this.btnDelete.addActionListener(this);


    }
    private void refreshTable(List<Student> list) {
        String [] thead= {"学号","姓名","班级","地址","电话号码","QQ"};
        String [][] tbody=ListToArray.toArray(list);
        //定义表格模型对象
        TableModel model=new DefaultTableModel(tbody,thead);
        //设置表格对象的表格模型
        table.setModel(model);
    }


    @Override
    public void actionPerformed(ActionEvent e) {
        StudentDao sd=new StudentDaoImpl();
        //获取事件源对象上的文本
        String command=e.getActionCommand();
        //如果单击的是"添加信息"按钮
        if("添加信息".equals(command)) {
            //从输入框中获取输入信息
            String sid=this.txtSid.getText().trim();
            String sname=this.txtSname.getText().trim();
            String sclass=this.txtSclass.getText().trim();
            String address=this.txtAddress.getText().trim();
            String teleNumber=this.txtTeleNumber.getText().trim();
            String QQ=this.txtQQ.getText().trim();
            //利用输入信息构建 Student 对象
            Student student=new Student(sid,sname,sclass,address,teleNumber,QQ);
            //调用方法把信息添加到数据表
            boolean flag=sd.addStudent(student);
            if(flag) {                              //如果添加成功
                this.refreshTable(DataBase.stuData);    //刷新表格数据
                this.reset();                       //重置输入框
            }else {
                JOptionPane.showMessageDialog(this, "添加学生信息失败");
            }
        }
        //如果单击的是"学号查询"按钮
        if("学号查询".equals(command)) {
            //获取学号输入框的值
            String sid=this.txtSid.getText().trim();
            //调用方法按学号查询学生信息
            Student student=sd.lookStudentById(sid);
            if(student != null) {
                List<Student> list=new ArrayList<Student>();
```

```
                    list.add(student);
                    this.refreshTable(list);
                    this.reset();
            }else {
                    JOptionPane.showMessageDialog(this, "没有找到该学生信息");
            }
        }
        //如果单击的是"姓名查询"按钮
        if("姓名查询".equals(command)) {
            //获取姓名输入框的值
            String sname=this.txtSname.getText().trim();
            //按姓名查询学生信息
            List<Student> list=sd.lookStudentByName(sname);
            if(list.size()>0) {
                    this.refreshTable(list);
                    this.reset();
            }else {
                    JOptionPane.showMessageDialog(this, "没有找到学生信息");
            }
        }
        //如果单击的是"修改信息"按钮
        if("修改信息".equals(command)) {
            //从输入框中获取输入信息
            String sid=this.txtSid.getText().trim();
            String sname=this.txtSname.getText().trim();
            String sclass=this.txtSclass.getText().trim();
            String address=this.txtAddress.getText().trim();
            String teleNumber=this.txtTeleNumber.getText().trim();
            String QQ=this.txtQQ.getText().trim();
            //用输入值构建学生对象
            Student student=new Student(sid,sname,sclass,address,teleNumber,QQ);
            //修改学生信息
            boolean flag=sd.updateStudent(student);
            if(flag) {
                    this.refreshTable(DataBase.stuData);
                    this.reset();
            }else {
                    JOptionPane.showMessageDialog(this, "修改学生信息失败");
            }
        }
        //如果单击的是"删除信息"按钮
        if("删除信息".equals(command)) {
            String sid=this.txtSid.getText().trim();
            //根据学号删除学生通讯录信息
            boolean flag=sd.deleteStudent(sid);
            if(flag) {
                    this.refreshTable(DataBase.stuData);
                    this.reset();
```

```
                    }else {
                        JOptionPane.showMessageDialog(this, "删除学生信息失败");
                    }
                }
            }
        }
        //定义方法重置输入框的值
        private void reset() {
            this.txtSid.setText("");
            this.txtSname.setText("");
            this.txtSclass.setText("");
            this.txtAddress.setText("");
            this.txtTeleNumber.setText("");
            this.txtQQ.setText("");
        }
}
```

4. 创建 DataBase 类

在班级通讯录管理系统主窗体程序中用到了初始化表格数据的 DataBase 类，在 com.hbsi.data 包中创建 DataBase 类，代码如下：

```java
package com.hbsi.data;

import java.util.ArrayList;
import java.util.List;
import com.hbsi.bean.Student;

public class DataBase {
    public static List<Student> stuData=new ArrayList<Student>();
    static {
        stuData.add(new Student("181011","张三","Java01","河北保定","13003126789","13012345678"));
    }
}
```

5. 定义数据访问接口 StudentDao

在主窗体事件处理程序中通过调用分层的数据操作类，实现了数据的增删查改。在 com.hbsi.dao 包中定义数据访问接口 StudentDao，接口中声明通讯录信息增删查改的方法，代码如下：

```java
package com.hbsi.dao;

import java.util.List;
import com.hbsi.bean.Student;

public interface StudentDao {
    List<Student> lookAllStudent();
    boolean addStudent(Student student);
```

```
        Student lookStudentById(String sid);
        List<Student> lookStudentByName(String sname);
        boolean updateStudent(Student student);
        boolean deleteStudent(String sid);
}
```

6. 定义实现类 StudentDaoImpl

在 com.hbsi.dao.impl 包中定义 StudentDao 接口的实现类 StudentDaoImpl，在实现类中
重写从接口继承的方法实现通讯录数据的增删查改操作。

```java
package com.hbsi.dao.impl;

import java.util.ArrayList;
import java.util.List;
import com.hbsi.bean.Student;
import com.hbsi.dao.StudentDao;
import com.hbsi.data.DataBase;

public class StudentDaoImpl implements StudentDao {
    //查询所有学生通讯录信息
    @Override
    public List<Student> lookAllStudent() {
        return DataBase.stuData;
    }
    //添加学生通讯录信息
    @Override
    public boolean addStudent(Student student) {
        //把学生对象添加到学生对象集合 stuList 中
        DataBase.stuData.add(student);
        if(DataBase.stuData.contains(student)) {
            return true;
        }else {
            return false;
        }
    }
    //按学号查询学生通讯录信息
    @Override
    public Student lookStudentById(String sid) {
        //遍历学生集合
        for(Student stu:DataBase.stuData) {
            //如果找到了学生信息
            if(stu.getSid().equals(sid)) {
                return stu;
            }
        }
        //如果没有查询到学生信息
        return null;
```

```
        }
        //按姓名查询学生通讯录信息
        @Override
        public List<Student> lookStudentByName(String sname) {
            //定义列表对象并初始化为空列表
            List<Student> list=new ArrayList<Student>();
            //遍历保存所有学生信息的列表集合
            for(Student stu:DataBase.stuData) {
                if(stu.getSname().equals(sname)) {//如果列表元素的姓名和参数相同
                    //把该元素添加到 list 列表
                    list.add(stu);
                }
            }
            return list;
        }
        //修改学生通讯录信息
        @Override
        public boolean updateStudent(Student student) {
            //TODO Auto-generated method stub
            for(int i=0;i<DataBase.stuData.size();i++) {
                //如果学生列表集合中元素的学号和参数 student 的学号相同
                if(student.getSid().equals(DataBase.stuData.get(i).getSid())) {
                    //修改学生列表集合元素为 student 对象
                    DataBase.stuData.set(i, student);
                }
            }
            //修改后查询，如果列表中包含参数 student，说明修改成功
            if(DataBase.stuData.contains(student)) {
                return true;
            }else {
                return false;
            }
        }
        //删除学生通讯录信息
        @Override
        public boolean deleteStudent(String sid) {
            for(int i=0;i<DataBase.stuData.size();i++) {
                //遍历列表集合，如果索引值为 i 的元素对象的学号和参数值相同
                if(DataBase.stuData.get(i).getSid().equals(sid)) {
                    //从学生列表集合中删除学号为 sid 的学生对象信息
                    DataBase.stuData.remove(i);
                }
            }
            //删除信息后再次以 sid 为条件查询，如果返回值为 null，说明删除信息成功
            if(this.lookStudentById(sid) == null) {
                return true;
            }else {
```

```
            return false;
        }
    }
}
```

7. 运行项目，测试结果

运行项目，进入登录界面，任务运行结果如图 10-26 所示。

系统运行进入登录界面，单击按钮登录，进入通讯录系统主界面，如图 10-27 所示。

图 10-26　通讯录系统登录界面　　　　图 10-27　通讯录系统主界面

在主界面的文本输入框中输入数据，完成后单击"添加信息"按钮，添加后的数据将在表格中显示出来，如图 10-28 所示。

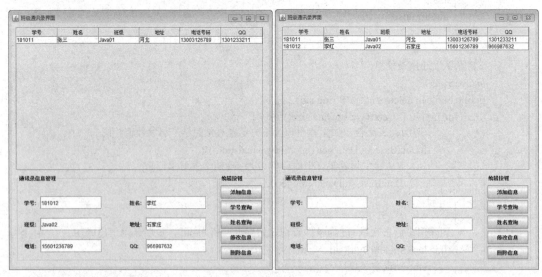

图 10-28　添加信息

在学号输入框中输入学号，单击"学号查询"按钮，可以按照学号查询到通讯录信息，如图 10-29 所示。

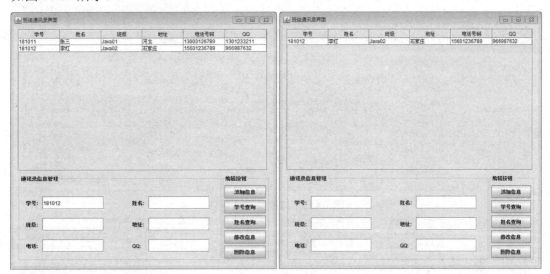

图 10-29　按学号查询信息

在姓名输入框中输入姓名，单击"姓名查询"按钮，可以根据姓名查询通讯录信息，如图 10-30 所示。

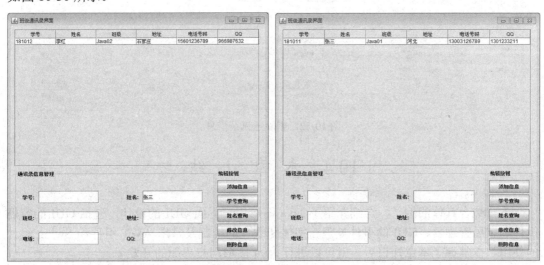

图 10-30　按姓名查询信息

根据查询得到的信息，在文本框中输入修改后的信息，如完成后单击"修改信息"按钮，可以实现学生信息的修改，如图 10-31 所示。

在学号输入框输入学号，单击"删除信息"按钮，可以删除通讯录信息，如图 10-32 所示。

图 10-31　修改通讯录信息

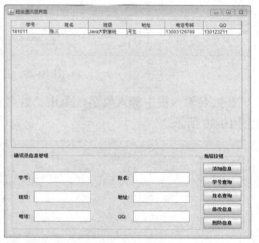

图 10-32　删除通讯录信息

10.4　本 章 小 结

　　本章结合具体的例子，详细介绍了 Java 图形用户界面 GUI 的设计，包括 GUI 的容器组件和布局管理器、GUI 的事件处理、字体和颜色的控制及常用 AWT 组件和 Swing 组件的使用。在掌握了本章知识后，就可以进行 Java 图形用户界面的开发了。

10.5　知 识 考 核

第11章

多线程

早期的计算机由于运行速度等原因，只能启动一个程序，当该程序退出以后才可以执行其他程序。随着时代的发展，计算机的性能逐步提高，软件也日益丰富，如果计算机还只能同时执行一个程序，那么恐怕是很多人都不能接受的。

现在计算机早已进入并发执行的时代，对于程序设计来说，并发执行的程序编写被称为并发编程。在 Java 语言中，同一个程序内部的并发处理由线程这个概念来实现。本章将详细介绍 Java 中的多线程机制、多线程的实现及线程间的同步等内容。

本章学习目标如下：

- ➥ 创建多线程的 3 种方式
- ➥ 线程的生命周期及其调度方式
- ➥ 同步代码块和同步方法的使用

11.1 多线程概述

从小老师就教育大家"一心不可二用"，就是说做一件事情时一定要专注，不能够分心，如果分心的话，会什么事情都做不好。但是在计算机程序中却早已经做到了"一心二用"甚至"一心多用"，并且不会相互影响，可以出色地完成多项工作。这在 Java 中就是通过多线程来实现的。

11.1.1 进程

相信读者都有这样的经验，计算机可以同时运行多个程序，例如我们在启动 Window Media Player 播放音乐的同时，可以使用浏览器上网浏览新闻，同时运行着 QQ、MSN 等聊天软件。这些程序似乎都在同时运行，但事实上却并非如此。除非你的计算机有多个 CPU

（如双核结构），否则不会真正同时运行两个以上的程序。

实际的情况是，操作系统负责对 CPU 等资源进行合理地分配和管理，虽然每一时刻只能做一件事情，但如果以非常小的时间间隔（也叫时间片，Time Slice）交替执行几件事情，给人的感觉就像是这几件事情在同时运行一样，也就是并发执行。其中，每个独立运行的程序称为一个进程（Process）。

在上面的例子中，正在运行的 Window Media Player 是一个进程，正在运行的 QQ 或 MSN 程序也是一个进程。打开 Windows 操作系统中的任务管理器，就可以清晰地看到当前操作系统中正在运行的进程信息，如图 11-1 所示。

进程也称任务，所以支持多个进程同时执行的操作系统就被称作多进程操作系统或多任务操作系统。当前主流的操作系统都属于这种类型。在操作系统中，每个进程拥有独立的系统资源，包括内存空间、CPU 的运行时间等。进程和进程之间的系统资源通常不互相占用，所以进程之间的通信比较麻烦，往往需要借助操作系统提供的手段。但是通过在操作系统上同时运行多个进程，可以充分发挥计算机的硬件能力，方便用户使用。

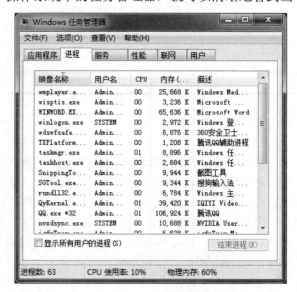

图 11-1　Windows 任务管理器

11.1.2　线程

进程其实就是一个完整的程序，多进程运行和程序开发没什么关系，是由操作系统来实现的。也就是说，如果想通过进程让计算机同时完成多项任务，则每个任务都要开发一个相应的程序来实现。这样对于程序员来说就比较麻烦，所以在程序开发中设计了另外一个概念——线程。

在一个程序内部也可以实现多个任务并发执行，其中每个任务称为线程（Thread），即线程是指同一个程序（进程）内部每个单独执行的流程。线程是比进程更小的执行单位。我们以前编写的程序内部都只包含一个系统流程，该流程从 main()方法开始，随着方法的调用进入每个方法的内部，在方法调用完成以后返回到调用的位置，直到 main()方法结束以后该流程结束。这个流程称为系统线程，这样的程序也称为单线程的程序。

在实际应用中，Java 语言支持在一个程序内部同时执行多个流程，每个单独的流程就是一个线程，即多线程的应用程序。例如在 QQ、MSN 等程序中，系统的线程负责响应用户的按键操作，在后台可以启动网络通信的线程执行数据的发送和接收，这样两个流程之间同时执行，并协调进行工作。而在服务器端程序中，每个和服务器进行通信的客户端，在服务器端都会启动一个对应的线程进行通信，这样每个客户端才显得同时和服务器端进行通信。

多线程程序主要的优势有两个：

➡️ 提高界面程序响应速度。通过使用线程，可以将需要大量时间完成的流程在后台完成。例如现在常见的网络程序，在进行网络通信时都需要使用单独的线程进行，这样不会阻塞系统线程的执行。另外，需要大量操作数据或进行数据变换的程序，也需要在后台启动单独的线程来提高前台界面的响应速度。

➡️ 充分利用系统资源。通过在一个程序内部同时执行多个流程，可以充分利用 CPU 等系统资源，从而最大限度地发挥硬件的性能。就像一个人同时承担多份工作一样，可以使这个人的时间获得比较充分的使用。

当然，多线程程序也有一些不足，例如当程序中的线程数量比较多时，系统将花费大量的时间进行线程的切换，这反而会降低程序的执行效率。但是，相对于优势来说，劣势还是很有限的，所以现在的项目开发中，多线程编程技术得到了广泛的应用。

11.2　线程的创建

线程的概念虽然比较复杂，但是在 Java 语言中实现线程却比较简单，只需要按照 Java 语言中对于线程的规定进行编程即可。具体操作步骤为：首先需要让一个类具备多线程的能力（继承 Thread 类或实现 Runnable 接口的类具备多线程的能力），然后创建线程对象，调用对应的启动线程方法，即可实现多线程编程。

在实际实现线程时，Java 语言提供了两种实现方式：

➡️ 继承 Thread 类。

➡️ 实现 Runnable 接口。

下面详细介绍这两种实现方式，以及它们之间的区别。

11.2.1　继承 Thread 类实现多线程

如果一个类继承了 Thread 类，则该类就具备了多线程的能力，可以以多线程方式执行。

例 11.1　继承 Thread 类实现多线程的示例。

```
public class MyThread{
    public void run(){
        while(true){
            System.out.println("MyThread 中的 run()...");
        }
    }
}
public class TestThread1{
    public static void main(String args[]) {
        MyThread myThread = new MyThread();
        myThread.run();
        while(true){
```

```
            System.out.println("Main()在运行...");
        }
    }
}
```

该程序是一个单线程程序，程序从 main()开始执行，首先创建 MyThread 类的实例，然后调用 MyThread 类的 run()方法，遇到死循环，则一直输出字符串"MyThread 中的 run()..."，而 main()中的打印语句却无法得到执行。程序运行结果如图 11-2 所示。

如果希望 run()中的循环和 main()中的循环能够并发执行，就需要实现多线程。如何来实现多线程呢？JDK 中提供了一个线程类 Thread，通过继承该类，并重写该类中的 run()方法便可实现多线程。按照 Java 语言线程编程的规定，线程的代码必须书写在 run()方法内部或者在 run()方法内部进行调用。下面修改例 11.1 中的代码：

```
public class MyThread extends Thread{
    public void run(){
        while(true){
            System.out.println("MyThread 中的 run()...");
        }
    }
}
public class TestThread1{
    public static void main(String args[]) {
        MyThread myThread = new MyThread();
        myThread.start();
        while(true){
            System.out.println("Main()在运行...");
        }
    }
}
```

这时，MyThread 类继承自 Thread 类，并重写了 run()方法，因此 MyThread 类就具有了多线程的能力。在 main()中创建了该类的实例，并调用了从父类 Thread 中继承的 start()方法来启动线程。程序运行结果如图 11-3 所示。

图 11-2　单线程程序的运行结果

图 11-3　多线程程序的运行结果

例 11.1 的程序中有两个线程，即系统线程和自定义线程 myThread。程序执行过程为：Java 虚拟机开启一个系统线程来执行 TestThread1 的 main()方法，main()方法的内部代码按照顺序结构执行。首先创建线程对象 myThread，然后调用 myThread 的 start()方法来启动线程。在执行 myThread 的 start()方法时，不阻塞程序的执行，立刻返回，Java 虚拟机以自己的方式启动多线程，开始执行线程对象 myThread 的 run()方法。同时，系统线程的执行流程继续按照顺序执行 main()方法后续的代码。这样，系统线程和自定义线程 myThread 就同时执行了。

对于同一个线程类，也可以启动多个线程。例如以 MyThread 类为例，启动两次的代码如下：

```
MyThread    mt1 = new MyThread ();
mt1.start();
MyThread    mt2 = new MyThread ();
mt2.start();
```

而下面的代码是错误的：

```
MyThread    mt = new MyThread ();
mt.start();
mt.start();       //同一个线程不能启动两次
```

当自定义线程中的 run()方法执行完成以后，则自定义线程自然死亡。而对于系统线程来说，只有当 main()方法执行结束，而且启动的其他线程都结束以后，才会结束。当系统线程执行结束以后，程序的执行才真正结束。由于 Java 中只支持类的单继承，即一个类一旦继承了某个父类就无法再继承 Thread 类，因此该方式具有一定的限制性。

11.2.2 实现 Runnable 接口

Java 语言中提供的另外一种多线程的实现方式是实现 java.lang.Runnable 接口，并重写 Runnable 接口的 run()方法。

例 11.2 使用实现 Runnable 接口的方式实现多线程的示例。

```
public class MyRunnable implements Runnable{
    public void run(){
        while(true){
            System.out.println("MyRunnable 中的 run()...");
        }
    }
}
public class TestThread2{
    public static void main(String args[]) {
        MyRunnable mr = new MyRunnable();
        Thread myThread=new Thread(mr);
        myThread.start();
        while(true){
            System.out.println("Main()在运行...");
        }
    }
}
```

例 11.2 实现的功能和例 11.1 实现的功能相同。在使用该方式实现时，需要实现多线程的类实现 Runnable 接口，并重写 Runnable 接口中的 run()方法，然后将需要以多线程方式执行的代码书写在 run()方法内部或在 run()方法内部进行调用。

在需要启动线程的地方，首先创建 MyRunnable 类的对象 mr，然后再以该对象为基础创建 Thread 类的对象 myThread，最后调用对象 myThread 的 start()方法，即可启动线程。程序运行结果如图 11-4 所示。

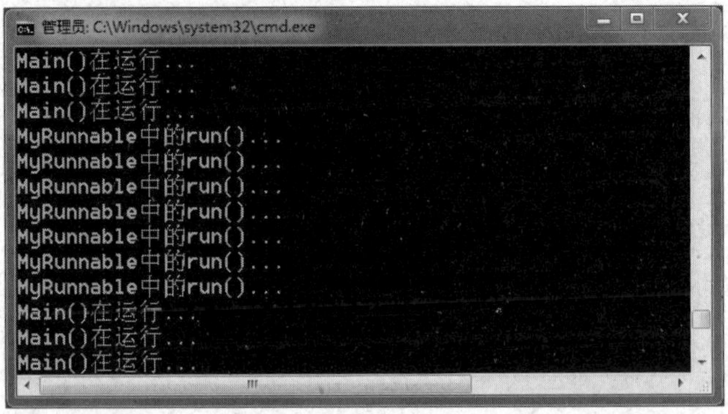

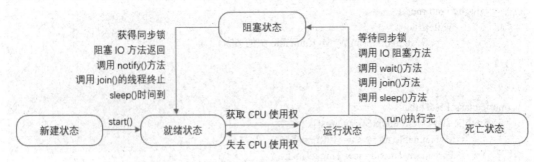

图 11-4　例 11.2 程序的运行结果

通过实现 Runnable 接口的方式来实现多线程，可以避免由于 Java 的单继承带来的局限性。在开发中经常碰到这样一种情况，就是使用一个已经继承了某一个类的子类创建线程，由于一个类不能同时有两个父类，所以不能用继承 Thread 类的方式，那么就只能采用实现 Runnable 接口的方式。

11.3　线程的生命周期与线程状态

线程从创建到执行完毕的整个过程称为线程的生命周期。在整个生命周期中，线程对象总是处于某一种生命状态中，如图 11-5 所示。

图 11-5　线程的生命周期

线程的生命周期包含 5 个状态。在程序中，通过一些操作，可以使线程在不同状态间转换。

1．新建状态（New）

当线程类的对象被创建时，Java 虚拟机为其分配内存资源，该线程对象就处于新建状态，此时它不能运行。如例 11.1 中的代码行：

```
MyThread myThread = new MyThread();        //新建状态
```

2．就绪状态（Runnable）

当线程对象调用 start()方法后，该线程进入就绪状态。处于就绪状态的线程位于线程队列中，此时它具备了运行的条件，能否获得 CPU 资源，还需要等待系统的调度。如例 11.1 中代码行：

```
myThread.start();                          //使得 myThread 线程进入就绪状态
```

3．运行状态（Running）

如果处于就绪状态的线程获得了 CPU 资源，并开始执行线程对象的 run()方法，则线程处于运行状态。一个线程启动后，它可能不会一直处于运行状态，当运行状态的线程使用完系统分配的时间后，系统就会剥夺该线程占用的 CPU 资源，让其他线程获得执行的机会。如例 11.1 的执行结果。

4．阻塞状态（Blocked）

一个正在执行的线程在某些特殊情况下，如执行耗时的输入/输出操作、睡眠或被人为挂起时，会让出 CPU 资源并暂时中止自己的执行，进入阻塞状态。线程一旦进入阻塞状态后，就不能进入线程队列。只有当引起阻塞的原因被消除后，线程才可以进入就绪状态。

5．死亡状态（Terminated）

死亡状态是指线程执行结束，释放线程所占用的系统资源。当线程调用 stop()方法或 run()方法正常执行结束，或者线程抛出一个未捕获的异常、错误，线程就进入死亡状态。一旦进入死亡状态，线程将不再拥有运行的资格，也不能再转换到其他状态。

可以用线程对象的 isAlive()方法测试该线程是否已启动。如果 isAlive()返回 false，表示该线程是新建状态或是死亡状态；如果返回 true，表示该线程已启动且未被终止，是就绪状态、运行状态或阻塞状态之一。

11.4　线程的调度

程序中的多个线程是并发执行的，某个线程若想被执行必须要得到 CPU 资源。Java 虚拟机会按照特定的机制为程序中的每个线程分配 CPU 资源，这种机制被称为线程的调度。

在计算机中，线程调度有两种模型，分别是分时调度模型和抢占式调度模型。所谓分时调度模型是指让所有的线程轮流获得 CPU 的使用权，并且平均分配每个线程占用的 CPU 的时间片。而抢占式调度模型是指让队列中优先级高的线程优先占用 CPU，而对于优先级相同的线程，随机选择一个线程使其占用 CPU。当线程失去了 CPU 资源后，再随机选择其他线程获取 CPU 资源。Java 虚拟机默认采用抢占式调度模型，通常情况下程序员不需要去关心它，但在某些特定的需求下需要改变这种模式，由程序自己来控制 CPU 的调度。

11.4.1　线程优先级

如果同一时刻有多个线程处于就绪状态，则它们需要排队等待 CPU 资源。此时每个线程自动获得一个线程的优先级（priority），优先级的高低反映线程的重要或紧急程度。优先级越高的线程获得 CPU 执行的机会越大，而优先级越低的线程获得 CPU 执行的机会越小。线程的优先级用 1～10 的整数来表示，数字越大优先级越高，默认值是 5。除了可以直接使用数字表示线程的优先级，还可以使用 Thread 类中提供的 3 个静态常量表示线程的优先级，如下所示：

```
public static final int NORM_PRIORITY=5;        //表示线程的普通优先级
publlc static final int MIN_PRIORITY=1;         //表示线程的最低优先级
publlc static final int MAX_PRIORITY=10;        //表示线程的最高优先级
```

与线程优先级有关的方法有两个，如下所示：

```
public final int getPriority()                  //获得线程的优先级
public final void setPriority(int newPriority)  //设置线程的优先级
```

📖 **注意：** 如果有多个线程在等待，并不是优先级越高就肯定越早执行，只是获得的机会更多一些。因此通常情况下，不要依靠线程优先级来控制线程的状态。

例 11.3　设置线程的优先级。

```
public class MyThread extends Thread{
    public MyThread(String name){
        this.setName(name);
    }
    public void run() {
        for (int i = 0; i < 5; i++) {
            System.out.println("线程： " + getName()+",优先级为： "+getPriority()+"， 正在输出： "+i);
        }
    }
}
public class SetPriority {
    public static void main(String[] args) {
        MyThread threadA= new MyThread("threadA");
        MyThread threadB= new MyThread("threadB");
        threadA.setPriority(Thread.MIN_PRIORITY);
        threadB.setPriority(Thread.MAX_PRIORITY);
        threadA.start();
        threadB.start();
    }
}
```

程序运行结果如图 11-6 所示。

图 11-6　例 11.3 的运行结果

在 main()方法中创建了两个线程 threadA 和 threadB，分别将线程的优先级设置为 1 和 10。由于优先级越高的线程获得 CPU 切换时间片的几率越大，所以优先执行的机会也越大。从程序运行结果可以看出，优先级高的线程 threadB 先运行结束。

11.4.2　线程控制

在实际使用线程时，线程对象创建完成后，该线程就处于新建状态。在新建状态下的线程，已经初始化完成但是还没有启动，可以通过调用线程对象中的 start()方法，使线程进入就绪状态。start()方法不阻塞程序的执行，在调用完成以后立刻就返回。而就绪状态下的线程开始排队等待 CPU 的执行。根据系统的调度，线程就在运行状态、阻塞状态及就绪状态间进行切换，这就是线程的执行状态。当线程执行完成或需要结束该流程时，就需要将线程切换到死亡状态，释放线程占用的资源，结束线程的执行。

另外，在线程执行的过程中也可根据需要调用 Thread 类中对应的方法改变线程的状态。

1. 线程休眠 sleep()

如果希望人为地控制线程，使正在执行的线程暂停，将 CPU 让给其他线程，可以调用 Thread 类中的静态方法 sleep(long millis)。该方法可以使当前线程休眠（停止执行）一段时间，线程由运行状态进入阻塞状态，休眠时间过后线程再进入就绪状态。

sleep(long millis)方法声明会抛出 InterruptedException 异常，因此在调用该方法时应该捕获异常或声明抛出该异常。

例 11.4　Thread 类中 sleep()方法的使用。

```
public class TaskSleep extends Thread{
    public void run(){
        for(int i=1;i<=5;i++){
            try{
                if(i%2==0)
```

```
                    Thread.sleep(3000);          //休眠 3000 毫秒
                else
                    Thread.sleep(500);           //休眠 500 毫秒
                System.out.println("线程："+getName()+"输出："+i);
            }catch(Exception e){
                e.printStackTrace();
            }
        }
    }
}
public class TestThread4{
    public static void main(String[] args) throws Exception{
        TaskSleep t=new TaskSleep();
        t.start();
        for(int i=1;i<=5;i++){
            if(i%3==0)
                    Thread.sleep(3000);
            else
                    Thread.sleep(500);
            System.out.println("main 线程输出："+i);
        }
    }
}
```

该程序中包含 main 线程和 Thread-0 线程。main 线程的 for 循环中，当 i 是 3 的倍数时会执行"Thread.sleep(3000);"语句，使当前线程休眠 3000 毫秒；否则执行"Thread.sleep(500);"语句，使当前线程休眠 500 毫秒。在 main 线程休眠过程中，线程 Thread-0 获得 CPU 资源，执行该线程的 run()方法。而在线程 Thread-0 的 for 循环中，当 i 的值为偶数时，执行"Thread.sleep(3000);"语句，使当前线程休眠 3000 毫秒；否则执行"Thread.sleep(500);"语句，使当前线程休眠 500 毫秒。同样，在休眠过程中，main 线程会获得 CPU 资源。这样就会出现如图 11-7 所示的 main()线程和 Thread-0 线程交替执行的情况。

图 11-7　例 11.4 的运行结果

2. 线程让步 yield()

yield()方法和 sleep()方法有点相似,都可以暂停当前线程执行,将 CPU 资源让出来,允许其他线程执行,区别在于 yield()方法不会阻塞该线程,它只是将线程转换为就绪状态。此时,系统选择其他同优先级线程执行,若无其他同优先级线程,则选中该线程继续执行。yield()方法的优点是保证有工作时不会让 CPU 闲置,主要用于编写多个合作线程,也适用于强制线程间的合作。

例 11.5 yield()方法的使用。

```java
import java.util.Date;
public class TestThread5{
    public static void main(String[] args){
        Thread t1 = new MyThread(false);
        Thread t2 = new MyThread(true);
        Thread t3 = new MyThread(false);
        t1.start();
        t2.start();
        t3.start();
    }
}
class MyThread extends Thread{
    private boolean flag;
    public MyThread(boolean flag){
        this.flag = flag;
    }
    public void setFlag(boolean flag){
        this.flag = flag;
    }
    public void run(){
        long start = new Date().getTime();
        for(int i=0;i<100000;i++){
            if(flag)
                Thread.yield();
                for(int j=0;j<3000;j++){
                    ;
                }
        }
        long end = new Date().getTime();
        System.out.println("\n" + this.getName() + "执行时间: " + (end - start) + "毫秒");
    }
}
```

程序执行时会显示各个线程运行所经历的时间,如图 11-8 所示。

从图 11-8 所示的运行结果可以看出,同样的 3 个线程执行同样的任务,由于线程 Tread-1 进行了让步操作,执行时间明显长于另外的两个线程。

图 11-8   例 11.5 的运行结果

3. 线程插队 join()

Thread 类中提供了 join()方法来实现"插队"功能。当在某个线程中调用其他线程的 join() 方法时，当前线程将被阻塞，等待调用 join()方法的线程结束后再继续执行本线程。该方法 有 3 种调用格式，如下所示：

```
public final void join() throws InterruptedException
public final void join(long millis) throws InterruptedException
public final void join(long millis,int nanos)throws InterruptedException
```

功能：等待调用 join()方法的线程结束，或者最多等待 millis 毫秒+nanos 纳秒后，再 继续执行本线程。如果当前线程被另一个线程中断，join()方法会抛出 InterruptedException 异常。

例 11.6   join()方法的使用。

```java
public class TestThread6{
    public static void main(String[] args) throws Exception{
        MyThread t1=new MyThread();
        t1.start();
        for(int i=1;i<=5;i++){
            System.out.println("main 线程输出："+i);
            if(i==2)
                t1.join();
            Thread.sleep(500);
        }
    }
}
class MyThread extends Thread{
    public void run(){
        for(int i=1;i<=5;i++){
            System.out.println(this.getName()+"输出："+i);
            try{
                Thread.sleep(500);
            }catch(Exception e){
```

```
                        System.out.println(e.getMessage());
                    }
                }
            }
        }
```

在 main 线程中开启了线程 t1，两个线程的循环体中都调用了 Thread 的 sleep(500)方法，这样两个线程交替执行。当 main 线程中循环变量 i 的值为 2 时，线程 t1 调用了 join()方法，这时线程 t1 就会插队优先执行。程序运行结果如图 11-9 所示。

图 11-9　例 11.6 的运行结果

从运行结果可以看出，当 main 线程输出 2 后，线程 t1 开始执行，直到线程 t1 执行完毕，main 线程才继续执行。

11.5　多线程同步

多线程编程为程序开发带来了很多便利，但是也带来了一些问题，这些问题是在程序开发过程中必须进行处理的。这些问题的核心是，如果多个线程同时访问一个资源，如变量、文件等，如何保证访问安全？在多线程编程中，这种会被多个线程同时访问的资源叫作临界资源。

例 11.7　编写程序，演示多个线程访问临界资源时产生的问题。

```
//模拟临界资源的类
class Tickets{
    public int tickets;
    public Tickets(){
        tickets=10;
    }
}
//访问数据的线程
class TicketsThread extends Thread{
    Tickets t;
    String name;
```

```
    public TicketsThread(Tickets t,String name){
        this.t=t;
        this.name=name;
        start();
    }
    public void run(){
        try{
            for(int i=0;i<5;i++){
                System.out.println(name+"抢到了第"+t.tickets+"号票");
                t.tickets--;
                Thread.sleep(20);
            }
        }catch(Exception e){}
    }
}
//测试多线程访问时的问题
public class TestMulThread1{
    public static void main(String[] args){
        Tickets t=new Tickets();
        TicketsThread d1=new TicketsThread(t,"小王");
        TicketsThread d2=new TicketsThread(t,"小张");
    }
}
```

　　程序中创建两个线程类 TicketsThread 的对象 d1 和 d2，都需要访问 Tickets 类的对象 t，来模拟两个人抢票的操作。因此，对象 t 是临界资源。线程 d1 和 d2 每隔 20 毫秒输出它抢到的票号，并将总票数减少 1。程序运行结果如图 11-10 所示（不同情况下会出现不同的运行结果，图 11-10 只是其中的一种）。

图 11-10　例 11.7 的运行结果

　　之所以出现这种结果，是由于线程 d1 和线程 d2 的并发执行引起的。当线程 d1 输出了抢到的票号后，还没来得及改变变量 tickets 的值，线程 d2 也输出了抢到的票号，所以线程 d1、d2 抢到的票号相同；线程 d1 继续执行，改变变量 tickets 的值，然后休眠，线程 d2 接着也改变变量 tickets 的值，所以在输出时看到有跳跃的现象。

这种结果在很多实际应用中是不能被接受的，例如银行的应用，两个人如果同时取一个账户的存款，一个使用存折，一个使用卡，这样访问账户的金额就会出现问题。又如售票系统中，如果也这样就会出现有人买到相同座位的票，而有些座位的票却未售出。在多线程编程中，这是一个典型的临界资源问题，解决该问题最基本、最简单的思路就是使用同步关键字 synchronized。

synchronized 关键字是一个修饰符，可以修饰方法或代码块。其作用就是：对于同一个对象（不是一个类的不同对象），当多个线程都同时调用该方法或代码块时，必须依次执行，也就是说，如果两个或两个以上的线程同时执行该段代码时，如果一个线程已经开始执行该段代码，则另外一个线程必须等待这个线程执行完这段代码后才能开始执行。就像在银行的柜台办理业务一样，营业员就是这个对象，每个顾客就好比线程，当一个顾客开始办理时，其他顾客都必须等待，即使这名顾客在办理过程中接了一个电话（类似于这个线程释放了占用 CPU 的时间，而处于阻塞状态），其他线程也只能等待。

使用 synchronized 关键字将上面代码修改为如下：

```java
//模拟临界资源的类
class Tickets{
    public int tickets;
    public Tickets(){
        tickets=10;
    }
    public synchronized void action(String name){
        System.out.println(name+"抢到了第"+tickets+"号票");
        tickets--;
    }
}
//访问数据的线程
class TicketsThread extends Thread{
    Tickets t;
    String name;
    public TicketsThread(Tickets t,String name){
        this.t=t;
        this.name=name;
        start();
    }
    public void run(){
        try{
            for(int i=0;i<5;i++){
                t.action(name);
                Thread.sleep(20);
            }
        }catch(Exception e){}
    }
}
//测试多线程访问时的问题
public class TestMulThread2{
    public static void main(String[] args){
```

```
        Tickets t=new Tickets();
        TicketsThread d1=new TicketsThread(t,"小王");
        TicketsThread d2=new TicketsThread(t,"小张");
    }
}
```

该示例代码的执行结果会出现不同，一种执行结果如图 11-11 所示。

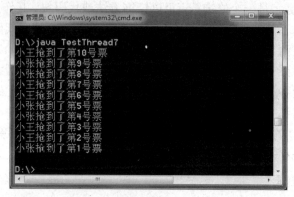

图 11-11　使用 synchronized 关键字后程序的运行结果

在该示例代码中，将打印变量 tickets 的代码和变量 tickets 变化的代码组成一个专门的方法 action()，并且使用修饰符 synchronized 修改该方法，也就是说对于一个 Tickets 的对象，无论多少个线程同时调用 action()方法，只有一个线程完全执行完该方法以后，其他线程才能执行该方法。这就相当于一个线程执行到该对象的 synchronized 方法时，就为这个对象加上了一把锁，锁住了这个对象，其他线程在调用该方法时，发现了这把锁以后就继续等待下去了。

11.6　本章小结

本章通过具体实例介绍了多线程的有关知识，包括多线程的概念、线程的创建、线程的生命周期、线程的调度及线程的同步等。Java 语言对多线程的支持增强了 Java 作为网络程序设计语言的优势，为实现分布式应用系统中多用户的并发访问、提高服务效率奠定了基础。

11.7　知识考核

第12章

Java 数据库编程

JDBC 是实现 Java 同各种数据库连接的关键，它提供了将 Java 和数据库连接起来的程序接口，使用户可以以 SQL 的形式编写访问请求，然后传给数据库，得到的结果再由该接口返回。本章将详细介绍在 Java 程序中如何使用 JDBC 实现数据库的连接与访问。

本章学习要点如下：
- ↳ JDBC 的基本概念
- ↳ JDBC 编程常用的类和接口
- ↳ 使用 JDBC 编程访问数据库
- ↳ 元数据与结果集的使用和处理

12.1 JDBC 基本概念

JDBC 是 Java DataBase Connectivity 的缩写，它是 Java 应用程序访问数据库的机制，它提供了执行 SQL 语句、访问关系数据库的方法。

12.1.1 什么是 JDBC

为使 Java 程序能方便地访问数据库并对数据进行操作，Java 语言采用了专门的数据库编程接口 JDBC，用于在 Java 程序中实现数据库操作功能并简化操作过程。JDBC 支持基本 SQL 语句，提供多样化的数据库连接方式，并为各种不同的数据库提供统一的操作方式和编程思路。

JDBC 工作原理如图 12-1 所示，其中 JDBC 驱动器管理器是 JDBC 体系结构的核心，其作用是根据目标数据库的种类（包括连接方式）的不同，选择相应的 JDBC 驱动程序供当前 Java 应用程序调用。

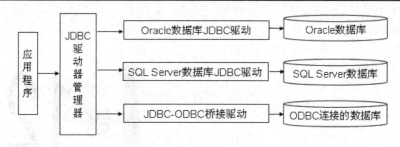

图 12-1　JDBC 体系结构

从图 12-1 可以看出，JDBC 在工作原理上起到应用程序与不同种类数据库间连接桥梁的作用。因此当 Java 程序员在编写数据库操作程序时，可以只针对 JDBC 进行编程，无须依赖特定的数据库产品，基本达到"写一个 Java 程序，适应所有数据库"的目的。

综上所述，可以说 JDBC 是一套协议，是 Java 开发人员和数据库厂商达成的协议，也就是由 Sun 定义的一组接口，由数据库厂商来实现（以驱动程序形式提供），并规定了 Java 开发人员访问数据库所使用的方法的调用规范。所以 JDBC 的主要用途就是访问和操作数据库，它为 Java 应用程序和数据库之间进行数据通信提供桥梁的作用。JDBC 的功能主要如下：

- 可以连接数据库，提供 Java 到数据库的连接。
- 通过 SQL 命令来操作数据库。JDBC 借助 SQL 命令对数据库进行增、删、改、查。
- JDBC 提供对结果集的封装和处理。
- 支持事务的操作。

12.1.2　JDBC 数据库驱动程序

驱动程序（Driver，简称"驱动"）是指为计算机操作系统提供的访问硬件设备的接口程序，操作系统通过调用相应的驱动程序来操作各种不同硬件设备，如声卡、显卡、网卡和打印机等。驱动程序的好处就是将接口的一致性和实现的多样性结合起来。例如显卡的驱动，主板上有一个通用的显卡插槽（公共接口，针脚排列固定），操作系统调用显卡时，只需通过驱动程序来操作那块显卡即可。虽然各个厂商的显卡是不同的，但它们的驱动程序都实现了这个接口。同样，如果 JDBC 是"插槽"，数据库就是"显卡"，JDBC 数据库驱动程序代表接口的实现，特点是多样性和灵活性，即不同的驱动实现了将 JDBC 和不同的数据库结合起来。

JDBC 是一套规范/协议，物理上是 Java 接口集，突出的特点是一致性，因此数据库驱动程序（DataBase Driver）就是可以"驱使"数据库开展工作的程序，通常由操作系统或应用软件调用，以实现操作系统库的功能。当前主流数据库产品均带有相应的 JDBC 驱动程序。

JDBC 驱动程序可分为以下 4 类：JDBC－ODBC 桥驱动模式；Java 到本地 API 模式；Java 到网络协议模式；Java 直连数据库模式。

大部分数据库厂商均为其产品提供了 ODBC 驱动程序及第三类或第四类驱动程序，也有一些第三方公司开发了一些支持更多平台、性能更佳的数据库驱动程序。这些驱动程序可以到数据库厂商提供的网站上下载。

12.2　JDBC 编程常用的类和接口

在 JDK 的 java.sql 包中提供了多种 JDBC 编程需要的类和接口（API），这些类和接口可以提供连接和管理关系型数据库、执行 SQL 语句并获取查询结果等功能。下面介绍这些类和接口。

1．java.sql.Driver 接口

数据库驱动程序类必须要实现的接口，或者说所有的数据库驱动程序都是 Driver 的子类。在程序中要连接数据库，必须首先加载数据库驱动程序，也就是产生一个相应的数据库驱动程序的实例，根据子类可以代替父类的原则，也就生成了相应的 Driver 接口的实例。

常见加载数据库驱动程序的方法如下：

```
Class.forName("数据库驱动类的名字");
```

📖注意：如果用 Eclipse 等开发工具开发项目，可以将驱动类导入指定项目中，否则该语句执行时会找不到相应的类文件而出现异常。

例 12.1　以 MySQL 数据库驱动程序为例，演示在 Eclipse 下导入数据库驱动程序的步骤。

新建一个 Java 项目，项目名为 ch12，导入 MySQL 驱动程序的步骤如下：

（1）在项目文件夹下创建一个新文件夹 driver，把 JDBC 驱动程序的压缩包复制到文件夹中，然后从 Eclipse 集成开发环境的左边项目窗口中，右击项目名 ch12，从弹出的快捷菜单中选择 Build Path→Configure Build Path 命令，如图 12-2 所示。

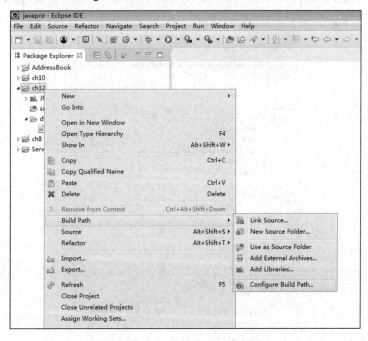

图 12-2　Eclipse 集成开发环境

（2）在打开的 Properties for ch12 对话框中选择 Libraries 选项卡，在该选项卡中单击 Add JARs 按钮，如图 12-3 所示。

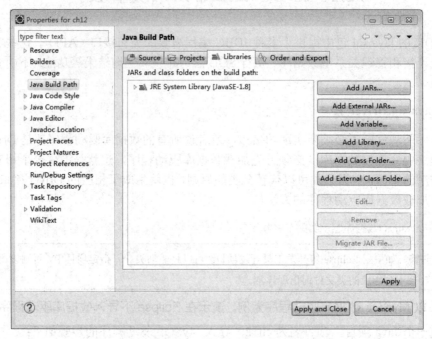

图 12-3　Properties for ch12 对话框

（3）在弹出的 JAR Selection 对话框中选择 MySQL 的数据库驱动，打开 MySQL 的数据库驱动所在的 driver 文件夹，选中 mysql-connector-java-5.1.21-bin.jar 压缩包，如图 12-4 所示。

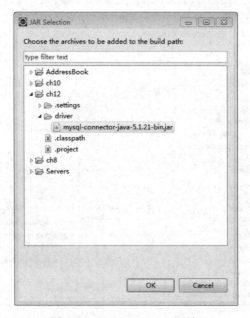

图 12-4　JAR Selection 对话框

（4）单击 OK 按钮，即可将 mysql-connector-java-5.1.21-bin.jar 加入 Build Path 中。这时在 Properties for ch12 对话框的 Libraries 选项卡中就可以看到添加的 mysql-connector-java-5.1.21-bin.jar 文件，如图 12-5 所示。单击 Apply and Close 按钮，完成 MySQL 驱动程序的导入。

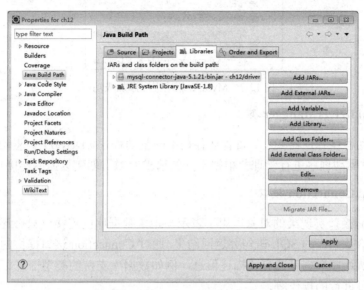

图 12-5　Properties for ch12 对话框

也可以使用如下方法添加数据库驱动：在 Properties for ch12 对话框中，单击 Add External JARs 按钮，打开保存 MySQL 驱动程序的文件夹，选择 mysql-connector-java-5.1.21-bin.jar，单击"打开"按钮，如图 12-6 所示。

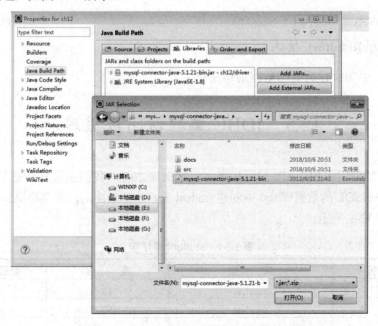

图 12-6　将 MySQL 驱动程序添加到项目中

不论使用上述哪种方法，完成操作后项目结构图中都会出现 Referenced Libraries 选项，如图 12-7 所示。

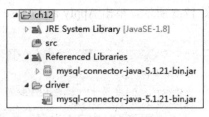

图 12-7　MySQL 驱动程序添加成功

2. java.sql.DriverManager 类

该类是驱动程序管理器类，负责管理各种不同驱动程序（Driver）。驱动程序必须加载后，通过该类对驱动程序进行管理并根据不同的请求 URL，创建数据库连接（Connection）。

3. java.sql.Connection 接口

Connection 接口实现类的对象，用于表示与指定数据库的连接。只有连接成功以后，才能执行发送给数据库的 SQL 语句并返回结果。通过 Connection 接口提供的 getMetaData() 方法可以获取所连接数据库的有关描述信息，例如数据库支持的类型信息、SQL 语法、存储过程、连接可进行的操作等。

4. java.sql.Statement 接口

该接口用来执行 SQL 语句并返回执行结果。例如执行查询功能的 executeQuery() 方法，能以 ReasultSet 结果集的形式返回查询结果。此方法的语法格式如下：

```
public ResultSet executeQuery(String sql);
```

5. java.sql.ResultSet 接口

包含 SQL 语句执行后返回数据的结果集。

12.3　JDBC 编程访问数据库

在详细介绍使用 JDBC API 编写程序访问数据库之前，我们先做好准备工作。

（1）在 MySQL 的数据库 test 中创建 student 表，本章后面的示例都将用到该表。student 表的结构如表 12-1 所示。

表 12-1　student 表结构

字 段 名	类 型	宽 度	是否允许为空
sid（主键）	varchar	10	not null
sname	varchar	50	null
age	int		null

创建 student 表，并插入 3 条记录，SQL 代码内容如下：

```
create table student(
sid varchar(10) primary key,
sname varchar(50),
age int);
insert into student values('190101','张三',18);
insert into student values('190102','李四',19);
insert into student values('190103','王五',20);
```

（2）新建一个项目，并导入 MySQL 驱动，具体步骤见例 12.1。

12.3.1　使用 JDBC 访问数据库的基本过程

使用 JDBC 访问数据库的基本过程包含 4 步，下面分别介绍。

1.　加载驱动程序

载入驱动程序的方法如下：

➥ 使用 Class 类中的静态方法 forName()加载驱动程序，并在驱动器管理器中注册这个新的驱动程序。格式如下：

```
Class.forName("数据库驱动程序");
```

➥ 创建驱动程序类对象，调用驱动器管理器中的静态方法 registerDriver()注册该驱动程序，格式如下：

```
Driver driver=new 驱动程序类();
DriverManager.registerDriver(driver);
```

📖 **注意：** 必须包含驱动程序类的完整路径和类名。

例如，载入 MySQL 数据库驱动程序的语句如下：

```
Class.forName("com.mysql.jdbc.Driver");
```

或者

```
Driver driver=new com.mysql.jdbc.Driver ();
DriverManager.registerDriver(driver);
```

2.　建立数据库连接

使用 DriverManager 类的静态方法 getConnection()建立数据库连接，该方法使用 URL 字符串作为参数，在连接过程中会用到前面已加载的驱动程序类。如果能建立连接，则返回一个 Connection 对象，否则报错。格式如下：

```
Connection con=DriverManager.getConnection(URL,用户名,密码);
```

其中，用户名和密码是登录数据库管理系统时的用户名和密码；URL 代表的是数据库的网络位置和名称，这和网络上的 URL 类似，是来标识目标数据库的。JDBC 使用的数据库 URL 由"协议名""子协议名""子名称"3 部分组成，其具体语法格式如下：

```
jdbc:<子协议名>:<子名称>
```

其中：

- ➹ jdbc 为协议名。
- ➹ <子协议名>用于指定目标数据库的类型和具体连接方式。
- ➹ <子名称>指定了具体的数据库（或数据源）连接信息，如数据库服务器的 IP 地址/通信端口号、或者 ODBC 数据源名称、连接用户名/密码等信息，子名称的格式和内容随子协议的不同而改变。

使用 JDBC 技术连接 MySQL 数据库的典型 URL 如下：

```
jdbc:mysql://localhost:3306/test
```

其中：

- ➹ 子协议名 mysql 标明了目标数据库的种类和连接方式。
- ➹ localhost 为目标数据库服务器机器名（也可以是 IP 地址）。
- ➹ 3306 为目标数据库使用的通信端口号（MySQL 数据库默认为 3306，也可在数据库安装时或安装后进行修改）。
- ➹ test 为要连接的 MySQL 数据库名。

3．提交数据库查询

建立连接后，使用返回的 Connection 对象 con 的 createStatement()方法获取 Statement 对象，就可以进行 SQL 操作了。Statement 接口对 SQL 语句的处理分为 3 种情形：

- ➹ 调用 Statement 对象的 executeQuery()方法，执行 SELECT 查询语句，该方法每次只能执行一条 SELECT 语句。
- ➹ 调用 Statement 对象的 executeUpdate()方法，执行 INSERT、UPDATE、DELETE 等语句。
- ➹ 调用 Statement 对象的 execute()方法，执行 CREATE 或 DROP 等语句。

4．取得查询结果

executeQuery()方法的返回值类型 ResultSet 是 JDBC 编程中最常使用的数据结构，它以零或多条记录（行）的形式包含了查询结果，可以通过隐含的游标（指针）来定位数据。初始化时，游标位于第一条记录前，可以通过其 next()方法移到下一条记录。ResultSet 接口提供的 getXXX()方法用于从当前记录中获取指定列的信息，可以通过指定列索引号或列名两种方式指定要读取的列（需要注意的是，列索引号从 1 开始）。通常使用列名可读性更好一些，将来数据库表结构发生变化时（例如增加新的数据列）也不必做调整。

常用的 getXXX()方法的格式及功能如表 12-2 所示。

表 12-2　getXXX()方法的格式及功能

格　　式	功　　能
String getString(int col_number) String getString(int col_name)	在把 ResultSet 对象作为 String 对象检索中，返回当前行所指列中值
int getInt(int col_number) int getInt(int col_ name)	在把 ResultSet 对象作为 int 类型检索中，返回当前行所指列中值
float getFloat(int col_number) float getFloat(int col_ name)	在把 ResultSet 对象作为 float 类型检索中，返回当前行所指列中值
double getDouble(int col_number) double getDouble(int col_ name)	在把 ResultSet 对象作为 double 类型检索中，返回当前行所指列中值
short getShort(int col_number) short getShort(int col_ name)	在把 ResultSet 对象作为 short 类型检索中，返回当前行所指列中值
long getLong(int col_number) long getLong(int col_ name)	在把 ResultSet 对象作为 long 类型检索中，返回当前行所指列中值
Date getDate(int col_number) Date getDate(int col_ name	在把 ResultSet 对象作为 Date 对象检索中，返回当前行所指列中值
Object getObject(int col_number) Object getObject(int col_ name)	在把 ResultSet 对象作为 Object 对象检索中，返回当前行所指列中值

对于 getXXX()方法，JDBC 的驱动程序会将数据库中存储的 SQL 类型数据转换为 Java 类型并返回。

例 12.2　编写完整程序，读取 student 表中的数据。

```
import java.sql.*;
public class TestQuery{
    public static void main(String args[])      {
        try{
            //（1）载入驱动
            Class.forName("com.mysql.jdbc.Driver");
            //（2）建立连接
            String url="jdbc:mysql://localhost:3306/test";
            Connection conn=DriverManager.getConnection(url,"root","root");
            //（3）生成 Statement 对象，提交查询语句，返回结果集
            Statement stmt=conn.createStatement();
            ResultSet rs=stmt.executeQuery("select * from student");
            //（4）读取结果集
            while(rs.next()){
                System.out.print("学号:"+rs.getString(1));
                System.out.print("\t"+"姓名:"+rs.getString(2));
                System.out.print("\t"+"年龄:"+rs.getInt(3));
                System.out.println();
            }
            //关闭结果集、语句对象及数据库连接
            rs.close();
            stmt.close();
            conn.close();
```

```
        }catch(ClassNotFoundException ce){
            System.out.println(ce.getMessage());
        }catch(SQLException e){
            System.out.println(e.getMessage());
        }
    }
}
```

📖 **注意**：在载入驱动程序时，如果找不到指定驱动程序，JVM 会抛出 ClassNotFoundException 异常，而在和数据库建立连接、生成语句对象、提交 SQL 语句及读取结果集的过程中有可能会抛出 SQLException 异常，因此相关代码应放在 try 语句块中，一旦出现异常，由对应的 catch 块来进行捕获处理。

程序的运行结果为：

学号:190101	姓名:张三	年龄:18
学号:190102	姓名:李四	年龄:19
学号:190103	姓名:王五	年龄:20

12.3.2 执行 SQL 语句

例 12.2 是查询语句在 JDBC 中的应用，下面几个例子展示了如何对 MySQL 数据库中的 student 表进行数据的插入、更新和删除等操作。

例 12.3 编写程序，向 student 表中插入数据。

```
import java.sql.*;
public class TestInsert{
    public static void main(String args[]){
        try{
            Class.forName("com.mysql.jdbc.Driver");
            String url="jdbc:mysql://localhost:3306/test";
            Connection con=DriverManager.getConnection(url,"root","root");
            Statement stmt=con.createStatement();
            //提交插入语句
            stmt.executeUpdate("insert into student values('190104','Jerry',18)");
            stmt.executeUpdate("insert into student values('190105','Jhon',19)");
            stmt.executeUpdate("insert into student values('190106','Nancy',20)");
            //插入数据后查询表中数据
            ResultSet rs=stmt.executeQuery("select * from student");
            while(rs.next()){
                System.out.print("学号： "+rs.getString(1));
                System.out.print("\t"+"姓名： "+rs.getString(2));
                System.out.print("\t"+"年龄： "+rs.getInt(3));
                System.out.println();
            }
            rs.close();
            con.close();
        }catch(ClassNotFoundException ce){
            System.out.println(ce.getMessage());
```

```
                    }catch(SQLException e)      {
                         System.out.println(e.getMessage());
                    }
               }
}
```

程序运行结果为：

```
学号：190101    姓名：张三    年龄：18
学号：190102    姓名：李四    年龄：19
学号：190103    姓名：王五    年龄：20
学号：190104    姓名：Jerry   年龄：18
学号：190105    姓名：Jhon    年龄：19
学号：190106    姓名：Nancy   年龄：20
```

例 12.4　编写程序，将 student 表中所有学生的年龄增加 2 岁，删除学号为 190102 的学生信息。

```
import java.sql.*;
public class TestUpdate{
     public static void main(String args[])    {
          try{
                    Class.forName("com.mysql.jdbc.Driver");
                    String url="jdbc:mysql://localhost:3306/test";
                    Connection con=DriverManager.getConnection(url,"root","root");
                    Statement stmt=con.createStatement();
                    stmt.executeUpdate("update student set stuage=stuage+2");
                    stmt.executeUpdate("delete from student where stuid='190102'");
                    System.out.println("--------更新和删除数据后的结果显示----------");
                    ResultSet rs=stmt.executeQuery("select * from student");
                    while(rs.next()){
                         System.out.print("学号:"+rs.getString(1));
                         System.out.print("\t"+"姓名： "+rs.getString(2));
                         System.out.print("\t"+"年龄： "+rs.getInt(3));
                         System.out.println();
                    }
                    rs.close();
                    stmt.close();
                    con.close();
          }catch(ClassNotFoundException ce){
                    System.out.println(ce.getMessage());
          }catch(SQLException e)      {
                    System.out.println(e.getMessage());
          }
     }
}
```

程序运行结果为：

```
--------更新和删除数据后的结果显示----------
学号:190101    姓名：张三    年龄：20
```

学号:190103	姓名：王五	年龄：22
学号:190104	姓名：Jerry	年龄：20
学号:190105	姓名：Jhon	年龄：21
学号:190106	姓名：Nancy	年龄：22

需要说明的是，一个 Statement 对象不能同时维护多个查询结果集（ResultSet 对象），当调用其 executeUpdate()、executeQuery()或 execute()等方法时，该 Statement 对象当前打开的结果集（如果存在的话）将被自动关闭，这意味着在继续利用 Statement 对象执行其他 SQL 语句之前，应该完成对当前结果集的处理，如果确实需要同时使用多个结果集，则应考虑创建多个 Statement 对象。

虽然 ResultSet、Statement 和 Connection 等对象最终可由 Java 垃圾收集程序自动销毁，但由于数据库服务器建立和维护一个连接的开销较大，作为一种好的编程习惯，当不再使用这些对象时应随即手动地关闭它们。这将立即释放数据库服务器资源，并有助于避免潜在的内存问题。为避免程序运行出错时，上述对象不能正常关闭，规范的做法是将关闭操作代码置于 finally 语句块中。实际上，当调用 Statement 对象的 close()方法时，该对象上如果有已打开的结果集，则该结果集也会被自动关闭；同样的，调用 Connection 对象的 close()方法时，基于该连接的所有 Statement 对象也将被关闭。因此如果所用的连接是短时性的，也可以不显式关闭 ReasultSet 和 Statement，而只是在 finally 语句块中关闭 Connection 对象。

12.4　预处理语句

由于 Statement 对象只能执行不带参数的简单 SQL 语句，因此在 JDBC 技术规范中，还提供了 PreparedStatement 接口用于执行预编译 SQL 语句。该接口继承了 java.sql.Statement 接口。由于 PreparedStatement 对象已经预编译过，所以其执行速度要快于 Statement 对象，因此将多次执行的 SQL 语句创建为 PreparedStatement 对象可以提高应用程序和数据库的总体效率。

下面是 PreparedStatement 接口中定义的执行预处理语句的相关方法。

- ➤ void setXXX(int parameterIndex,XXX x)：设定 SQL 语句参数的值。
- ➤ ResultSet executeQuery()：执行约定的预编译 SQL 语句的 SELECT 操作，并返回查询结果集。
- ➤ int executeUpdate()：执行约定的预编译 SQL 语句的 INSERT、UPDATE、DELETE 等操作，并返回上述操作所影响的列数。

Connection 对象的 prepareStatement(String sql)方法可创建并返回 ParepareStatement 对象，这与获取 Statement 对象的方式略有不同。

例 12.5　编写程序，演示预处理语句的用法。

```
import java.sql.*;
public class TestPstat{
    public static void main(String[] args){
```

```
        Connection con = null;
        PreparedStatement pstat = null;
        try{
            Class.forName("com.mysql.jdbc.Driver");
            String url="jdbc:mysql://localhost:3306/test";
            con=DriverManager.getConnection(url,"root","root");
            String sqlstr="insert into student values(?,?,?)";
            pstat=con.prepareStatement(sqlstr);
            pstat.setString(1,"190108");
            pstat.setString(2,"Tom");
            pstat.setDouble(3,22);
            pstat.executeUpdate();
            System.out.println("学号:"+"\t"+"姓名"+"\t"+"年龄");
            pstat=con.prepareStatement("select * from student where stuage<=?");
            pstat.setInt(1,30);
            ResultSet rs=pstat.executeQuery();
            while(rs.next()){
                System.out.println(rs.getString(1)+"\t"+rs.getString(2)+"\t"+rs.getInt(3));
            }
            pstat.close();
        }catch(Exception e){
            System.err.println(e);
        }finally{
            try{
                con.close();
            }catch(Exception e){
                System.out.println(e.getMessage());
            }
        }
    }
}
```

程序运行结果为：

学号:	姓名	年龄
190101	张三	20
190103	王五	22
190104	Jerry	20
190105	Jhon	21
190106	Nancy	22
190108	Tom	22

　　可以看出，如果要执行的预处理语句中有尚未确定的数值，使用"?"代替，这相当于方法声明中的形式参数；待到执行该语句时再使用 setXXX()方法给出具体数值，相当于调用方法时的实参。预处理语句也可以是无参的，即没有任何不确定的成分，此时直接调用 PreparedStatement 对象的 executeQuery()、executeUpdate()等方法即可。

【任务 12-1】使用 JDBC 实现班级通讯录管理系统

学习目标

通过本项目的完成，读者将掌握如下知识和技能：

- 使用 JDBC 访问数据库的方法。
- 按照"班级通讯录管理系统"任务的实现思路，使用 JDBC 技术独立完成任务的源代码编写、编译及运行。

任务描述

第 10 章通过 GUI 技术实现的班级通讯录管理系统可以对同学们的联系信息统一管理，通过系统可以方便地实现对同学信息的增删查改操作，但是数据是通过集合保存的，而通讯录信息应该持久保存。本次任务要求使用我们学习的 JDBC 技术，把班级通讯录管理系统的数据保存在数据库中，实现学生通讯信息管理。

任务分析

从任务描述中可以得知，要实现通讯录信息在数据库中的保存、修改、删除和查询，首先需要有保存数据的数据库和数据表，使用数据表保存通讯录信息。有了数据存储环境，就可以实现数据库的连接和访问了。要实现数据库的访问，必不可少的是需要导入数据库驱动程序包，然后才能创建与数据库的连接，进而访问数据库资源。

对数据库数据的增删查改操作，都需要先建立和数据库的连接，然后通过 JDBC 的相关类和接口，实现对数据表中数据的操作，操作完成后须关闭连接，释放资源。所以，为了避免代码的重复编写，提高代码效率，有必要创建专门用于和数据库连接的连接类及关闭连接释放资源的操作类。对数据进行增删查改操作的方法使用特定接口及实现类实现。

任务分解

本任务分为 3 个子任务。

- 子任务 1：创建数据库和数据表，导入数据库驱动程序。
- 子任务 2：创建连接数据库的连接工厂类和关闭连接释放资源的工具类。
- 子任务 3：修改实现数据增删查改功能的接口 StudentDao 的实现类 StudentDaoImpl。

任务实施

1. 创建数据库和数据表

（1）创建数据库 studb，在数据库 studb 中创建数据表 student 用来保存通讯录数据，代码如图 12-8 所示。

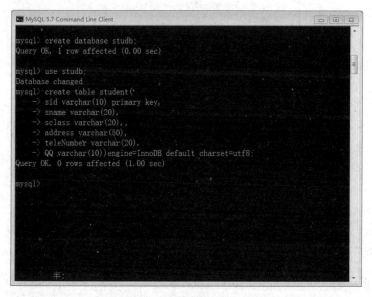

图 12-8　创建数据库和数据表

（2）创建好数据表后，向表中添加一条记录，作为原始数据，操作如图 12-9 所示。

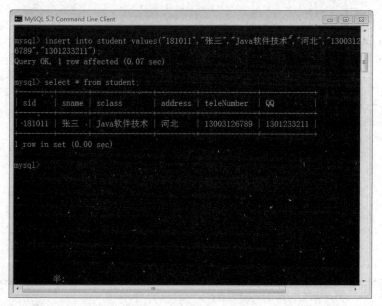

图 12-9　添加原始数据

2．导入数据库驱动程序

在项目的根目录下，创建一个名称为 driver 的文件夹，把 MySQL 的驱动程序包复制到该文件夹中，并且发布到类路径中，导入驱动程序包后的项目结构如图 12-10 所示。

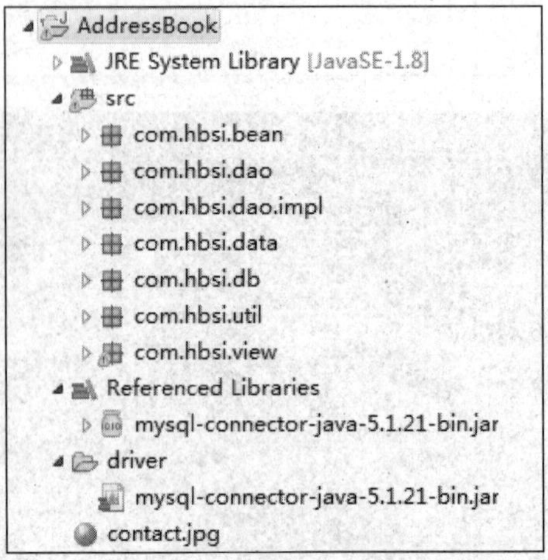

图 12-10 项目结构

3. 创建工厂类

创建连接工厂类 ConnectionFactory，通过静态成员方法的调用可以获取一个和数据库连接的对象。

```java
package com.hbsi.db;

import java.sql.Connection;
import java.sql.DriverManager;
import java.sql.SQLException;

public class ConnectionFactory {
    private ConnectionFactory(){    }
    //定义静态方法，获取和数据库的连接
    public static Connection getConnection(){
        Connection conn=null;
        try {
            //加载驱动程序
            Class.forName("com.mysql.jdbc.Driver");
        } catch (ClassNotFoundException e) {
            e.printStackTrace();
        }
        try {
        String url="jdbc:mysql://localhost:3306/studb?useUnicode=true&characterEncoding=utf-8";
            //获取和数据库的连接对象
            conn=DriverManager.getConnection(url,"root","root");
        } catch (SQLException e) {
            e.printStackTrace();
        }
        return conn;                    //返回获取到的连接对象
    }
}
```

4.　创建关闭连接

创建关闭连接，释放资源的 DBClose 类，用来释放访问数据库资源用到的对象。

```java
package com.hbsi.db;

import java.sql.Connection;
import java.sql.ResultSet;
import java.sql.SQLException;
import java.sql.Statement;

public class DBClose {
    //定义方法关闭结果集
    private static void close(ResultSet rs){
        if(rs!=null){
            try {
                rs.close();
            } catch (SQLException e) {
                e.printStackTrace();
            }
        }
    }
    //定义方法关闭 Statement 对象
    private static void close(Statement stat){
        if(stat!=null){
            try {
                stat.close();
            } catch (SQLException e) {
                e.printStackTrace();
            }
        }
    }
    //定义方法关闭 Connection 对象
    private static void close(Connection conn){
        if(conn!=null){
            try {
                conn.close();
            } catch (SQLException e) {
                e.printStackTrace();
            }
        }
    }
    //定义公有方法，关闭用来添加、删除、修改数据库的连接资源
    public static void close(Statement stat,Connection conn){
        close(stat);
        close(conn);
    }
    //定义公有方法，关闭用来查询数据库的连接资源
    public static void close(ResultSet rs,Statement stat,Connection conn){
```

```
            close(rs);
            close(stat);
            close(conn);
        }
}
```

5. 修改实现类

修改数据访问接口 StudentDao 的实现类 StudentDaoImpl，采用访问数据库的方法把数据存储在数据表中，并且实现数据表数据的增删查改。

```
package com.hbsi.dao.impl;

import java.sql.Connection;
import java.sql.PreparedStatement;
import java.sql.ResultSet;
import java.sql.SQLException;
import java.util.ArrayList;
import java.util.List;
import com.hbsi.bean.Student;
import com.hbsi.dao.StudentDao;
import com.hbsi.db.ConnectionFactory;
import com.hbsi.db.DBClose;

public class StudentDaoImpl implements StudentDao {
    Connection conn=null;
    PreparedStatement pstat=null;
    ResultSet rs=null;
    //查询所有学生通讯录信息
    @Override
    public List<Student> lookAllStudent() {
        //定义列表对象，初始化为空列表
        List<Student> list=new ArrayList<Student>();
        //获取和数据库的连接
        conn=ConnectionFactory.getConnection();
        //定义查询的 SQL 语句
        String sql="select * from student";
        try {
            //创建预编译对象
            pstat=conn.prepareStatement(sql);
            //执行查询，返回结果集
            rs=pstat.executeQuery();
            //遍历结果集
            while(rs.next()) {                     //如果有下一条记录
                //创建学生对象，初始化属性为默认值
                Student student=new Student();
                //从当前记录取出字段 sid 的值，设置为 student 对象的 sid 属性值
                student.setSid(rs.getString("sid"));
                //从当前记录取出字段 sname 的值，设置为 student 对象的 sname 属性值
                student.setSname(rs.getString("sname"));
```

```
                    //从当前记录取出字段 sclass 的值，设置为 student 对象的 sclass 属性值
                    student.setSclass(rs.getString("sclass"));
                    //取出字段 address 的值，设置为 student 对象的 address 属性值
                    student.setAddress(rs.getString("address"));
                    //取出字段 teleNumber 的值，设置为 student 对象的 teleNumber 属性值
                    student.setTeleNumber(rs.getString("teleNumber"));
                    //取出字段 QQ 的值，设置为 student 对象的 QQ 属性值
                    student.setQQ(rs.getString("QQ"));
                    //把封装好的 student 对象添加到列表
                    list.add(student);
                }
        } catch (SQLException e) {
                e.printStackTrace();
        }finally {
                DBClose.close(rs, pstat, conn);
        }
        return list;                               //返回列表对象
}
//添加学生通讯录信息
@Override
public boolean addStudent(Student student) {
        boolean flag=false;
        //获取和数据库的连接
        conn=ConnectionFactory.getConnection();
        //定义添加的 SQL 语句
        String sql="insert into student values(?,?,?,?,?,?)";
        //创建预编译对象
        try {
                pstat=conn.prepareStatement(sql);
                //用参数 student 的属性为 SQL 语句中的 "?" 赋值
                pstat.setString(1, student.getSid());
                pstat.setString(2, student.getSname());
                pstat.setString(3, student.getSclass());
                pstat.setString(4, student.getAddress());
                pstat.setString(5, student.getTeleNumber());
                pstat.setString(6, student.getQQ());
                //执行添加
                int i=pstat.executeUpdate();
                if(i>0) {
                        flag=true;
                }
        } catch (SQLException e) {
                e.printStackTrace();
        }finally {
                DBClose.close(pstat, conn);
        }
        return flag;
}
//按学号查询学生通讯录信息
```

```java
    @Override
    public Student lookStudentById(String sid) {
        //定义学生对象，初始化为 null
        Student student=null;
        //获取和数据库的连接
        conn=ConnectionFactory.getConnection();
        //定义查询的 SQL 语句
        String sql="select * from student where sid="+sid;
        try {
            //创建预编译对象
            pstat=conn.prepareStatement(sql);
            //执行查询，返回结果集
            rs=pstat.executeQuery();
            //如果结果集不为空
            if(rs.next()) {
                //初始化 student 对象属性为默认值
                student=new Student();
                //从当前记录中取出字段 sid 的值，设置为 student 对象的 sid 属性值
                student.setSid(rs.getString("sid"));
                //取出字段 sname 的值，设置为 student 对象的 sname 属性值
                student.setSname(rs.getString("sname"));
                //取出字段 sclass 的值，设置为 student 对象的 sclass 属性值
                student.setSclass(rs.getString("sclass"));
                //取出字段 address 的值，设置为 student 对象的 address 属性值
                student.setAddress(rs.getString("address"));
                //取出字段 teleNumber 的值，设置为 student 对象的 teleNumber 属性值
                student.setTeleNumber(rs.getString("teleNumber"));
                //取出字段 QQ 的值，设置为 student 对象的 QQ 属性值
                student.setQQ(rs.getString("QQ"));
            }
        } catch (SQLException e) {
            e.printStackTrace();
        }finally {
            DBClose.close(rs, pstat, conn);
        }
        return student;                          //返回对象
    }
    //按姓名查询学生通讯录信息
    @Override
    public List<Student> lookStudentByName(String sname) {
        //定义列表对象，初始化为空列表
        List<Student> list=new ArrayList<Student>();
        //获取和数据库的连接
        conn=ConnectionFactory.getConnection();
        //定义查询的 SQL 语句
        String sql="select * from student where sname="+sname;
        try {
            //创建预编译对象
            pstat=conn.prepareStatement(sql);
```

```
                //执行查询，返回结果集
                rs=pstat.executeQuery();
                //遍历结果集
                while(rs.next()) {                          //如果有下一条记录
                        //创建学生对象，初始化属性为默认值
                        Student student=new Student();
                        //从当前记录中取出字段 sid 的值，设置为 student 对象的 sid 属性值
                        student.setSid(rs.getString("sid"));
                        student.setSname(rs.getString("sname"));
                        student.setSclass(rs.getString("sclass"));
                        student.setAddress(rs.getString("address"));
                        student.setTeleNumber(rs.getString("teleNumber"));
                        student.setQQ(rs.getString("QQ"));
                        //把封装好的 student 对象添加到列表
                        list.add(student);
                }
        } catch (SQLException e) {
                e.printStackTrace();
        }finally {
                DBClose.close(rs, pstat, conn);
        }
        return list;                                        //返回列表对象
}
//修改学生通讯录信息
@Override
public boolean updateStudent(Student student) {
        boolean flag=false;
        //获取和数据库的连接
        conn=ConnectionFactory.getConnection();
        //定义修改的 SQL 语句
        String sql="update student set sname=?,sclass=?,address=?,teleNumber=?,QQ=? where sid=?";
        //创建预编译对象
        try {
                pstat=conn.prepareStatement(sql);
                //用参数 student 的属性为 SQL 语句中的 "?" 赋值
                pstat.setString(1, student.getSname());
                pstat.setString(2, student.getSclass());
                pstat.setString(3, student.getAddress());
                pstat.setString(4, student.getTeleNumber());
                pstat.setString(5, student.getQQ());
                pstat.setString(6, student.getSid());
                //执行修改
                int i=pstat.executeUpdate();
                if(i>0) {
                        flag=true;
                }
        } catch (SQLException e) {
                e.printStackTrace();
        }finally {
```

```
                DBClose.close(pstat, conn);
            }
        return flag;
    }
//删除学生通讯录信息
@Override
public boolean deleteStudent(String sid) {
    boolean flag=false;
    //获取和数据库的连接
    conn=ConnectionFactory.getConnection();
    //定义删除的 SQL 语句
    String sql="delete from student where sid="+sid;
    //创建预编译对象
    try {
            pstat=conn.prepareStatement(sql);
            //执行删除
            int i=pstat.executeUpdate();
            if(i>0) {
                    flag=true;
            }
    } catch (SQLException e) {
            e.printStackTrace();
    }finally {
            DBClose.close(pstat, conn);
    }
    return flag;
    }
}
```

6. 改写主窗体

代码如下：

```java
//MainFrame.java
package com.hbsi.view;

import java.awt.event.ActionEvent;
import java.awt.event.ActionListener;
import java.util.ArrayList;
import java.util.List;
import javax.swing.BorderFactory;
import javax.swing.JButton;
import javax.swing.JFrame;
import javax.swing.JLabel;
import javax.swing.JOptionPane;
import javax.swing.JPanel;
import javax.swing.JScrollPane;
import javax.swing.JTable;
import javax.swing.JTextField;
import javax.swing.table.DefaultTableModel;
```

```java
import javax.swing.table.TableModel;
import com.hbsi.bean.Student;
import com.hbsi.dao.StudentDao;
import com.hbsi.dao.impl.StudentDaoImpl;
import com.hbsi.util.GUITools;
import com.hbsi.util.ListToArray;

public class MainFrame extends JFrame implements ActionListener{
    private JScrollPane tablePane;
    private JTable table;
    private JPanel msgPanel,btnPanel;
    private JLabel lblSid,lblSname,lblSclass,lblAddress,lblTeleNumber,lblQQ;
    private JTextField txtSid,txtSname,txtSclass,txtAddress,txtTeleNumber,txtQQ;
    private JButton btnAdd,btnQueryById,btnQueryByName,btnUpdate,btnDelete;
    private StudentDao sd=null;
    public MainFrame() {
        super("班级通讯录界面");
        initComponent();
        //使用接口实现类构造方法创建 StudentDao 接口对象
        sd=new StudentDaoImpl();
        //调用 StudentDao 对象的方法，查询所有通讯录信息，显示在主窗体的表格中
        this.refreshTable(sd.lookAllStudent());
        this.setDefaultCloseOperation(DISPOSE_ON_CLOSE);
        this.setSize(650, 600);
        GUITools.center(this);
        this.setVisible(true);
    }
    private void initComponent() {
        this.setLayout(null);
        tablePane=new JScrollPane();                    //显示表格的滚动面板
        table=new JTable();                             //显示通讯录信息的表格
        tablePane.setBounds(10, 10, 610, 330);
        tablePane.setViewportView(table);               //设置表格显示在滚动面板上
        this.add(tablePane);
        msgPanel=new JPanel();                          //存放标签和输入框的面板
        //为面板设置一个带标题的边框
        msgPanel.setBorder(BorderFactory.createTitledBorder("通讯录信息管理"));
        msgPanel.setBounds(10,350, 500, 200);
        this.add(msgPanel);
        msgPanel.setLayout(null);
        lblSid=new JLabel("学号:");                      //学号标签
        lblSid.setBounds(20, 50, 30, 30);
        msgPanel.add(lblSid);
        txtSid=new JTextField(16);                      //学号输入框
        msgPanel.add(txtSid);
        txtSid.setBounds(60, 50, 150, 30);
        lblSname=new JLabel("姓名:");                    //姓名标签
        lblSname.setBounds(280, 50, 30, 30);
        msgPanel.add(lblSname);
```

```java
txtSname=new JTextField(16);                          //姓名输入框
txtSname.setBounds(320, 50, 150, 30);
msgPanel.add(txtSname);
lblSclass=new JLabel("班级:");                          //班级标签
lblSclass.setBounds(20, 100, 30, 30);
msgPanel.add(lblSclass);
txtSclass=new JTextField(16);                          //班级输入框
txtSclass.setBounds(60, 100, 150, 30);
msgPanel.add(txtSclass);
lblAddress=new JLabel("地址:");                          //地址标签
lblAddress.setBounds(280, 100, 30, 30);
msgPanel.add(lblAddress);
txtAddress=new JTextField(16);                          //地址输入框
txtAddress.setBounds(320, 100, 150, 30);
msgPanel.add(txtAddress);
lblTeleNumber=new JLabel("电话:");                       //电话标签
lblTeleNumber.setBounds(20, 150, 30, 30);
msgPanel.add(lblTeleNumber);
txtTeleNumber=new JTextField(16);                      //电话输入框
txtTeleNumber.setBounds(60, 150, 150, 30);
msgPanel.add(txtTeleNumber);
lblQQ=new JLabel("QQ:");                               //QQ 标签
lblQQ.setBounds(280, 150, 30, 30);
msgPanel.add(lblQQ);
txtQQ=new JTextField(16);                              //QQ 号码输入框
txtQQ.setBounds(320, 150, 150, 30);
msgPanel.add(txtQQ);

btnPanel=new JPanel();                                 //存放按钮的面板
btnPanel.setLayout(null);
btnPanel.setBounds(510,350, 115, 200);
btnPanel.setBorder(BorderFactory.createTitledBorder("编辑按钮"));
this.add(btnPanel);
btnAdd=new JButton("添加信息");                          // "添加信息" 按钮
btnAdd.setBounds(6, 25, 100, 30);
btnPanel.add(btnAdd);

btnQueryById=new JButton("学号查询");                     // "学号查询" 按钮
btnQueryById.setBounds(6, 60, 100, 30);
btnPanel.add(btnQueryById);

btnQueryByName=new JButton("姓名查询");                   // "姓名查询" 按钮
btnQueryByName.setBounds(6, 95, 100, 30);
btnPanel.add(btnQueryByName);

btnUpdate=new JButton("修改信息");                        // "修改信息" 按钮
btnUpdate.setBounds(6, 130, 100, 30);
btnPanel.add(btnUpdate);
```

```java
        btnDelete=new JButton("删除信息");                    //"删除信息" 按钮
        btnDelete.setBounds(6, 165, 100, 30);
        btnPanel.add(btnDelete);

        //为查询按钮注册监听
        this.btnAdd.addActionListener(this);
        this.btnQueryById.addActionListener(this);
        this.btnQueryByName.addActionListener(this);
        this.btnUpdate.addActionListener(this);
        this.btnDelete.addActionListener(this);


    }
    private void refreshTable(List<Student> list) {
        String [] thead= {"学号","姓名","班级","地址","电话号码","QQ"};
        String [][] tbody=ListToArray.toArray(list);
        //定义表格模型对象
        TableModel model=new DefaultTableModel(tbody,thead);
        //设置表格对象的表格模型
        table.setModel(model);
    }

    @Override
    public void actionPerformed(ActionEvent e) {
        //获取事件源对象上的文本
        String command=e.getActionCommand();
        //如果单击的是 "添加信息" 按钮
        if("添加信息".equals(command)) {
            //从输入框中获取输入信息
            String sid=this.txtSid.getText().trim();
            String sname=this.txtSname.getText().trim();
            String sclass=this.txtSclass.getText().trim();
            String address=this.txtAddress.getText().trim();
            String teleNumber=this.txtTeleNumber.getText().trim();
            String QQ=this.txtQQ.getText().trim();
            //利用输入信息构建 Student 对象
            Student student=new Student(sid,sname,sclass,address,teleNumber,QQ);
            //调用方法把信息添加到数据表
            boolean flag=sd.addStudent(student);
            if(flag) {                                       //如果添加成功
                //刷新表格数据
                this.refreshTable(sd.lookAllStudent());
                this.reset();                                //重置输入框
            }else {
                JOptionPane.showMessageDialog(this, "添加学生信息失败");
            }
        }
        //如果单击的是 "学号查询" 按钮
        if("学号查询".equals(command)) {
```

```java
        //获取学号输入框的值
        String sid=this.txtSid.getText().trim();
        //调用方法按学号查询学生信息
        Student student=sd.lookStudentById(sid);
        if(student != null) {
                List<Student> list=new ArrayList<Student>();
                list.add(student);
                this.refreshTable(list);
                this.reset();
        }else {
                JOptionPane.showMessageDialog(this, "没有找到该学生信息");
        }
}
//如果单击的是"姓名查询"按钮
if("姓名查询".equals(command)) {
        //获取姓名输入框的值
        String sname=this.txtSname.getText().trim();
        System.out.println(sname+"&&");
        //按姓名查询学生信息
        List<Student> list=sd.lookStudentByName(sname);
        if(list.size()>0) {
                this.refreshTable(list);
                this.reset();
        }else {
                JOptionPane.showMessageDialog(this, "没有找到学生信息");
        }
}
//如果单击的是"修改信息"按钮
if("修改信息".equals(command)) {
        //从输入框中获取输入信息
        String sid=this.txtSid.getText().trim();
        String sname=this.txtSname.getText().trim();
        String sclass=this.txtSclass.getText().trim();
        String address=this.txtAddress.getText().trim();
        String teleNumber=this.txtTeleNumber.getText().trim();
        String QQ=this.txtQQ.getText().trim();
        //用输入值构建学生对象
        Student student=new Student(sid,sname,sclass,address,teleNumber,QQ);
        //修改学生信息
        boolean flag=sd.updateStudent(student);
        if(flag) {
                //查询所有通讯录记录，刷新表格中的数据
                this.refreshTable(sd.lookAllStudent());
                this.reset();
        }else {
                JOptionPane.showMessageDialog(this, "修改学生信息失败");
        }
}
//如果单击的是"删除信息"按钮
```

```
        if("删除信息".equals(command)) {
            String sid=this.txtSid.getText().trim();
            //根据学号删除学生通讯录信息
            boolean flag=sd.deleteStudent(sid);
            if(flag) {
                //刷新表格数据
                this.refreshTable(sd.lookAllStudent());
                this.reset();
            }else {
                JOptionPane.showMessageDialog(this, "删除学生信息失败");
            }
        }
    }
    //定义方法重置输入框的值
    private void reset() {
        this.txtSid.setText("");
        this.txtSname.setText("");
        this.txtSclass.setText("");
        this.txtAddress.setText("");
        this.txtTeleNumber.setText("");
        this.txtQQ.setText("");
    }
}
```

7. 运行项目，测试结果

（1）测试主窗体，如图 12-11 所示。

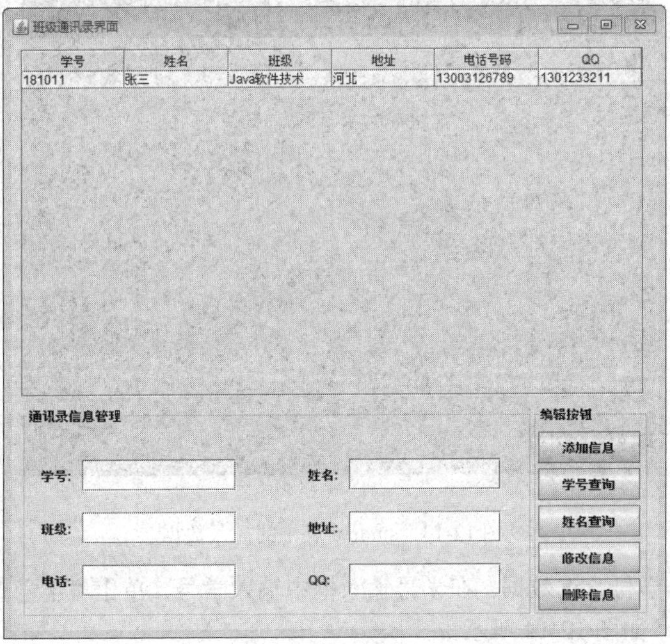

图 12-11　通讯录系统主窗体

（2）测试添加数据。在窗口的输入框中输入信息，单击"添加信息"按钮，在表格中显示新增加的信息，如图 12-12 所示。

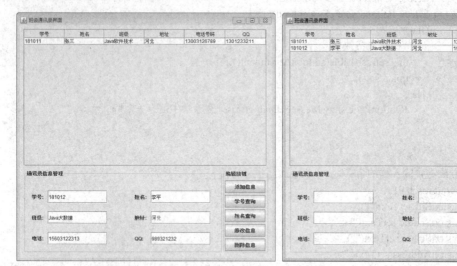

图 12-12　添加信息

此时查询数据表中的数据，会发现所插入的数据已经存储在数据表中，如图 12-13 所示。

图 12-13　student 表中的插入数据

（3）测试按学号查询数据。在学号输入框中输入学号，单击"学号查询"按钮，显示查询得到的数据，如图 12-14 所示。

（4）测试按姓名查询数据。在姓名输入框中输入姓名，单击"姓名查询"按钮，显示查询得到的数据，如图 12-15 所示。

图 12-14 按学号查询数据

图 12-15 按姓名查询信息

（5）测试修改数据。根据查询得到的数据，在文本输入框中输入数据，单击"修改信息"按钮，修改数据成功，修改后的数据会显示在表格中，如图 12-16 所示。

图 12-16 修改信息

此时查询数据表中的记录，可以发现数据已经修改，如图 12-17 所示

（6）测试删除数据。在学号输入框中输入学号，单击"删除信息"按钮，可以删除通讯录信息，如图 12-18 所示。

此时查询数据表中的记录，可以看到数据已经被删除了，如图 12-19 所示。

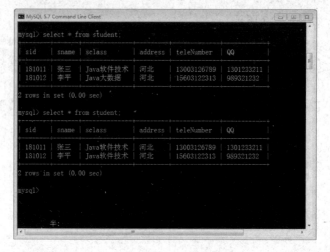

图 12-17　数据表中修改的数据

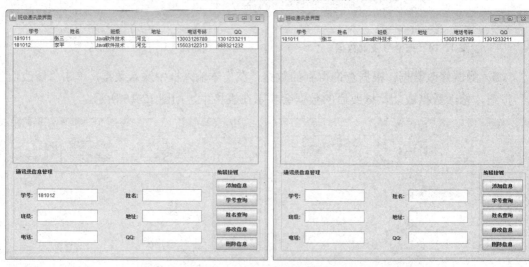

图 12-18　删除信息

图 12-19　student 表中的数据已被删除

12.5　本　章　小　结

　　本章重点介绍了 Java 数据库编程的相关知识和使用 JDBC 进行数据库访问的技术，包括 JDBC 常用接口和类、数据库的连接、数据库元数据的操作、可滚动和可更新结果集的使用、预处理语句和存储过程的调用。其中应重点掌握数据库的连接及如何使用 SQL 语句对数据库进行各种操作。

12.6　知　识　考　核

参 考 文 献

[1] 黑马程序员. Java 基础案例教程[M]. 北京：人民邮电出版社，2017.

[2] 眭碧霞，蒋卫祥，朱利华，等. Java 程序设计项目教程[M]. 北京：高等教育出版社，2015.

[3] 周鑫丽，王秋野. Java 软件工程师项目化实战教程——Java 核心技术篇[M]. 大连：东软电子出版社，2016.